本书为中国（浙江）自由贸易区试验区研究院2019（第一批）研究课题成果
本书获得农工党舟山市海洋经济与文化研究中心出版基金资助

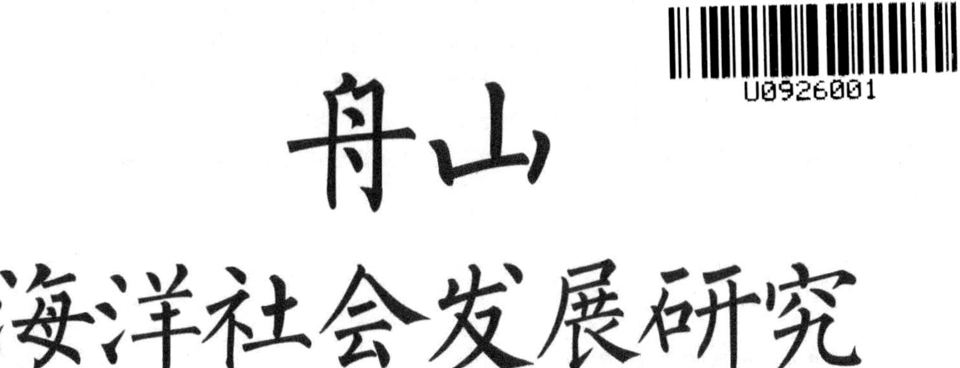

舟山 海洋社会发展研究

王建友 著

上海交通大学出版社
SHANGHAI JIAO TONG UNIVERSITY PRESS

内容提要

本书以海洋社会建设为主视角，对舟山海洋开发的资源禀赋、历史演进、路径依赖进行了全面梳理，系统分析了舟山海洋社会发展的突进领域、关系构建和事业发展，并结合国家海洋强国战略的推行，对舟山海洋社会发展的“舟山模式”进行了理论概括和初步总结，突出了舟山社会发展的海洋特色和区域发展的“海味”。

本书适用于关注区域社会发展、海洋开发及海洋社会学研究的高校师生，也可作为政府部门的参考用书。

图书在版编目(CIP)数据

舟山海洋社会发展研究/王建友著. —上海：上海交通大学出版社，2019

ISBN 978-7-313-21784-4

Ⅰ. ①舟… Ⅱ. ①王… Ⅲ. ①海洋经济—区域经济发展—研究—舟山 Ⅳ. ①P74

中国版本图书馆 CIP 数据核字(2019)第 174878 号

舟山海洋社会发展研究

ZHOUSHAN HAIYANG SHEHUI FAZHAN YANJIU

著　　者：王建友

出版发行：上海交通大学出版社　　地　　址：上海市番禺路 951 号

邮政编码：200030　　电　　话：021－64071208

印　　制：北京虎彩文化传播有限公司　　经　　销：全国新华书店

开　　本：710mm×1000mm　1/16　　印　　张：17.25

字　　数：278 千字

版　　次：2019 年 12 月第 1 版　　印　　次：2019 年 12 月第 1 次印刷

书　　号：ISBN 978-7-313-21784-4

定　　价：168.00 元

前　言

舟山从古到今都是一个战略位置绝佳的区域。早在北宋时期，著名政治家王安石在视察舟山时，就发出开发舟山“足以昌壮国势”的感慨，所以舟山又名昌国。明朝时期胡宗宪在主政浙江抗击倭寇时，以敏锐的眼光看到舟山在沿海海防中的重要性。1793年，英国马戛尔尼使团向清政府提出准许英国商人在舟山等地自由通商、将舟山附近一处海岛让与英国商人居住和收存货物的要求。第一次鸦片战争期间，英国以西方殖民者殖民世界的毒辣眼光，一眼就相中了舟山，希望割让舟山。民国时期，孙中山视察舟山，认为舟山是东方大港的重要附属港。按照习近平同志的经典说法：上海在上面那个角，宁波在下面这个角，舟山的位置恰似“二龙戏珠”。上海是“海”，宁波是“波”，舟山是“舟”，是“船”，是“船”就在“波浪”里、海里行走，所以舟山发展的愿景、潜力、前途在于“面朝大海”。但是由于种种机缘巧合，中华人民共和国成立后，舟山只是凸显了在军事、海防上的战略价值，舟山位于东部沿海地区重要的海防前哨，一度三军林立，军队人数达到十几万之巨。

改革开放以来，舟山因海防地位重要，错失了成为沿海十四个开放城市的一次大好先发机会。至此，舟山人民以及关心舟山发展的人们会扪心自问：舟山的位置这样好，为什么一直没有真正发展起来，仍旧是偏隅一角的落寂地方？

要回答这样的问题，必须明白被我国近现代史反复证明的“向海而兴，背海而衰，禁海几亡，开海则强”的道理，而且需要从舟山的实际出发，正如舟山过去又名“海中洲”一样，它是一个海岛地区，和大陆相距不远不近，以旧有的大陆眼光来看舟山的发展，是看不到舟山长远的前途的！需要超越、放弃陆地思维，以海洋—资本的文明意识来审视舟山的发展。

21世纪以来，随着第五代、第六代大型集装箱船的升级换代，世界港口逐渐由河港向真正的海港转变。舟山作为海洋中与大陆距离适中的海岛地区的港口战略价值开始凸显出来，上海借地嵊泗崎岖列岛，开发洋山港就是明证，洋山深水港、港区的开发使上海港由河港变成真正的海港。至此，舟山的海岛开发、海洋开发才真正揭幕。所以，以传统的视角来审视舟山的发展时，往往不得要领，陷入迷津。

基于这些原因，本书力图从以上几个方面来探究舟山经济社会发展的面貌，力图绘制一幅关于舟山发展的全景图。可是由于本人能力所限，本书不可能展现舟山发展的全貌，但是希望关注舟山发展的人士能为此研究提供建议和补充，引致对舟山现阶段发展乃至未来发展进行更深入的研究。

这项名为“舟山海洋社会发展研究”的课题受到农工党舟山市委会海洋经济与文化研究所的经费资助，也受到浙江海洋大学马克思主义学院和浙江自由贸易区发展研究院的大力支持。同时，本研究的部分内容也是笔者参与上海社科院应用经济研究所李湛所长主持的国家社会科学基金重点项目《国家级新区与拓展发展新空间研究》(15AZD072)研究成果的一部分。

本书的特点和创新之处主要有以下几个方面：

(1)研究视角创新。本书旨在从海洋社会发展的视角，尤其是从舟山海岛实际出发，以区别于所谓大陆社会的地缘视角，以海洋社会的漂移性假设来审视舟山的发展。该视角已经和近来舟山所承载、叠加的国家战略，如首个以海洋经济为主题的国家战略层面的舟山群岛新区、舟山江海联运服务中心、中国(浙江)自由贸易试验区不谋而合。这意味着，舟山海洋开发已经行走在正确道路上了。

(2)内容创新。本书认为，舟山发展除了以海洋开发为中心的海洋社会发展以外，作为一个典型的海岛地区、海洋社会，其发展又具有鲜明的地域特色，如“网格化管理，组团式服务”的社会管理、社会治理模式创新，舟山的海陆统筹发展样本，海岛特色的海岛组团式开发开放样本，也包括不同类型海岛渔村发展样本，无疑都具有突出的舟山地域特色。同时，舟山发展也具有与海洋强国战略耦合特征。因此，舟山的发展不仅是舟山本区域的发展，而且是向海洋进军的“海洋综合开发试验区”。

(3)应用对策创新。本书对海洋社会的典型区域——海洋渔村发展典型案例进行考察，实地调查、解剖典型渔村，紧密结合对海洋渔村振兴成功经验和失败教训的梳理，验证或总结归纳海洋渔村振兴的动力条件与机制、发展演化过程、趋势、阶段特征与路径等海洋渔村发展的演变规律，并为提出我国海洋渔村振兴的模式与战略、环境与政策优化建议等提供经验基础。同时，作为应用型研究，提出具有创新性的政策措施，如海洋渔村居民就业、增收的优惠政策。提出与海洋渔村振兴相配套的海洋渔业供给侧结构改革公共政策，如传统生计渔民退出机制、商业渔民进入限制机制、外来渔工就地市民化等。

本书在成书的过程中，得到很多专家的指导和友人的帮助，感谢福建省海洋与渔业经济研究会会长林光纪，浙江海洋大学浙江舟山群岛新区研究中心主任黄建钢教授、马克思主义学院沈佳强院长、科研处张部副处长、人文学院杨光熙副院长的深切关心；感谢舟山市法学会吴斌秘书长、岱山县人民检察院卢宏辉检察长、普陀区委党校鲍红英老师，东港集团综合办主任姜伟，尤其是毕业后在南京就业的研究生周一新，他们在我调研期间也给予了许多帮助，也感谢本书编辑的辛勤劳动。

王建友

2019 年 6 月

目　录

第一章 绪 论

第一节 问题的提出

一、舟山海洋社会发展是以海洋开发、保护为中心的发展

国内关于海洋开发的研究是汗牛充栋。这顺应了21世纪我国海洋意识普及的现状，顺应了国家在陆地自然资源趋向枯竭，开始走向海洋、向海洋挖掘发展空间、发展资源的大趋势，也顺应中国共产党第十八次代表大会以来国家领导人对海洋事业的高度关注。中国共产党第十八次代表大会以来，党中央从战略高度部署海洋强国建设，尤其是2013年党中央召开中央政治局第八次集中学习，强调关心海洋、认识海洋、经略海洋，推动海洋强国建设。

舟山是全国第一个群岛型地级市，虽为陆域小市，却是海洋大市。舟山独特的“港、景、渔”资源优势，决定了舟山“依海而生、因海而兴”。舟山的发展，特色在海，潜力在海，愿景也在海。

在国家重视海洋事业发展的今天，舟山作为我国海洋事业发展的前沿阵地、排头兵，应该如何发挥自己的海洋资源优势、地理位置禀赋？如何从国家战略的高度审视自己过去的发展？作为一个典型的海洋社会，舟山海洋事业发展的内在逻辑是什么？舟山海洋社会发展的趋势是什么？

这些问题不仅需要从发展海洋经济层面进行思考，更需要从海洋发展和大陆发展有区别的角度，去关注舟山具有海洋性特征的社会整体发展。

二、舟山是什么？

1. 舟山（舟山群岛）是地理区域

舟山市位于浙江省舟山群岛。地处我国东南沿海，长江口南侧，杭州湾外缘的东海洋面上。地理位置介于东经121°30′～123°25′，北纬29°32′～31°04′之间，东西长182千米，南北宽169千米。

舟山群岛位于浙江省东北部。岛礁众多，星罗棋布，拥有1390个岛屿和270多千米深水岸线。舟山群岛是中国第一大群岛，相当于我国海岛总数的20％，分布海域面积22000平方千米，陆域面积1371平方千米。其中1平方千米以上的岛屿58个，占该群岛总面积的96.9％。主要岛屿有舟山岛、衢山岛、六横岛、岱山岛、朱家尖岛、金塘岛、鼠浪湖岛、鲁家峙岛等，而舟山本岛最大。

舟山群岛是浙东天台山脉向海延伸的余脉。在10000～8000年前，由于海平面上升将山体淹没才形成今天的岛群。群岛的最高峰在桃花岛的对峙山，海拔544.4米。整个群岛属于低山丘陵地貌类型。海平面的升降，长期的海浪冲蚀，使群岛发育了海蚀阶地、洞穴。群岛面积为502.65平方千米，为我国第四大岛。

2. 舟山（浙江舟山群岛新区）是行政区域，同时也是行政区域与国家级新区范围完全重合的新区

舟山市是隶属于浙江省的以群岛建制的地级市。地处中国东部海岸线、沿海海运航线与长江经济带水运航线的交汇处，背靠长三角广阔经济腹地，如果把长江比作跃向东海的一条巨龙，把上海比作龙首，舟山就是龙首上那颗璀璨的龙珠。舟山市下辖定海、普陀两区和岱山、嵊泗两县，常住人口114.6万人，是中国第一大群岛和重要港口城市。

舟山（浙江舟山群岛新区）是第四个国家级新区，是一个行政区域和国家级新区范围完全重合的新区。2011年舟山成为继上海浦东新区、天津滨海新区、重庆两江新区之后的第四个国家级新区。浙江舟山群岛新区有两个鲜明的特点：一是其行政区域和国家批复的新区范围完全一致。而其他的国家级

新区一般是跨区域的，如西咸新区、金普新区、贵安新区、兰州新区、滇中新区等，或者通过调整行政区域单独设立新的行政区域，如南沙新区、西海岸新区、天府新区、湘江新区、江北新区、福州新区、哈尔滨新区、长春新区、赣江新区、雄安新区。二是国内第一个以海洋经济发展为主题的国家级新区。

3. 舟山(舟山群岛)是海洋社会

从地球的表面看，地球被 71% 的海水覆盖，严格意义上看，地球是水球，地球是海球。同时，地球的表面深受海洋的影响，通过大气环流，把海洋上的水汽和能量输送到大陆地区，给陆地带来了深刻的海洋影响，在风、温度、重力等因素，特别是地表径流的影响下，大陆变成了丰富多彩、变化万千、差异巨大的立体空间。如果以海洋为中心看世界，世界上的七大洲是七大岛陆，海洋是塑造大陆最深刻、最持久的自然力量。

何谓海洋社会？海洋社会是人类社会的重要组成部分，是基于海洋、海岸带、岛礁形成的区域性人群共同体。海洋社会是一个复杂的系统，其中包括人海关系、人海互动、涉海生产和生活实践中的人际关系和人际互动。以这些关系和互动为基础形成包括经济结构、政治结构和思想文化结构在内的有机整体，就是海洋社会。

海洋社会是开放流动性社会。马克思认为，人是自然界的产物，人是自然界的一部分，“人靠自然界生活”。作为人类社会关系之一的有机整体，海洋社会是一个高度依赖海洋的社会有机体，“靠山吃山靠水吃水”，海洋社会的生存发展依赖于海洋，海洋社会所依赖资源大部分源于海洋，海洋社会的关系结构由海洋这一自然状态所支配。但是，另一方面，作为具有能动性、实践性的人类聚集体，又通过劳动生产实践，实现人类与海洋的物质交换，以自身的实践活动来引导、管理和调整人和海洋之间的物质变换的过程，实现人类有意志、目的、需求的行为选择，来满足自身个体、整体发展的需要。由此可见，人与海洋的关系，不仅是一种人与海洋的物质、能量和信息交换的自然关系，而且本质上是一种社会关系。同时，海洋的自然属性具有流动性、整体的均质性，从人类有目的的社会实践来看，海洋就是一个流动、漂移、开放社会空间。这个空间，一方面塑造了海洋社会存在、依赖、依托的人类活动空间、社会关系结构。另一方面，海洋社会在被海洋塑造的同时也将海洋的自然属性纳入了自身属性，因而产生了海洋社会中最大、最广阔的具有支配意义的人海关系。

如图 1-1 所示，以海洋为中心的视角看人类社会的分层：中心—外围—边缘三个圈层。

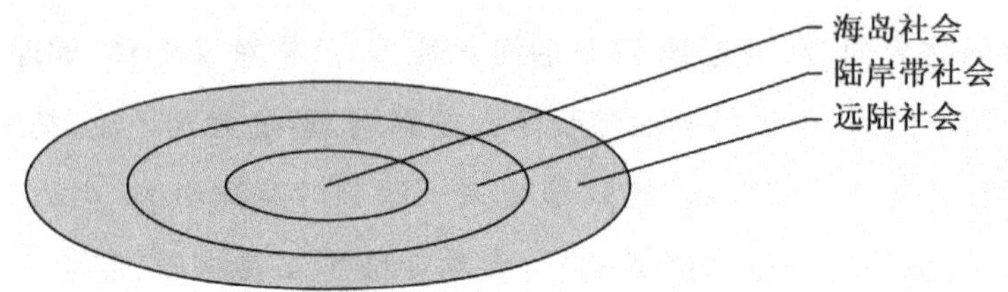

图 1-1　人类社会分层

4. 舟山是一个县域一组团式海岛型海洋社会

舟山实际上是一个县域社会。舟山腹地面积小，平原面积小。由于丘陵、山谷的阻隔，各个城区不能融为一体。基于人口及经济发展总量，从舟山的人口、空间分布看，各个城区实际就是一些小城镇，人口不过 100 万左右，以大陆的标准就是一个县的人口基数。

舟山是一个组团式海岛社会。舟山是浙东天台山脉向海延伸的余脉，在海洋的分割、包围的自然态势下，舟山被分割为中心岛—外围岛的组团，包括舟山本岛、岱山本岛、衢山岛—大小洋山岛、嵊泗本岛、嵊泗东部等（四横），以及定海南部诸岛（一纵）的东北—西南组团式海岛社会。

第二节　国内舟山海洋社会发展相关研究文献综述

一、舟山经济社会发展研究

在宏观上关于舟山海洋开发研究方面，已经出了一些初步成果，但有待进行系统性分析和总结。

海洋开发是舟山发展的应有之义，舟山的先民很早就是利用海洋的大师，利用海洋舟楫之利、渔盐之利，靠海吃海、兴海之利。海洋开发是舟山经济社会发展的基础，但人们对于海洋开发的认识还处在初级阶段。

同时“海洋”是舟山的特色、希望所在，是舟山最大的“市情”。1987 年舟山撤地建市，同年 4 月，舟山港对外开放。1992 年，舟山被国务院列为长江三角洲及沿长江地区先行规划、先行发展的 14 个城市之一。舟山面临未来“怎么走、走向何方”的问题，“走向海洋”是明确的方向，但也需要在实践和理论上予以探讨。由此，关于舟山海洋开发的研究开始起步，积累了如下研究成果。

首先，浙江省政府海岛调查组舟山小组和浙江省社会科学院海岛经济开发研究组(1987)的联合调查认为：舟山群岛富饶的资源，多年来除了对渔业进行掠夺性的经营之外，都因处于国防前线而未能得到开发。党的十一届三中全会以后，在生产责任制的落实方面又比大陆一些地方晚了一段时间，丧失了一些发展的机遇。直到最近几年，才有比较大的发展，舟山正处在由第一次产业向二、三次产业转移的初期。舟山发展急需找到新的增长点，但是存在海岛经济社会环境的特殊性所带来的困难，增长和发展要素的淡水资源、能源、交通、人才、资金严重短缺困难，发挥“渔、港、景”的优势，又要跳出“渔、港、景”的框架，寻找新的发展机遇，舟山群岛的开发要纳入全国海洋开发的总目标中去。同时强调：基础设施建设在海岛开发中居首要地位，优化产业结构，据点开发，变革观念，扶持政策。

曹孟陔(1991)认为国内外海岛经济发展大致有资源型、功能型、科技型三种模式。联系舟山市情继续发展资源型经济有一定的局限性，但是舟山的深水良港、得天独厚，而投资巨大，回收期长，需要各方面协调配合，从而确定开发舟山群岛的方向和重点。[①]

徐博龙(1992)对舟山市开发利用海洋进行了阶段性综述，强调舟山海洋开发要“发展两头、改善中间”，开发海洋渔业、增加泊位，明确功能，开发深水良港，集海岛、沙滩、佛教名山于一体，全面开发海洋旅游资源、因岛制宜，开

① 曹孟陔. 开发舟山群岛的方向和重点[J]. 海洋与海岸带开发，1991(4).

发海洋能源。[①]

时任舟山市科委主任的丁张凤(1994)从海洋科技方面来分析舟山的海洋开发,他强调海洋开发不同于陆地资源的开发,有其自身的特点。在舟山的海洋开发中,要确立科技在海洋开发中的先导地位,要处理好海洋开发与保护的关系,要切实增强科技和自身实力。[②]

舟山市计划委员会的徐满平(1995)对舟山海洋开发的目标、思路和布局做了研究。开发目标是从海洋优势资源的开发利用水平、经济规模、海洋经济实力等方面有质的提高。他设想舟山海洋开发的基本思路是:以居人岛的综合开发为重点,优先发展海洋捕捞业、港口运输业等传统海洋产业,积极发展海水增养殖、海洋娱乐及旅游、海洋油气资源开发等新兴海洋产业,在海洋开发技术不断进步的基础上,注重发展。最后以舟山市区为基点向外延展,交通基础设施建设为链接的开发轴,形成三个经济区片"一点一轴三片"的空间格局。[③]

王辉(1996)认为舟山市领导在分析市情时认识到,舟山是个海洋大市,优势在海洋,潜力在海洋,希望在海洋。只有围绕"海"字做文章,才能扬长避短,发挥优势,走出一条具有自己特色的发展之路。根据开发海洋这一根本战略,舟山市确定了今后15年经济发展的四个战略优势重点:发挥海洋渔业传统、海洋旅游业、深水港口、构造海岛工业。

何仁义(1997)认为发展舟山经济,必须把眼光投向占岛屿陆地面积15.2倍的辽阔海域,加速发展海洋科技,加快开发和利用海洋资源,建立和形成新兴海洋产业体系,促进科技兴海战略的实施。发展科技,加强海洋综合管理;"科技兴海",推进海陆一体化开发;以港立城,驱动新兴海洋产业;以渔为本,加快发展海洋经济改善环境,保障海洋资源永续利用。[④]

何仁义(2003)认为舟山在开发利用海洋资源上,尚缺乏统一规划,不同部门、不同行业各自为政,政出多门。需要增强依法用海的意识,提高海洋综

① 徐博龙.舟山市开发利用海洋综述[J].海洋与海岸带开发,1992(3).
② 丁张凤.舟山加快海洋资源的开发[J].华东科技管理,1994(10).
③ 徐满平.舟山市海洋开发基本思路与空间布局[J].海洋开发与管理,1995(2).
④ 何仁义.加速开发舟山海洋之探讨[J].海洋信息,1997(1).

合管理的能力，编制舟山海洋开发规划，保护开发无人岛屿；驱动海洋新兴产业，推进海陆一体化开发；建立海洋环境监测体系，保障海洋生物资源可永续利用。[①]

王建友(2010)认为海洋开发是舟山经济社会发展的基础，舟山的海洋开发经历了“以渔为主”到“渔、港、景”再到“港、景、渔”的路径演进过程。该演进过程反映了舟山海洋开发存在产业结构格局升级层次、资源开发方式、开发空间及开发战略差序格局四大路径依赖关系。在路径依赖的约束下，舟山海洋开发要适时进行战略转型，继续优化产业结构，培育新的主导产业，为经济稳定可持续发展奠定基础。[②]

秦诗立(2011)希望《浙江海洋经济发展示范区规划》把舟山群岛开发开放作为战略重点，给予高度关注与总体规划，以争当我国海洋开发的领跑者。舟山聚力打造“三基地一城市”，即大宗商品国际物流基地、现代海洋产业基地、海洋科教基地、群岛型花园城市。需要分类推进海岛开发开放、强化群岛创新示范、积极有序扩大对外开放、高效集约拓展开发空间。探索实施“以岛养岛”政策、增强海洋海岛综合开发管理能力进而创新我国海洋经济发展和海岛综合开发模式。[③]

从一个相对微观的角度，研究分析国家战略环境视角下的舟山群岛新区的海洋经济发展是一个方向。张腾豪(2013)运用增长极理论、区域分工贸易理论、可持续发展理论分析了舟山市发展海洋经济的自然资源条件和社会经济条件、发展和产业布局现状，总结出了舟山在发展海洋经济过程中存在的优势和不足。

在舟山海洋开发过程中，工业化水平是衡量一个地区经济社会发展的重要指标。顾自刚(2013)运用钱纳里、库兹涅茨等经济学家的理论，通过对舟山市历年经济数据的分析，认为舟山市当前已经进入工业化中期后半阶段在向更高发展阶段迈进的过程中，难以继续通过粗放的外延扩张模式来提高工业化水平，舟山市要实现更高程度的工业化，必须进一步优化产业格局，大力

① 何仁义.浅议舟山海洋开发[J].海洋信息，2003(3).
② 王建友.舟山海洋开发的路径演进、路径依赖及战略展望[J].海洋开发与管理，2010(5).
③ 秦诗立.舟山群岛：争当海洋开发的领跑者[J].今日浙江，2011(1).

发展生产性服务业，以战略性新兴海洋产业为主拓展新的产业发展空间，推动传统临港产业转型升级。在此过程中，需要重视知识经济对推动地区工业化的作用，形成内生增长的新动力；提高城市资源的利用效率，改善城镇化质量；实现经济、社会、文化各领域的制度变迁。[①]

二、舟山的经济社会发展离不开产业发展

一些学者对影响舟山经济社会发展的渔业、旅游业、港口物流业，即所谓“渔”“港”“景”三大支柱产业做了比较深入的研究。

1.舟山渔业发展研究

舟山以往的主导产业是渔业，因而研究者的重点放在渔业生产上面，对渔业的发展历史、地位、产业结构调整、发展战略做了详细的富有启发意义的研究。

韩伐贵(1982)以二渔公司用补偿贸易的方式发展外海渔业的现实例子，突出舟山发展外海渔业意义，对舟山渔业即将面临渔业资源衰退问题提出了一个解决思路。[②]

赵以忠(1983)对舟山地区的海洋渔业发展历史予以回顾和总结。他认为舟山渔业生产，以海洋捕捞为主，历史悠久。它的发展过程，大体上是由自足自给的涂面采捕，逐步发展到以自产自销、地产地销为主的近洋生产，再发展到产、销、加工初具规模的远洋捕捞。[③]

周士沅、蒋海涛、杨良平(1985)提出要振兴舟山海洋渔业，就必须重视水产资源的保护和增殖工作。建议在舟山群岛附近的部分海域，设立海洋渔业资源增殖区。通过投放人工鱼礁、人工放流苗种等方式，逐步建立海洋牧场，以便在增殖和保护水产资源的前提下，实现资源利用的立体化和多样化，并保证渔业经营的持续稳定。[④]

---

① 顾自刚.舟山市工业化水平实证分析与展望[J].浙江海洋学院学报(人文科学版),2013,30(1).

② 韩伐贵.舟山发展外海渔业的现实意义[J].中国农村观察,1982(6).

③ 赵以忠.新中国成立前舟山渔业发展初探[J].浙江水产学院学报,1983(1).

④ 周士沅,蒋海涛,杨良平.关于建立舟山沿海渔业资源增殖保护区的初步设想[J].海洋渔业,1985(1).

吴常文(1986)根据舟山地区渔业生产实况，以及有关调查资料，对渔业生产结构、渔业资源演变及存在的问题进行分析，并提出对舟山地区海洋渔业生产结构调整与合理利用渔业资源及加强渔政管理的建议。[①]

王强华、周士源(1986)探讨了舟山渔业发展战略问题，他们根据舟山渔业实际，提出有"内涵增长型""外延增长型"两种模式可供选择，而"外延增长型"即渔船、渔场跳出现状，更新渔船，向外海、远洋进军，同时开展"渔工商"综合经营，捕养加全面发展，达到产量和产值一起翻番，从扩大再生产和追加投资中求发展，是符合舟山渔业发展长远战略选择。[②]

俞锡棠(1988)对舟山渔业的地位从全国市场、开发海洋、舟山经济产业结构、渔业本身基础、发展外向型经济、海岛港口进行了分析。他从渔业的生产力、生产关系和上层建筑的改造、改革、改善出发，建议把舟山渔业从传统渔业的硬壳下尽快蝉蜕出来。

随着渔业生产的大发展，渔业生产的生产安全问题凸显出来，周士源(1987)开始探讨舟山海洋渔业安全生产问题[③]，徐博龙开始关注舟山应建成我国远洋渔业基地问题[④]，商金发(1990)根据日本、韩国等国家和中国台湾地区远洋钓流渔业发展的经验，认为钓流渔业具有结构简单、操作方便、投资少、成本低、渔场适应广、渔获质量好、创汇效益好的优点，是集体渔业发展远洋渔业的一条重要途径和方法。[⑤]

《舟山渔业深化经营机制改革》课题组(1995)坚持渔业经营形式多样化的观点，把握渔村股份合作经济的发展趋势，努力做好渔村股份合作经济完善工作，抓紧集体水产企业(公司)机制转换，积极推进养殖业产权制度改革。[⑥]

水产品加工与贸易是渔业生产的后续产业，有研究者从水产品深加工的

---

① 吴常文.舟山地区海洋渔业结构调整与管理意见[J].海洋渔业,1986(4).

② 王强华,周士源.舟山渔业经济发展战略探讨[J].海洋开发,1986(2).

③ 周士源.舟山海洋渔业安全生产问题[J].海洋渔业,1987(6).

④ 徐博龙.舟山应建成我国远洋渔业基地[J].海洋渔业,1991(5).

⑤ 商金发.努力开拓和发展舟山远洋钓流渔业——兼谈集体渔业发展远洋渔业途径[J].现代渔业信息,1990(2).

⑥ 课题组.舟山渔业深化经营机制改革的探讨[J].海洋开发与管理,1995(3).

角度探讨舟山水产品精深加工业发展问题。顾协国(2006)认为进一步提升舟山市水产加工业的重点在于提高质量,关键在于发展精深加工。[①] 徐海杰(2010)对舟山水产品出口贸易进行SWOT分析得出结论:舟山市水产品加工贸易具有整体品牌优势、技术优势、差异化竞争优势。同时也存在出口市场较集中,抗市场风险能力弱,水产品原料供需矛盾加剧,加工出口企业规模较小等劣势。[②]

现代渔业在经济社会发展需要转型,而舟山渔业如何转型也是一个重要的理论与现实问题。章卓(2015)对台湾基隆渔业经营模式进行分析,认为舟山应该学习其产业链一体化经营模式、多元化经营模式、差别化经营模式。舟山要提高对渔业养殖环节、加工环节和运销环节的重视;培养渔业企业的品牌意识,加强对树立渔业品牌的投入;采用现代化的生产加工技术;加大对产品研究和开发的投入;大力发展舟山渔业多元化经营,推动休闲渔业的发展。[③]

2. 对船舶业发展研究

船舶工业是一项基础工业,涉及面广。加快船舶工业的发展将带动机械、电器、交通、通信等大批为之配套的相关行业的发展和壮大,这对整个地区的工业发展有着强大的促进作用。

船舶修造业是伴随着海洋捕捞和海上交通运输的兴旺发展起来的,在舟山有着悠久的历史,船舶业发展一直是舟山海洋开发的重要方面,曹孟陔(1998)对舟山的船舶业发展进行了梳理,当前舟山船舶业存在的主要问题和困难是:如何发挥舟山优势,把船舶业当作支柱产业来办缺乏共识;企业体制改革滞后,行政管理尚未理顺;整个结构存在"小、散、低"的状况,在日益兴旺的国内外船舶市场上缺乏竞争力;资金、人才紧缺,也严重制约船舶工业的进一步发展。20世纪90年代世界船舶工业重心正在东移。舟山船舶工业应努力做到"一个适应""两个提高",抓紧建设"三个基地"。[④]

---

① 顾协国.加快舟山市水产品精深加工产业发展的思考[J].浙江海洋学院学报(自然科学版),2006(3).

② 徐海杰.舟山水产品出口贸易SWOT分析[J].对外经贸,2010(6).

③ 章卓.基隆渔业经营模式及其对舟山的启示[D].舟山:浙江海洋学院,2015.

④ 曹孟陔.加快发展舟山船舶业之探讨[J].决策咨询通讯,1998(3).

乔伟海(2001)强调舟山作为一个港口城市,在自然环境、地理位置上具有发展船舶工业的得天独厚的条件;同时,船舶工业是舟山的传统产业,已具备一定的基础。但舟山船舶工业存在技术力量薄弱、造船周期过长、舾装水平差的问题,需要战略性改组,支持船舶业技术进步和产业升级,提高产品档次,引进先进的现代造船模式,加强企业管理,提高市场竞争力。[①]

随着舟山的开放开发,作为临港工业的主导产业的船舶修造业,发展迅猛,成为舟山的主导产业。但船舶修造业的高速增长,同时带来了负面的环境污染。林纲(2009)针对当前船舶修造企业自身特点,在实践调查和系统分析的基础上,全面地进行了污染源和环境因子的分析,运用所学的环境保护及环境规划与管理等方面的有关知识,结合有关国家法律法规的综合运用,从可行性出发,提出指导舟山市船舶工业发展的环境保护对策和预防减缓环境污染的措施,实现船舶修造行业环境管理的规范化,为舟山市船舶工业可持续发展,保证区域资源、环境、经济、社会的协调发展提供重要环境决策依据。[②]

2008 年世界爆发金融危机以来,金融危机的震荡波及中国船舶制造业,舟山的船舶制造业也面临重大困境,2012 年浙江舟山船舶欲破困境,从传统修造业转型海洋工程,让舟山的船舶业从传统制造业的困境中走出去。

高斌超(2012)以舟山船舶制造基地为例,调查舟山船厂的船舶制造现状。研究分析舟山造船厂目前的造船技术、人员构成、经济效益及所存在的技术和管理方面的问题,探求阻碍船舶制造业发展的因素,旨在为企业突破困境重获生机提供一些建议,促使舟山船舶业更好更快发展。[③]

3. 海洋旅游业

旅游业,国际上称为旅游产业,是凭借旅游资源和设施,专门或者主要从事招待、接待游客,为其提供交通、游览、住宿、餐饮、购物、文娱等六个环节的综合性行业。而海洋旅游业是旅游业发展的新的分支,对于舟山来说,从 20 世纪 80 年代开始舟山经济社会发展所需要的三大发展支柱之一——“景”,而

① 乔伟海. 浅析舟山船舶工业的发展方向[J]. 渔业现代化,2001(3).
② 林纲. 对舟山市船舶修造业环境污染的治理研究[D]. 上海:上海交通大学,2009.
③ 高斌超. 海洋经济背景下浙江中小船舶修造业调研[J]. 高教与经济,2012(6).

海洋旅游业发展不仅仅是一个“景”所能概括，关于舟山海洋旅游业发展的研究，大多数学者从舟山发展海洋旅游业的开发条件、模式、产业集群、旅游品牌、市场营销等层面入手。

在海洋文化与海洋旅游相互契合方面。范家驹(1996)在承接舟山市旅游发展规划研究项目时强调舟山应该借海洋文化资源提高产品文化品位。① 胡卫伟(2006)指出浙江省舟山市是我国唯一由群岛组成的海上地级市，有着深厚的海洋文化积淀和多元的海洋文化旅游资源，发展文化旅游潜力巨大。从总体上看，旅游资源丰厚、海洋文化资源品位高且具独特性，这是舟山海洋文化旅游产品开发的坚实基础。舟山需要统一规划建设，整体包装促销，推出“百姓休闲海洋游”，打造长三角乃至全国有影响力的海洋文化旅游胜地。② 陈展之(2009)认为发展舟山群岛的海洋文化旅游，对丰富舟山群岛的旅游内容，提升旅游文化品位，突出海岛民俗文化特色与发展海洋旅游业有着重要意义。通过运用 SWOT 模式的分析，阐述了舟山海洋文化旅游的开发价值，并提出了开发特色文化旅游产品、打造核心文化旅游品牌、规划文化旅游功能区块、建设文化旅游精品项目、整合文化旅游各类资源等可持续发展的对策和建议。③

麻广灵(2000)从舟山海洋开发的角度思考旅游经济发展，强调舟山发展海洋旅游具有较大优势，需要开发海洋特色的旅游产品，扩大海洋旅游产业的发展规模，整合文化旅游各类资源。④

邬玮玮(2009)认为旅游资源开发是现代社会发展和经济活动的重要内容，随着我国旅游业的迅速发展，旅游资源开发已初步形成了一定规模的体系。但是，在此过程中，仍然存在着一些问题，这些问题如果得不到很好的解决，就会阻碍旅游业的进一步发展。在旅游业快速发展的今天，旅游资源的合理开发与保护已成为热点话题。针对舟山在旅游资源开发方面的不足之

① 范家驹.借海洋文化资源提高产品文化品位——编制《舟山山市旅游发展规划纲要》的理论思考[J].旅游学刊，1996(3).

② 胡卫伟，王湖滨.论舟山海洋文化旅游与开发策略[J].浙江海洋学院学报，2006(3).

③ 陈展之.舟山群岛的海洋文化与旅游开发[J].浙江师范大学学报(社会科学版)，2009(3).

④ 麻广灵.发展海洋旅游振兴舟山经济[J].瞭望新闻周刊，2000(11).

处，提出了几点建议。[①]

海洋旅游在资源开发的基础上，需要可持续发展，任淑华(2007)强调旅游涉及经济和政治等诸多方面的社会及文化活动，而旅游者求知、求美、求新等文化旅游的追求是现代旅游发展的趋势，而呼唤自然生态回归的今天，海岛、海洋旅游的优势就越来越凸现，并显示出极强的生命力。任淑华在讨论舟山旅游产业发展的背景基础上，剖析旅游业目前存在的问题，提出了舟山海岛、海洋旅游可持续发展的对策。[②]

而海洋旅游业作为一个海洋产业，其产业结构的优化是一个业内研究者关注的问题。胡卫伟(2008)以浙江海洋旅游的核心地区舟山群岛为例，分析了在当前形势下海洋旅游产品开发中存在的问题，并就海洋旅游产品结构优化对策做了初步性探讨。[③] 产业区位也是产业结构优化的一个方面，马丽卿(2004)按照旅游区位带理论对舟山市旅游产业区位和旅游交通区位进行了量化分析，说明目前舟山海洋旅游区位还不能对全国主要旅游市场形成较大吸引力。要成为全国性的旅游目的地，舟山旅游业必须重构产业区位，全力打造整体“海岛旅游景区”。据此，今后舟山海洋旅游产业的空间布局应由原来的两极双核模式转变为多核、点线模式，由空间掠夺竞争模式转变为空间合作拓展模式。[④] 在空间上，产业结构优化表现为空间优化，谢冰蕾(2014)以宁波—舟山区域为研究对象，以区域内的海洋旅游资源为基础，运用空间结构理论、区域规划理论，依托各子客体在空间的集聚程度及其相互作用关系，寻求其在空间上的最优组合与相对位置，提出了“两点五带”的空间布局结构。[⑤]

在海洋旅游国际比较层面，伍鹏(2006)研究了马尔代夫的海岛旅游，认为“马尔代夫模式”值得舟山学习。马尔代夫在旅游发展中，探索出了一个既符合该国特点，又没有给生态环境和社会文化产生严重负面影响的海岛旅游开发模式，被称为“马尔代夫模式”。[⑥]

---

① 邬玮玮，朱燕．关于舟山旅游资源开发的几点思考[J]．现代经济信息，2009(12)．
② 任淑华．舟山旅游产业可持续发展的对策研究[J]．海洋开发与管理，2007，24(5)．
③ 胡卫伟．海洋旅游产品结构优化对策探略——以舟山群岛为例[J]．商场现代化，2008(8)．
④ 马丽卿．论舟山海洋旅游产业区位重构[J]．浙江海洋学院学报(人文科学版)，2004(3)．
⑤ 谢冰蕾．宁波—舟山海洋旅游项目空间布局研究[J]．特区经济，2014(4)．
⑥ 伍鹏．马尔代夫群岛和舟山群岛旅游开发比较研究[J]．渔业经济研究，2006(3)．

当然海洋旅游业的发展离不开拓展新的业态、形式，刘万锋(2011)注意到随着邮轮经济的快速发展，舟山群岛把握邮轮经济所蕴含的商机，提出了“通过建设区域国际邮轮港口，吸引国际邮轮靠泊，带动社会经济发展”的邮轮产业发展计划。基于产业链视角，对舟山群岛邮轮修造企业、邮轮运营公司、邮轮港口服务和邮轮商贸旅游四大产业经营环节进行分析，并对舟山群岛国际邮轮产业的发展提出了相应的建议。①

还有学者从海洋体育旅游层面，提出富有想象力的想法和思路，将海洋旅游与体育结合起来，来拓展海洋旅游的领域，希望推进舟山的海洋旅游业发展。张同宽(2009)对舟山开发“海洋体育旅游类”主题公园的可行性进行了研究；黄玲(2009)提出了海洋民俗体育旅游内涵式发展的策略，进行了海洋体育旅游空间结构分析；许小江(2009)对金融危机下舟山海洋休闲体育旅游发展进行了研究；丁曙、张同宽(2013)研究了海洋体育旅游资源开发与利用问题；刘思萌、马丽卿(2015)研究了舟山海洋生态旅游开发问题。

在海洋旅游发展战略方面，有专家提出发展海洋景观房产、培育高端旅游人才、建设海洋旅游数字景区等策略。

4.港口物流研究

港口是海洋开发的重要一环，港口开发历来在沿海地区地方经济社会发展中扮演着重要的角色。港口的作用是运输物流，港口是将岸线资源变成各种原料、能源、制成品的集散中心，它利用海洋的公共性特性，互通有无，将物流服务、信息服务、商业产业功能集中于一体，具有自己的海岸线和功能较为完善的港口是一个地区经济社会发展的重要基础设施。舟山在资源禀赋上具有港口优势，国内对于舟山港口物流的研究很早就已经展开。目前关注舟山港口物流发展的主要是舟山本地的学者，他们从舟山港口物流发展的条件、发展战略、模式、金融支持、信息化建设、软环境建设、营销等层面展开研究。

最早的研究是从舟山的物流中转开始的，如蔡一鸣(2001)强调首先要融入上海国际航运中心建设的大背景中去构思、来考量，把舟山港建设成为上

---

① 刘万锋，刘洪义，王能贝.舟山群岛国际邮轮产业发展思路——基于产业链视角[J].港口经济，2011(5).

海国际航运中心建设中的重要的水中转物流中心。充分利用我国罕见的深水良港优势和优越的区位优势，突出集散和分拨功能，配合上海港建设好洋山港区，充分接受特大型集装箱枢纽港的辐射，把舟山港建成为长江三角洲地区水中转物流体系中规模最大，功能齐全，高效稳定的物流中心之一。[①] 郭华春(2011)探讨了港口资源丰富的舟山市在发展物流产业方面的优势及特点，通过要素分析高端的“大物流”“增值物流”“智能港”是舟山港口物流发展的目标和趋势。[②] 罗宁、冯倩宇(2011)提出在新区建设的大背景下舟山港口物流业需要转型升级。要利用新区建设的契机，积极向上争取政策支持；推进大宗商品交易平台建设，鼓励和支持建设煤炭、石化产品、钢材木材、矿砂等大宗商品交易平台，实现生产企业、物流企业、金融贸易、服务等不同类型企业在港口集聚；拓展服务空间，积极引进大型国际贸易商和物流供应商，在稳固国内市场的基础上大力拓展国际业务。[③]

随着宁波—舟山港的正式合并，关注宁波—舟山港发展的研究开始大量出现，主要从效率增进、整合资源、发展策略、管理优化、营销策略、供应链等层面展开研究。汪长江(2008)结合宁波—舟山港港口物流的现状与发展趋势，对港口现代物流的基本概念、港口现代物流效率的测度与评价做出研讨，在此基础上提出了效率增进对策。[④] 孙建军等(2010)认为舟山应在充分发挥区位优势、资源优势、基础优势、腹地优势和后发优势的基础上，克服集疏运体系不完善、港口物流人才严重缺乏、行业整体水平低和港口的现代物流功能不足等劣势，迎难努力打造一个中心，明确两大布局，突出三个重点，坚持四大原则，做到五个方面，以实现港口物流业的跨越发展，推动海洋经济转型升级。

李雪(2015)认为应该借鉴国内港口资源整合的先进经验和措施，学习省外港口发展的先进政策，运用到宁波—舟山港一体化、建设港航强省中去。[⑤] 赖茹燕(2014)认为相对于长三角地区港口经济的发展，需要宁波—舟山港的

---

① 蔡一鸣.浅析发挥舟山港口物流中转功能[J].中国港口,2001(9).

② 郭华春.舟山发展港口物流的对策分析[J].浙江交通职业技术学院学报,2010(3).

③ 罗宁、冯倩宇.舟山港口物流业需要转型升级[J].运输经理世界,2011(9).

④ 汪长江.港口现代物流:概念诠释、效率测评与增进对策——绿色理念背景下基于宁波—舟山港一体化建设的研讨[J].管理世界,2008(6).

⑤ 李雪.宁波舟山港一体化的资源整合[J].湖北经济学院学报(人文社会科学版),2015(2).

发展优势的定位，采取相应的措施来提升宁波—舟山港口物流的竞争力。[①]杨建山(2015)对宁波舟山港口合作管理优化的必要性和可行性进行了分析，总结了国内外港口合作管理的经验和教训，对宁波、舟山的港口所拥有的海岛资源、人民的生活水准、发展潜力和竞争能力进行比较，明辨优势和劣势、机会和威胁，指出合作发展中存在的问题。在此基础上，提出宁波—舟山港合作管理优化的基本定位、基本态势、发展模式及其实施措施，并就有效实施合作管理优化，从体制、组织结构、人力资源发展、企业文化等方面提出建议，最终为港口决策者提供一种全新视角和方法。[②] 王军锋(2011)也从加快“宁波—舟山港”港口物流转型升级提升国际竞争力角度对宁波—舟山的整合进行了研究[③]。

港口物流业发展需要金融支持，颜宏亮、王若萱(2012)结合浙江舟山群岛新区港口物流业发展现状和当前金融支持港口物流业的基本情况，分析了舟山港口物流业发展过程中产生的金融需求以及金融支持舟山港口物流业发展的制约因素，提出从明确金融支持重点、优化金融服务体系、创新金融服务业务、加强金融生态建设和储备专业金融人才等五方面促进金融支持舟山港口物流业发展的对策。[④]

三、产业结构调整以及新兴产业是舟山经济社会发展的潜力所在

1. 海洋产业结构演化

海洋产业结构问题是影响舟山经济社会发展的重要因素之一，是舟山海洋事业发展需要高度重视的问题，也是舟山海洋开发水平提升的重要方面。海洋产业结构演化规律和一般陆地产业结构演化规律不同，海洋产业结构的变化更复杂。基于海洋产业结构演化的特殊性，部分学者从海洋产业结构的一般规律来集聚演绎分析舟山区域的海洋产业结构的现实问题。

---

① 赖茹燕.基于SWOT的宁波—舟山港口战略分析[J].物流科技，2014(3).

② 杨建山.宁波舟山港口合作管理优化研究[D].宁波：宁波大学，2015.

③ 王军锋.加快“宁波—舟山港”港口物流转型升级提升国际竞争力[J].经济丛刊，2011(1).

④ 颜宏亮，王若萱.金融支持舟山港口物流业发展研究[J].港口经济，2012(2).

雷湖(2012)首先对产业结构演变的一般规律以及海洋产业结构演变的特殊规律做了分析,在对舟山市海洋产业发展状况进行实证研究的基础上,深入探讨了舟山市海洋产业发展中的比较优势和存在的问题。他认为舟山海洋产业结构的总体优势还没有充分发挥出来,舟山市海洋产业结构需要进行优化且具可行性;要以海洋产业结构优化的原则、方向、途径和措施为突破口,希冀舟山市通过海洋产业结构的优化,最终实现海洋经济的大发展。①

齐燕青(2012)概括了海洋产业综合绩效评价相关概念,分析了舟山海洋产业的结构,并对舟山几大支柱产业进行了阐述,总结出舟山海洋产业发展中存在的问题;选取层次分析法对舟山六大海洋产业进行综合绩效评价,并针对评价结论提出六大海洋产业发展的对策建议,对舟山海洋产业的发展提出对策建议。②

李霞(2014)发现舟山海洋产业(包括临港工业、临港物流、海洋旅游和海洋渔业等)在发展过程中面临着转型升级问题,尤其是临港工业和港口物流两个产业升级改造需求十分强烈,需要突出产业发展重点,推进产业结构优化,提升产业规模集群,强化产业发展导向,拓宽海洋产业融资渠道,给予产业融资以制度支持,加大政府对海洋科技投资,鼓励海洋科技创新。③

忻海平(2009)在综合分析舟山经济社会发展指标的基础上,得出了舟山正处在工业化中期向后期推进关键阶段的结论,强调舟山要遵循工业化中后期产业结构高级化的一般规律,走海洋经济特色的新型工业化路子,同时列举了舟山推进产业升级面临的主要困难和瓶颈制约,提出了对策措施。④ 海洋社区的发展离不开新兴产业的开拓,这也是沿海地区开发开放的重要领域。

2.海水淡化

对于舟山的经济社会发展来说,水问题历来是一个必须要解决的问题。海岛区域由于地表径流短、存水区域狭小等原因资源性积水面积少,加上环

---

① 雷湖.舟山群岛海洋产业结构优化研究[D].舟山:浙江海洋学院.2012.

② 齐燕青.舟山海洋产业综合绩效评价研究[D].舟山:浙江海洋学院,2012.

③ 李霞.新区背景下的舟山海洋主导产业转型升级研究[D].舟山:浙江海洋学院,2014.

④ 忻海平.舟山进入工业化中后期阶段推进产业结构高级化研究[J].浙江海洋学院学报(人文科学版),2009,26(3).

境污染及人口的城市化,因此解决水问题是一个海岛区域的民生工程。要解决海岛地区的水问题,除了从大陆引水外,能否通过海水淡化产业来从根本上解决海岛用水问题是一个研究重点。

陈康翔、钱德雪(2006)认为舟山作为一个资源型缺水严重的海岛城市,面临舟山经济社会的快速发展,要求加快海岛供水基础设施的建设,以水资源的可持续发展为经济社会可持续发展提供保障。提出海水淡化作为解决海岛地区水资源紧缺问题的有效途径之一,与大陆引水、本地水资源开发相比存在不同的优势和劣势。并根据海水淡化与其他水源工程的供水成本和优、劣势比较,分析海水淡化在舟山海岛地区的适用性,提出海水淡化发展应“因岛制宜,统筹规划,综合利用”的论点。①

蒋华(2007)探讨了我国现代海水淡化技术的发展现状,分析了海水淡化技术在舟山市的应用概况,并对海水淡化和海水综合利用的发展前景提出了一些建议,强调舟山应该从战略的高度重视海水淡化工作,要进一步提高海水淡化的处理能力,提高海水淡化的技术水平。②

周振觉等(2010)指出海水淡化是解决水资源短缺的重要途径,愈来愈得到舟山市政府的重视,海水淡化技术也得到了快速发展。舟山市为海岛地区,岛屿分散,是一个资源型缺水的地区。目前舟山正在建设国家海水淡化与综合利用工程示范基地,在海水淡化产业化体系和技术路线方面具有自己的海岛特色,可以为全国海岛开展海水利用工作提供样板和借鉴。但是海水淡化技术及应用知识还未在舟山居民中广泛普及,各海水淡化产业部门间的信息交流加强资源共享状况尚待优化,淡化产业体系中出现的问题有待相关单位进一步研究。③

张海春、范会生、陆阿定(2010)认为舟山是我国沿海地区淡水资源严重不足的地区之一,发展新能源海水淡化技术具有必要性,他们介绍了风能、太阳能、核能、波浪能、潮汐能、LNG等新能源海水淡化技术的应用进展,结合舟山海水淡化的发展现状和新能源应用示范基地的建设方案,提出了发展新能

① 陈康翔,钱德雪.海水淡化在舟山海岛地区的适用性分析[J].浙江水利科技,2006(5).

② 蒋华.海水淡化技术现状及在舟山市的应用和发展[J].科协论坛,2007(11).

③ 周振觉等.舟山地区海水淡化技术应用状况[J].水处理技术,2010(2).

源海水淡化技术的建议。[①]

徐盈、周金(2012)认为应大力扶持海水综合利用产业发展、推进建立海水综合利用产业市场化运行机制、加大海水淡化及综合利用研发力度,将舟山打造成为海水淡化示范城市。[②]

潘钦鹏(2015)研究了舟山市海水淡化产业发展问题。在"十二五"规划以及舟山群岛新区规划下,舟山面临着经济的快速发展,海水淡化是解决海岛供水问题的有效途径,必须要加强淡水资源提供的基础设施建设。他通过对舟山的自然环境、淡水资源现状、海水淡化产业以及海水淡化的可能性分析,提出了舟山地区海水淡化的建议,并对舟山海水淡化的未来做出了展望。[③]

3. 休闲渔业

休闲渔业是利用渔业和渔村资源,经过规划整合,把旅游观光与渔业生产和渔民生活有机结合,实现第一、二、三产业的相互转移与渗透,创造出较高经济效益和社会效益的一种新产业业态。

伍鹏(2005)以舟山蚂蚁岛省级休闲渔业示范基地为例,提出海洋休闲渔业的发展应注重挖掘海洋文化和地方特色,与旅游等第三产业发展相结合,与落实"五个统筹"、建设社会主义现代化新型渔农村以及构建和谐社会相结合,并探讨了我国海洋休闲渔业的发展模式。提出了规划要科学化、统筹化,经营要产业化、集约化,管理要规范化、法制化,发展要可持续化等对策建议。[④]

裴佳乐(2013)基于舟山群岛新区建设的背景,对嵊泗县旅游发展进行了研究。指出嵊泗海岛旅游发展需要紧跟新区步伐,加强对新区政策和新区定位的研究,利用新区发展有利契机,先行先试,立足嵊泗地方实际,积极向上争取政策、资金、人才等各项支持。强调在海岛旅游科学规划、硬件设施、配套设置、软实力、知名度等建设上下功夫。[⑤]

---

① 张海春,范会生,陆阿定.新能源海水淡化技术应用进展及其在舟山的现状分析[J].水处理技术,2010(10).

② 徐盈,周金荣.向海洋要淡水——舟山打造海水淡化示范城市[J].浙江经济,2012(5).

③ 潘钦鹏.舟山市海水淡化产业发展研究[J].农村经济与科技,2015(5).

④ 伍鹏.我国海洋休闲渔业发展模式初探——以舟山蚂蚁岛省级休闲渔业示范基地为例的实证分析[J].农业经济与管理,2005(6).

⑤ 裴佳乐.舟山群岛新区建设背景下嵊泗县旅游发展研究[D].宁波:宁波大学,2013.

4. 海洋文化产业

舟山(舟山群岛)作为一个具有典型意义的海岛区域,具有海洋文化产业发展的基础条件。

叶云飞(2005)认为海岛海洋文化不仅是我国发展海洋文化产业的重要突破口,而且是发展海洋经济不可或缺的组成部分。为此,应主动打破海岛封闭性,积极发展有特色的海洋文化企业,充分有序地发掘显性与隐性海洋文化资源,精心打造海洋文化精品,并实行民营化企业管理机制,多渠道投资,促使海岛海洋文化产业走出困境,走上良性发展的轨道。①

基于群岛区域的地理分割情况,舟山的海洋文化产业发展具有组团化、集聚化倾向。王颖、阳立军(2012)研究发现舟山群岛海洋文化产业发展兴起于20世纪七八十年代。21世纪以后,舟山群岛海洋文化群化发展倾向明显显现,目前已经形成区域特色明显的产业集群,未来发展需要整合海洋文化产业功能区块、优化海洋文化产业发展环境、强化海洋文化产业政策支撑。②

王文佳、胡高福(2015)运用理论研究和实地调查相结合的方法,从产业链组合与延伸、区位优势与选择、产业集聚与联动的三大文化产业集群核心定律,揭示了舟山群岛海洋文化产业集群的内在规律及发展思路,提出舟山应结合各个岛屿的资源禀赋特征,因岛制宜构建不同种类的海洋文化产业集聚区的建议。③

四、区域发展要素研究

在舟山经济社会发展过程中,基于海洋开发的复杂性和困难,要素保障是舟山经济社会发展的基础要件,研究者从土地、水资源供给、电、基础设施等方面展开研究,形成了海岛、海洋特色的区域发展要素研究。

① 叶云飞.试论海岛海洋文化产业的发展策略——以舟山群岛海洋文化产业发展为例[J].浙江海洋学院学报(人文科学版),2005(4).

② 王颖,阳立军.舟山群岛海洋文化产业集群形成机理与发展模式研究[J].人文地理,2012(6).

③ 王文佳,胡高福.海洋文化产业集群内在规律及发展思路探讨——以浙江舟山为例[J].中国渔业经济,2015(4).

1. 土地资源利用

土地资源是一个区域发展的基本要素，由于海岛地区土地资源相对比较缺乏，土地资源如何节约与集约利用是区域发展必须要解决的问题。在海岛这一特殊的地理环境下，阳立军、俞树彪(2008)就如何解决经济发展与土地短缺的矛盾，如何使海岛地区土地节约与集约利用提出了加大海洋空间资源开发力度、产业集群化和岛屿特色化相结合、利用好坡地、新社区建设为载体的对策建议。①

舟山市人多地少，土地资源的开源也是解决土地资源稀缺问题的思路之一。沿海滩涂是一种动态增长的后备土地资源，蕴藏着丰富的土地、港口、矿产、旅游和水生生物等资源。由于其特定的自然条件、复杂的生态系统和特殊的经济价值，长期以来，一直与人类社会发展密切相关。舟山海岛密布，岸线曲折漫长，港湾众多，具有丰富的滩涂资源。胡珉、杨超(2012)强调合理地开发利用滩涂资源对促进舟山市经济社会可持续发展至关重要，从舟山滩涂资源的基本概况与围垦需求出发，进行合理围垦造地分区，科学合理加大滩涂围垦促淤力度，补偿所占用的生产用地，保持耕地的动态平衡。② 杨升等(2012)从可持续发展角度分析舟山滩涂资源的分布与特征，分析滩涂资源在围垦、养殖、盐业与旅游等不同方面的开发利用状况；阐述滩涂资源开发利用过程中出现诸如湿地减少、污染加剧、岸线冲淤变化及港航淤积等一系列生态环境问题；最后，从生态学角度出发，提出在进行滩涂资源开发利用过程中，应坚持以其自然属性为主，兼顾社会属性；因地制宜，在突出滩涂的主要功能的同时，统筹规划，既注重近期开发，又考虑远期规划，以期达到资源效益、经济效益、社会效益以及生态效益相统一，促进舟山海岛滩涂资源的可持续发展。③

舟山群岛无居民海岛数量多，旅游资源丰富，区位条件优越，海岛休闲旅

① 阳立军，俞树彪. 我国海岛地区土地节约与集约利用研究——以舟山市为例[J]. 浙江国土资源，2008(6).

② 胡珉，杨超. 舟山市滩涂治理与保护分区初探[J]. 浙江水利科技，2012(6).

③ 杨升，梁娟，封薇薇，等. 舟山海岛滩涂资源开发利用与可持续发展研究[J]. 海洋开发与管理，2012(3).

游开发前景良好，但目前的开发缺乏整体规划，旅游产品定位单一雷同。伍鹏、刘天宝(2005)提出要提高舟山群岛无居民海岛旅游的档次和品位，必须出台专项规划和相关政策，按照“一岛一特色”的模式，突出海洋文化内涵和地方特色，严格生态环境保护，实行旅游管理体制创新，才能够使无居民海岛旅游开发达到经济效益、社会效益和生态效益的统一。①

2. 淡水资源开发与利用

舟山是群岛地区，陆地面积小，集水区域小，地表径流短促，无来水。舟山群岛呈低山丘陵地貌，汇流分散，淡水资源主要为河川径流及少量的降水补给的浅层地下水。水资源总量为 6.9 亿立方米，人均水资源量 618 立方米，不到全国人均水平的 1/3，属资源型缺水地区。魏婧、郑雄伟、马海波(2016)提出满足舟山群岛缺水的有效途径是跨流域调水和海水淡化。解决缺水问题的推荐方案为，舟山本岛、岱山岛等主要大岛在充分利用本地水资源的基础上实施大陆引水工程、海水淡化工程用来满足其他边远小岛及特殊产业的用水需求。②

金佩聿、程祖德(1997)较早从水利基础产业的角度探讨舟山的水资源问题。在肯定水利基础设施建设方面取得成绩的同时，指出在观念上、水利建设资金投放上要改革，要理顺水利价格，在水资源管理上要严格水行政执法，完善水利开发经济经营体制。③

陈松华(2010)从提高海岛地区水资源保障能力层面，坚持从海岛实际出发，提出了提高水资源保障能力的思路，积极实施引水、蓄拦水、非常规水、联网、节水净水等联动战略，促进海岛地区水资源的可持续利用。④

3. 人才要素方面

人才是一个区域经济社会发展的重要支持性要素。从人力资本角度看，人才是推动区域经济发展的关键因素。

---

① 伍鹏，刘天宝. 舟山群岛无居民海岛旅游开发的思考[J]. 农业经济与管理，2005(2).

② 魏婧，郑雄伟，马海波. 海岛地区水资源短缺解决方案——以舟山群岛为例. 中国农村水利水电[J]，2016(6).

③ 金佩聿，程祖德. 试论发展舟山水利基础产业[J]. 水利经济，1997(1).

④ 陈松华. 海岛地区提高水资源保障能力对策探析——以舟山市为例[J]. 浙江水利科技，2010(1).

蔡慧萍、周亚萍、陆国飞(2002)较早开始关注舟山的复合型外语人才问题。他们认为舟山市目前的复合型外语人才无论在数量上,还是在质量上都不容乐观,从而很大程度上制约了涉外企业的深层次发展。他们认为要解决这些矛盾,必须在人才引进和人才培养两大方面调整策略,加大力度。人才的引进固然重要,但更重要的是要留住人才,要营造一种人才发展的宽松环境,要在"情"字上做文章。① 王胜(2011)也对此问题进行了后续调查及数据分析。②

外来人才因自身素质、流动目的、流动方向、与流入地的关系、需求层次等因素,其社会融入具有一定特殊性。姚嘉(2014)基于舟山市外来人才社会融入实地调查数据,结合其他地区外来人才社会融入的案例,发现外来人才的经济融入情况普遍较好,社会生活融入其次,心理情感融入不甚理想。指出人才自身素质、流入地的社会经济发展前景、当地的人才政策、用人观念等是影响外来人才社会融入的主要因素。③

桑士达(2013)从浙江舟山群岛新区建设需要高层次人才切入,指出舟山高层次、高技能人才依然短缺,特别是紧缺型、引领型人才匮乏,研发人才和高技能人才占技能劳动力比例均低于全省平均水平。需要加强海洋经济人才规划,完善人才信息服务工作,打造吸引人才的高地,构建聚才的实体平台,建立海洋人才特区,探索建立灵活管用的柔性人才机制,培养舟山本土实用性人才,继续开展人才下派服务,推进和完善"百人计划"。④

耿相魁(2014)从培养舟山战略性海洋新兴产业人才问题入手,认为目前舟山发展战略性海洋新兴产业的人才储备不足,存在四个方面的问题。需要从顶层设计、教科体系、层次结构、政策体系等方面加以解决。⑤

此外,基于舟山海洋经济发展的实际需求,有研究者对舟山的港航物流

① 蔡慧萍,周亚萍,陆国飞.舟山市复合型外语人才现状与需求走向调查[J].浙江海洋学院学报,2002(3).

② 王胜.舟山群岛新区建设背景下外语人才需求现状与外语人才培养研究[J].教师教育学报,2011(9).

③ 姚嘉.外来人才社会融入问题研究——基于浙江舟山的调查[J].江西社会科学,2014(10).

④ 桑士达.浙江舟山群岛新区建设人才问题的若干建议[J].政策瞭望,2013(4).

⑤ 耿相魁.培养舟山战略性海洋新兴产业人才路径思考[N].舟山日报,2014-03-01.

人才、高层次管理人才及自主创新人才等问题进行了初步研究。

4. 交通发展方面

2009 年 12 月 25 日，经过四年的建设，舟山跨海大桥通车，这座孤悬大海之中的大桥给舟山经济社会发展带来了前所未有的影响和变化。一些研究者从影响舟山经济社会发展的重要因素，展开了关于大桥效应的相关研究。

张建成、朱信标(2008)认为大陆连岛工程大桥的建设和建成，已经给舟山市带来了资源重组、要素流动、信息沟通、市场扩张、产业集聚等一系列有利于经济、社会发展的积极影响，为经济建设提供了新的发展契机和加速发展的动力。大桥效应也给舟山市人才工作带来了前所未有的机遇和挑战，人才“进出”双向快速流动，现有人才频繁交流和重新组合，将是今后几年全市人才流动最大的动态和趋势。①

黄晓东(2011)分析了舟山跨海大桥建成通车对舟山社会和经济发展的影响，以及对海洋民俗体育文化发展的影响。舟山跨海大桥建成通车给舟山带来持续快速社会和经济效益增长，交通改善，促进了海洋旅游业发展，对开发海洋民俗体育旅游有积极意义，他提出海洋民俗体育文化进校园，加强并引导海洋民俗体育旅游开发，成立保护组织和加强渔农村社区体育建设等发展对策。②

五、贯彻国家发展战略

从 2011 年开始，国家对舟山区域的战略地位给予高度重视，表现为若干国家战略落地，使舟山从一个偏远、边缘的区域变成了国家几大战略叠加的热土。

1. 海洋经济示范区建设、浙江舟山群岛新区建设

2011 年 2 月《浙江海洋经济发展示范区规划》获国务院批准并上升至国家战略，标志着浙江海洋经济发展已面临前所未有的历史机遇。浙江将打造“一核两翼三圈九区多岛”为空间布局的海洋经济大平台，宁波—舟山港海

① 张建成，朱信标. 大桥经济时代舟山市人才流动趋势的调查和分析[J]. 浙江人事，2008(1).

② 黄晓东.“大桥效应”对海岛民俗体育文化影响研究——以舟山市为例[J]. 浙江体育科学，2011(4).

域、海岛及其依托城市是核心区。作为核心区域的舟山被赋予海洋综合开发试验区的战略地位，突出了舟山在发挥区位优势、促进海洋产业发展、保护海洋生态、创新海洋事业体制方面的先行先试的战略作用。

解力平(2012)把实现浙江海洋经济发展示范区建设战略目标所面临的基本战略、问题作为切入点，对浙江舟山群岛发展战略中的城市化、新型工业化促进舟山核心区成为经济增长极、大宗商品交易中心建设、大力发展游轮经济三项重大问题进行了研究。①

作为中国首个以海洋经济为主题的国家级新区，浙江舟山群岛新区被赋予了“先试先行”的历史使命，这既是难得的发展机遇，也是重大的现实挑战。

姜野(2014)认为舟山群岛新区能否健康发展，能否突出国家海洋经济发展战略“桥头堡”作用，这在很大程度上受到地方行政管理体制以及行政服务管理理念的影响。优化舟山群岛新区的行政管理架构，摸索其行政管理体制改革的方向，真正实行“扁平化”的行政管理体制和社会治理，确切地使地方行政管理效率和灵活性得到进步，是适应当今转变与发展的经济与社会的客观需求。②

2.舟山江海联运中心建设

2014 年 11 月，李克强总理在浙江调研时指出，利用舟山独有的区位优势和自然禀赋，形成长江经济带和长三角发展的重要战略支点，这是新时期国家赋予舟山的新的战略任务。

在战略把握上，李湛、李海杰(2015)认为舟山必须把握战略定位、确定战略高地、实现政策创新、明确构成体系、规划启动项目使之真正成为 21 世纪海上丝绸之路与长江经济带的纽带和新一轮对外开放和发展的战略支点③。马旭驰、沈最意、艾万政(2017)运用 SWOT 分析法确定舟山成为江海联运服务中心的优势和劣势及其外部环境存在的威胁和机遇，对外可以与周围港口合作发展江海联运实现共赢，对内可以通过优化自身港口基础设施来提高集装

① 解力平，查志强，李文峰，等.浙江舟山群岛新区三大战略问题研究[J].观察与思考，2012(3).

② 姜野.构建浙江舟山群岛新区扁平化行政管理体制研究[D].舟山：浙江海洋学院，2014.

③ 李湛，李海杰.舟山江海联运服务中心建设的思考与对策[J].政策瞭望，2015(4).

箱吞吐量。在建设舟山江海联运服务中心的过程中，应注意扬长避短，利用地域优势和国家扶持政策，建设港口基础设施，加快发展综合服务，充分利用外部资源，将江海联运发展到一个更高的层次①。

在政策突破、政策建议上，李湛、支璐洁(2015)强调建设舟山江海联运服务中心需要实施自贸区政策②；舟山市发改委投资处(2017)以抓重大项目全力推进舟山江海联运服务中心建设③；岳驰、王芬(2017)提出舟山港域与武汉港在金融、货源、船舶、人才等方面合作，实现两市港口协同发展④；徐玮蔚(2018)从江海联运服务的软环境入手，提出应抓住当前江海联运快速发展窗口期，从扩大开放、推进长江经济带一体化、构建信息平台、完善法律制度等方面着手，逐步完善江海联运服务环境⑤；孙誉清(2018)指出为达到保障舟山江海联运服务中心建设工作顺利开展的目的，应当丰富海事法律服务工作顶层设计的内容，从而尽快构建系统的对策体系，合理借鉴宁波与舟山港口合作的先例，实现甬舟海事法律服务行业一体化布局。在具体发展路径上，张旭亮、史晋川、秦诗立、苏斯彬(2016)指出首先要夯实中心硬件设施、优化港口码头功能布局，再从深化洋山港合作、开展作业区、港口泊位、大宗商品、多式联运、港航管理、联席会议制度、争取国家政策等方面提出一些体制机制创新建议。

3.从保税港区、自由贸易区到自由贸易港区建设

国家沿海开放政策一直在朝扩大开放的方向发展，在区域发展上从沿海四个经济特区，各类型高新技术产业开发试验区、开发区、保税区到国家级新区、自由贸易试验区、自由贸易港，舟山作为沿海地区开放的前沿，一直在追

---

① 马旭驰，沈最意，艾万政.基于SWOT分析的舟山江海联运服务中心建设策略[J].水运管理，2017(1).

② 李湛，支璐洁.强调建设舟山江海联运服务中心需要实施自贸区政策[N].舟山日报，2015—08—23.

③ 舟山市发改委投资处.以抓重大项目全力推进舟山江海联运服务中心建设[J].浙江经济，2016(19).

④ 岳驰，王芬.江海联运服务中心建设背景下的舟山港域与武汉港合作模式[J].水运管理，2017(9).

⑤ 徐玮蔚.舟山江海联运服务中心发展建议——基于江海联运软环境分析[J].浙江海洋大学学报(人文科学版)，2018(4).

随国家扩大开放的步伐。

王孟珂(2012)认为保税港区是舟山扩大开发开放,实现经济快速发展的增长极,也是实现舟山跨越式发展的有效载体。文章从保税港区政策、功能分析出发,在参考临港产业范围划分的基础上,进一步提出适合保税港区产业范围的“三区”(核心区、配套区、关联区)划分方式,以及保税港区产业发展应遵循的重要原则。鉴于舟山保税港区的发展条件,笔者认为舟山应积极谋划保税港区产业发展,并在此基础上积极构建保税港区产业布局[①]。

自由贸易港区是目前我国开放程度最高、综合功能最强、配套政策最完善、通关手续最便利的对外开放区域。为加快建设浙江舟山群岛新区,大力发展海洋经济,舟山正积极申报建设自由贸易港区。刘明笑(2011)根据浙江经济发展的实际和舟山得天独厚的区位条件,结合国际上发展自由贸易区的成功经验,提出构建舟山自由贸易港的健全立法保障、制定优惠政策、创新管理体制、完善配套设施等主要思路和对策措施[②]。宫敏丽、徐梓洋(2015)以发展舟山自由贸易港区为中心,针对舟山群岛新区的发展现状,结合国内外先进港口物流发展经验,指出舟山群岛新区的优势条件和现存的开放政策、公共泊位及专业人才匮乏问题,并根据自由贸易港区的功能定位和发展要求,结合舟山目前的发展状况,提出了建设舟山群岛新区自由贸易港区的扩大财税政策支持、充分自由港政策、放宽经济管理政策等建议[③]。

六、社会发展及借鉴

基于舟山的海岛特色或局限性,舟山的社会发展面临突出矛盾,研究者主要从养老、社会保障、发展水平评价等方面展开研究,但是研究成果总体较少。

1. 社会发展

包陶迅、叶芳、丁芳盛(2009)研究了舟山居民生活质量的现状,发现舟山

---

① 王孟珂.舟山保税港区产业发展研究[D].舟山:浙江海洋学院,2012.

② 刘明笑.设立舟山自由贸易港探析[J].浙江金融,2011(6).

③ 宫敏丽,徐梓洋.舟山建设自由贸易港区的瓶颈与对策研究[J].湖北经济学院学报(人文社会科学版),2015(3).

存在人口整体文化素质偏低、人才资源结构性矛盾比较突出、居民道德落后于经济社会发展要求、存在自信而又自卑的心理等问题，并提出提高海岛舟山居民生活质量在教育投入、人才引进、素质提高和意识培育四个层面的具体对策。①

浙江省舟山市老龄办老龄课题调研组(2013)认为人口老龄化是经济社会发展的必然结果。由于受地理环境、居住条件和经济承受能力限制，渔农村老年人，尤其是需要提供养老服务的困难老年人，大部分分散居住在交通不便、经济欠发达区域。在舟山市日益增长的老年人口中，渔农村人口老龄化问题更为突出。由于计划生育政策、土地征用、青壮年劳动力的大量外出等因素，渔农村家庭结构日益小型化，“养儿防老”的传统观念和现行的养老模式的改变，急需社会化的渔农村家庭小型化社会养老照顾方式。②

唐洪森、郭祥龙(2013)通过社会发展评价指标体系来评价舟山社会发展水平，其实证分析研究表明舟山群岛新区的社会发展状况整体呈现出稳步增长的态势，但细分领域间的发展相对失调，生态环境领域的发展出现了一定的反复性，并提出相应的对策建议。③

全永波(2014)以社会治理创新的视角，从养老服务社会化、社会救助社会化管理创新、社会组织管理体制改革与创新、社会工作发展创新、城乡社区管理体制改革与创新、海洋经济与社会管理立法等六个层面，并侧重于政策和实施层面进行深入、立体研究，为舟山群岛新区加强社会建设、创新社会管理提供了智力支持和政策参考。④

2. 他山之石

舟山市委、市政府基于区位条件、资源状况、发展条件等条件，选择了对标新加坡发展的策略。因此，一些舟山本地学者开始研究新加坡国情及社会

---

① 包陶迅，叶芳，丁芳盛. 海岛居民生活质量的现状分析与对策研究——以浙江舟山为例[J]. 学理论，2009(2).

② 浙江省舟山市老龄办老龄课题调研组. 渔农村家庭小型化社会养老势在必行——浙江省舟山市渔农村养老服务体系建设调研[J]. 中国社会工作，2013(11).

③ 唐洪森，郭祥龙. 浙江舟山群岛新区社会发展评价研究[J]. 浙江海洋学院学报(人文科学版)，2013(3).

④ 全永波. 社会治理创新：基于浙江舟山群岛新区的研究[M]. 北京：中国社会科学出版社，2014.

管理、经济转型与产业升级、港口操作与运作以及招商引资成功经验。

余红艳(2014)认为舟山群岛新区应该合理借鉴新加坡的保障房制度,政府重视、经济支持、法规保障、管理优化并逐步扩大保障范围,才能让更多"新区人"实现"住房梦",为构建和谐稳定的新舟山提供良好的住房条件和创业环境。①

邓剑峰、彭勃(2017)从区位优势、政策扶持、人才引进、海洋环境保护等方面分析新加坡港,总结其成功经验,并对宁波—舟山港国际航运中心的建设提出了五个方面建议。②

舟山市综合保税区建设专题研讨班(2013)赴新加坡学习考察,希望借鉴新加坡社会管理、经济发展、历史文化等多方面发展经验,特别是招商引资的做法。③

第三节 研究现状评价与研究展望

一、学界对舟山海洋社会的研究存在的不足之处

(1)侧重于海洋产业发展研究,尤其仅限于产业发展范畴。从以上关于舟山海洋开发的研究看,总体而言,目前对于舟山海洋开发的研究仍然停留在现象描述和政策研究层面,对于舟山海洋开发的形成机理、演变规律、发展模式等共性和规律性的研究较为缺乏。

(2)侧重对舟山海洋产业、海洋经济的一般性、基础性、普遍性等内容的研究,缺乏对舟山整体性、综合性的研究,尤其是缺乏对舟山作为海岛、群岛、海洋社会的整体研究。

---

① 余红艳.新加坡"居者有其屋"制度对舟山群岛新区保障房建设的启示[J].浙江海洋学院学报(人文科学版),2014(2).

② 邓剑峰,彭勃.宁波—舟山港与新加坡港国际航运中心发展对比研究[J].中国水运(下半月),2017(5).

③ 舟山市综合保税区建设专题研讨班.新加坡招商引资对舟山的启示[J].浙江经济,2014(3).

当然，海洋产业、海洋经济发展是一个区域经济社会发展的重要支撑，这些研究成果理应成为舟山海洋社会发展的研究基础。

二、研究展望

(1)需要充分考虑舟山作为海洋社会的特殊性。前述成果主要从舟山的海洋特色入手，重点在于舟山的经济社会发展层面，而且侧重于经济发展，虽然有专家从舟山老龄化、渔民社会保障等层面论述舟山的社会发展状况，也有专家对社会发展进行评价研究，对舟山的社会治理创新进行个案研究。但是总体而言，没有把舟山作为一个典型海洋社会进行整体研究。

(2)需要充分考量舟山海洋社会发展的动态性。在国家加快建设海洋强国的大背景下，作为海洋强国建设的前沿及第一个以海洋经济为发展特色国家级新区，需要贯彻实施国家战略，因此研究舟山海洋社会建设必将顺应这个大趋势、大平台的发展，体现研究的动态性，与时俱进。

(3)需要充分考量舟山经济社会发展的综合性。现有的有关舟山海洋社会发展研究的成果多以论文形式出现，对舟山海洋社会发展的研究较为单一，多限于海洋经济发展，尤其是具有时效性的应激性研究，较少着眼于海洋社会发展的整体考量。

第二章　区域发展竞争下的舟山海洋社会发展

第一节　政府竞争与区域发展

一、政府竞争理论

政府竞争自古有之，其概念源于布雷顿(Albert Breton)的“竞争性政府”(competitive govemments)，但对其最早的论述则可以追溯到亚当·斯密关于制度竞争的阐述。莱布特在《地方支出的纯粹理论》一文中对地方政府的竞争做了详尽的阐述，他认为如果存在足够多的区域时，居民就可以通过对居民地的选择显示出自己对公共物品的真实偏好。当居民不满意这一地区政府提供的公共产品的质量和数量时，居民就可以采取“用脚投票”的方式，离开这一区域而选择公共产品的质量和数量符合其偏好的区域来居住。因此，各级政府为了提高自身的吸引力，就围绕着居民和资源展开竞争。这种政府竞争不仅体现在地方政府之间，而且也反映在政府各职能部门之间；不仅同级地方政府及政府各部门之间展开横向竞争，而且上下级之间还展开纵向竞争。无论是哪种竞争，目标都是获取区域经济增长的资源。

地方政府竞争被定义为“一个国家内部不同行政区域地方政府之间提供公共物品，吸引资本、技术、人才等生产要素而在投资环境、法律制度、政府效率等方面开展的跨区域政府间的横向竞争”。其目的是吸引更多生产要素的流入，通过生产要素的配置使得地方政府能够获得更多的财政利益，用以提高本辖区的公共产品的数量与质量，从而促进本地区经济发展。[①]

政府竞争有内置性的动因。①它是政府追求利益最大化的必然要求。地方政府是一个独立的行为主体，它有自己的利益。每一个地方政府总是会本能地采取措施保护、推销本地的产品，资源配置向有利于本地区发展的方向倾斜。这是地区政府竞争的理论根源，因为本地产品多销一点，本地的财政收入就多一点，就多一批工人就业，就能够提高地区综合利益，地方政府及其官员也能从发展中获得经济和政治收益。②政府竞争是地方政府对资源稀缺性的一种“利己”的自觉行为。地区政府竞争之所以产生就是因为资源数量有限，而资源是决定地方经济发展的重要因素，因此，各个地区都会通过竞争来争取更多的资源。③辖区内“选票压力”和上级政府的考核压力。上级政府的考核与监督，实际上是以政绩作为提拔干部的主要依据，这就加剧了地区之间的竞争，因为在提拔干部时，总有一个名额限制，如果我能通过竞争比你发展得更快，我就会比你先提拔。所谓“选票压力”主要体现在两个方面，一是用脚投票，二是用手投票。

二、地方政府竞争对区域经济发展的双重效应

地方政府竞争对区域经济增长的正效应主要表现在以下几个方面：①地方政府竞争有利于经济转型。制度具有公共品的性质，易受“搭便车”问题的困扰，而制度供给常面临不足，因此政府实施强制性制度变迁在一定程度上有利于弥补制度供给的不足。在放权让利的大背景下，当自上而下的改革面临障碍时，可分享剩余索取权和拥有资源配置权的地方政府在一定阶段扮演制度变迁“第一行动集团”的角色，从而引发需求诱致性制度变迁，这对于推进市场化改革具有重要的特殊的作用。②地方政府竞争机制能有效解决政府中存在的“委托—代理”问题。行政竞争机制通过公共权力主体之间的竞争，达到减少公共代理成本和防止代理机会主义的目的。实践证明，保持行政竞争机制是抑制公共部门代理人机会主义的最佳途径。③地方政府竞争能防止政府对市场经济的不正当干预，维护市场竞争机制。

① 邓秀萍，刘俊．从竞争到竞合——中国地方政府竞争问题研究[J]．人文杂志，2007(4)．

地方政府竞争对区域经济增长的负效应主要表现在：①地方保护主义。地方保护与地方政府成为利益主体有密切关系，它是地方政府试图将外在性内在化的行为，主要表现为阻止短缺的产品流出、禁止与地方政府直属企业有竞争的产品进入、阻止稀缺性较高的生产要素流出等三个方面。地方保护主义实行区域封锁和设置贸易壁垒，导致各种要素不能得到有效的流动，既加大市场交易成本，又阻碍统一市场体系的形成和市场在资源配置中基础性作用的有效发挥。②重复建设。一些地方政府从个体理性出发，为了自身的福利最大化，盲目上一些能耗大、污染多，但利润高、对地方财政收入有利的项目。不少地方政府为了获取最大利润率，在当地企业不具备生产的条件下，仍然向企业提供大量的财政补贴，导致了高层次、大范围的重复建设。③竞争无序。它是指在地方政府诱导下，市场主体没有按照合理的市场规则和社会俗定对各种经济资源配置进行的较量和竞争。如在吸引外资上，无序竞争主要表现在土地审批、税收减免等领域；在招商引资上，地方政府纷纷以远远低于成本价的土地价格吸引外商，税收政策也一再突破国家规定的外资优惠政策的底线，出现了以“门槛一放再放，成本一降再降，空间一让再让”为主要内容的“让利竞赛”。这种无序、恶性竞争导致代价奇高的竞争后果出现，而相关竞争各方并没有得到相应的好处。④区域市场分割。目前，地方市场分割呈现出以下四个特征：①市场分割的对象已从传统的资源领域向能源领域扩张，从传统的产品市场向资本市场扩张，从国民经济的一般领域向国民经济的重要领域以及改革的焦点领域扩张。②市场化程度低的地区比市场化程度高的地区突出，经济不发达地区比经济发达地区严重，资源原产地比产品加工地明显。③分割手段从关卡设置、罚款加码、计划控制等转为地方保护、地区限制、制度安排等手段，地方市场分割行为更趋“合法化”“规范化”。④地方市场分割使地区间经济报复与反报复现象日益增多，矛盾逐渐加剧。

20 世纪 70 年代末—20 世纪 80 年代初，我国实行了以中央政府放权让利为特征，以实行联产承包责任制的农村改革为向导并伴随对外开放和市场化改革的经济转型。我国的经济转型、对外开放和市场化改革具有渐进性、阶段性，但对于不同的地区而言，又具有不均衡性。

第二节　舟山海洋社会发展的SWOT分析

一、舟山海洋开发的优势

舟山市位于浙江省舟山群岛，是全国唯一以群岛设市的地级行政区划，下辖2区2县。市政府所在地的舟山本岛，面积502平方千米，是仅次于我国台湾地区、海南和崇明的第四大岛。群岛属丘陵地貌，区域总面积2.22万平方千米，其中陆域面积0.14万平方千米，海域面积2.08万平方千米。

1.海洋自然资源优势

港址和航道等海运资源。舟山境内海岛岸线弯曲，港口众多，口多腹大，水深浪小，少淤不冻，加之多泥质粉砂或粉砂质泥底，避风性能、锚地条件良好，是建设深水泊位、泊航巨轮的理想港区。全市共有岸线2444千米，可建码头岸线1538千米，适宜开发建港的深水岸线50处，占浙江省岸线总长的37.7%，其中水深20米以上有100多千米，约占长三角的40%，是长三角地区唯一拥有成片深水岸线的地区，是我国中部沿海建设深水大港的最理想选址。水深15米以上岸线有200多千米，港域宽阔，港域面积1000平方千米，主航道可通行20万吨以上船舶，东部国际航线可通行30万吨以上巨轮。舟山港域航路总计99条，基本上可双向通航，其中可通航15万吨级船舶航道13条，可通航30万吨级船舶航道3条。锚泊作业水域面积超过13平方千米，锚地28处，其中10万吨级锚地20个，30万吨级锚地5个。港湾条件优越，能满足第五代、第六代集装箱及更先进船型的通行和靠泊。

舟山群岛呈西南—东北走向排列，南部大岛大多海拔较高，排列密集；北部岛小，地势渐低，分布稀散。海域自西向东由浅入深。岛上丘陵起伏，一般大岛中央都绵亘山脊或分水岭，滨海围涂造田，呈小块平原。唯金塘岛三面围山，一面临海，呈畚斗形，岛中为平原、盆地，有“舟山田包山，金塘山裹田”之说。桃花岛对峙山为群岛最高峰，海拔544米。

舟山群岛海岸线蜿蜒曲折，总长 2448 千米，其中基岩海岸有 1855 千米，占总长度 75.8%；人工海岸(主要是海塘)有 530 千米，占 21.6%；沙砾海岸有 50 千米，占 2.1%；泥质海岸有 13 千米，占 0.5%。水深 10 米以上海岸线长 183.2 千米，水深 20 米以上海岸线长 82.8 千米。

舟山属北亚热带南缘季风海洋型气候。群岛季风显著，冬暖夏凉，温和湿润，光照充足。岛上无霜期长，适宜多种生物群落繁衍、生长，有利于发展各类生态农业和杨梅、李子、柚子、草莓、柑橘、西瓜、茶叶、花卉等名优特产。空气自然净化能力强，温差小，适宜发展精密度高的新兴工业。由于受季风不稳定性影响，夏秋之际易受热带风暴(台风)侵袭，冬季多大风，七八月间易干旱，这是舟山常见自然灾害性天气。

亚热带海洋生物资源。舟山素有"东海鱼仓"和"中国渔都"之称。海域内盛产鱼、虾、贝、藻类等海水产品 500 多种，由于附近海域自然环境优越，饵料丰富，给不同习性的鱼虾洄游、栖息、繁殖和生长创造了良好条件。共有海洋生物 1163 种，按类别分别有：浮游植物 91 种、浮游动物 103 种、底栖动物 480 种、底栖植物 131 种、游泳动物 358 种。捕捞的主要品种有带鱼、鳓鱼、马鲛鱼、海鳗、鲐鱼、马面鱼、石斑鱼、梭子蟹和虾类等 40 余种。全市渔业年产量在 120 万吨左右，舟山渔场是全国最大的渔场，2008 年荣获"中国海鲜之都"称号。舟山渔场南起韭山列岛与鱼山渔场相接，北至花鸟岛与佘山渔场相连，从西部的大陆海岸向东延伸到东经 125 度线，面积约 3.43 万平方千米，近年来其作业海区又向东推进，面积更大了。舟山渔场盛产大黄鱼、小黄鱼、带鱼、毛常鱼、鲳鱼、鳓鱼、鳀鱼、乌贼等。舟山渔场之所以能成为举世闻名的大渔场，主要有以下几方面的原因：①舟山海域是外海高盐水与沿岸低盐水和黄海冷水团交汇之处，为各种习性的鱼类提供了洄游、栖息、繁育和生长的良好条件；②位于长江、钱塘江、甬江的入海处，水质肥沃，饵料丰富；③底质平坦，岛屿罗列，有利于各种鱼类在不同季节的产卵、索饵、栖息，也有利于捕捞作业。

海洋矿产资源丰富。可分为三大类：①滨海砂矿；②海底石油和天然气；③海底多金属结核和多金属软泥。东海首先发现并进入商业化开发的是平湖油气田，距岱山岛东南方向 302 千米，总面积约 240 平方千米。已探明储量为：天然气108亿立方米，凝析油177万吨，轻质原油1078万吨。现探明加控制天然气300亿立方米，油1410万吨。

海洋盐业资源。舟山海域有外海高盐度海水流入，海水盐度在27‰～30‰。同时舟山晒盐历史悠久，年产量20万吨。舟山主要的盐田分布在岱山，所产的食盐具有色白、粒细、味道鲜美、氯化钠含量高的特点，过去岱山海盐一直作为贡品进献给皇帝，现在岱山是省内定点食盐生产基地，是全国重要的海盐食盐产区。

海洋能源。舟山拥有丰富的潮汐能、潮流能、波浪能、海流能等海洋能源及风能、太阳能等绿色能源。如潮流能，最高流速为3米/秒的舟山群岛潮流，在一个潮流周期的平均潮流功率达4.5千瓦/平方米。特别是浙江的舟山群岛的金塘、龟山和西候门水道，海流能平均功率密度在20千瓦/平方米以上，开发环境和条件很好。国际上潮流发电研究开始于20世纪70年代中期，主要有美国、日本和英国等进行潮流发电试验研究，至今尚未见有关发电实体装置的报道。我国潮流发电研究始于20世纪70年代末，首先在舟山海域进行了8千瓦潮流发电机组原理性试验。20世纪80年代一直进行立轴自调直叶水轮机潮流发电装置试验研究，目前正在采用此原理进行70千瓦潮流试验电站的研究工作。2013年装机容量为600千瓦的潮流能发电站在岱山龟山水道投入运行。2016年8月15日，世界首台3.4兆瓦大型海洋潮流能发电机组在浙江舟山市岱山县秀山岛南部海域成功运行发电。

海岛资源。舟山群岛岛礁众多，星罗棋布，共有大小岛屿1390个，约相当于我国海岛总数的20％，分隶浙江省舟山市、岱山县、嵊泗县；分布海域面积22000平方千米，陆域面积1371平方千米。其中1平方千米以上的岛屿58个，占该群岛总面积的96.9％。整个岛群呈北东走向依次排列。南部大岛较多，海拔较高，排列密集，北部多为小岛，地势较低，分布较散；主要岛屿有舟山岛、岱山岛、朱家尖岛、六横岛、金塘岛等，其中舟山岛最大，面积为502平方千米，为我国第四大岛。舟山群岛共由1390个大小岛屿组成，占浙江省岛屿总数的45％，其中住人岛有98个。

2. 海洋特色旅游资源

舟山是中国优秀旅游城市，境内有“海天佛国”普陀山（全国首批5A级）、

“南方北戴河”嵊泗列岛两个国家级风景名胜区，有“蓬莱仙岛”岱山、金庸笔下的桃花岛两个省级风景名胜区。还有“海上生态公园”朱家尖、“渔港海鲜”沈家门、“古城要塞”定海、鸦片战争遗址等具有鲜明海洋特色的名胜古迹。舟山拥有集名山、古刹、沙滩、阳光、古迹于一体的独特的秀丽风光。

“海天佛国”普陀山，传说是观音大士修真得道的地方，为我国四大佛教名山之一，属全国首批44个国家级风景名胜区。著名景点有三大寺、多宝塔、九龙殿、杨枝观音碑及短姑圣迹、佛选名山、两洞潮声、千步金沙、华顶云涛、梅岑仙井、朝阳涌日、磐陀夕照、法华灵洞、光熙雪霁、宝塔闻钟、莲池夜月“十二胜景”。

“碧海灵山”朱家尖，位于著名渔港沈家门的东南方，与普陀山南北相邻，被称为舟山海岛旅游的“金三角”。全岛有南沙等沙滩10余处，以沙、石自然景观著称，风光别致，近年来舟山举办“中国舟山国际沙雕节”使朱家尖声名鹊起。

嵊泗列岛是目前我国唯一的国家级列岛风景名胜区，具有海光山色、古朴壮美，海瀚、礁美、滩佳、石奇、崖险等特点。在嵊泗海域，如天女散花般分布着基湖沙滩枸杞岛、东崖绝壁、大灵音寺、姐妹沙滩、“山海奇观”碑、花鸟灯塔、六井潭等自然、人文景观。

“东海蓬莱”岱山岛，岛海相依，水天相连，星罗棋布的岛屿点缀在碧波浩瀚的东海之中，自唐以来，就有蓬莱仙岛之称，是省级风景旅游区。蒲门晓日、石壁残照、燕窝石笋、双龙戏珠、观音驾雾、竹屿怒涛、白峰积雪等风景点构成“蓬莱十景”。

3. 海洋地缘优势

舟山地区具有海洋开发的区位优势和资源优势。舟山处在我国东部海岸线和长江出海口的组合部，扼我国南北海运和长江水运的“T”形交汇要冲，是江海联运和长江流域走向世界的主要海上门户。目前已形成海、陆、空三位一体的集疏运网络，其中普陀山机场开通了至北京、上海、厦门、晋江等多条航线；海上客运通达沿海各大港口城市，远洋运输直达韩国、日本、新加坡等国家和中国香港、澳门等地区的港口。

舟山背靠上海、杭州、宁波等大中城市群和长江三角洲等辽阔腹地，面向太平洋，具有优越的地缘优势，是我国南北沿海航线与长江水道交汇枢纽，是长江流域和长江三角洲对外开放的海上门户和通道，与亚太新兴港口城市呈扇形辐射之势。

4. 涉海人文、人缘优势

得天独厚的渔港景资源，孕育了舟山特色鲜明的海洋文化，如底蕴深厚的海洋佛教文化，历史悠久的海洋文化，浓郁粗犷的海洋民俗文化，瑰丽奇秀的海洋景观文化，闯荡四海的海洋商贸文化，鱼水情深的千岛“双拥”文化等。舟山海洋文化有别于内陆农耕文化，其根在海洋，特色在海洋文化。从历史看，舟山海洋文化源远流长。舟山地方的居民自古就世代居住在海边，在海边繁衍生息，早在新石器时代，就有人类在此渔海樵山，生息繁衍。定海马岙镇发现的被称为“千岛第一村”的唐家墩遗址群，是舟山群岛发现的规模最大的原始村落。据考证，马岙具有近6000年的海洋文化史，是浙江省著名的“海上文物之乡”，被列入省级历史文化名镇。区内有马岙古文化遗址群、马岙博物馆、古民居、烽火台等。马岙土墩文化属河姆渡文化分支，土墩中出土的陶罐上有六千年前的稻谷痕迹，经专家研究认定，是古越“稻虁文化”东渡日本的实证。

舟山还是浙江省著名侨乡。据统计有十几万舟山人侨居海外，分布在世界38个国家和地区，也是全国去台人员最多的地区之一。舟山钟灵毓秀、人杰地灵，许多舟山籍港澳台侨胞和海外人士积极为舟山建设发展做贡献。

舟山驻有浙江海洋大学、浙江大学海洋学院、浙江省海洋水产研究所、中国环境监测总站近岸海域环境监测中心站（舟山海洋生态环境监测站）、农业农村部东海区渔政渔港监督管理局沈家门站、中国水产舟山海洋渔业公司、海力生集团、舟山兴业有限公司、舟山远洋渔业集团公司、普陀渔业集团公司等一些涉海单位，具有开发海洋的教学科研、管理、水产、医药、化工等方面的涉海人才，海洋开发方面的实力居浙江前列。

5. 国家领导人的重视与期望

1991年时任国家领导人的江泽民总书记视察舟山，为舟山题词“开发海洋，振兴舟山”；1996 年 1 月，李鹏总理在视察舟山时又挥毫写下“扩大开放，繁荣舟山”的题词。

2002—2007 年习近平总书记在浙江工作期间，对舟山的战略定位有超前的认识。他曾经 14 次视察舟山，登海岛、进渔村、访渔民，足迹遍布 11 个岛屿，深入调研、科学谋划舟山发展战略，强调舟山的发展不可限量，并对舟山海洋经济发展充满殷切希望。对舟山海洋社会发展产生重大影响的舟山跨海大桥就是在习近平同志的果断决策和积极推动下建设成功的。

2015 年 5 月 25 日中午，习近平来到浙江舟山。这是党的十八大以来，总书记第一次到浙江、到舟山考察调研。

二、舟山海洋开发初期的劣势

在海洋开发受制于技术发展的现实面前，舟山海洋开发初期的劣势也非常突出明显。

1. 舟山地区的开放时间晚

我国的对外开放、经济转型大体可以分为四个阶段。

第一阶段(初试阶段)：20 世纪 80 年代初，国家允许广东、福建实行某些“特殊政策”，并设立深圳、珠海、汕头、厦门等四个经济特区，在获得初步经验后在全国推广。

第二阶段(初试扩大阶段)：1984 年国家又开放沿海 14 个港口城市(大连、秦皇岛、天津、烟台、青岛、连云港、南通、上海、宁波、温州、福州、广州、湛江、北海)，从北到南形成了一个开放城市链。从而把原先的改革开放特区联系起来，形成一个由点到面的沿海开放地带。1985 年，国务院将长江三角洲、珠江三角洲和闽南的厦门、漳州、泉州一带划为沿海开放地区，新设海南省，进一步拓宽沿海地区的开放的空间地域。

第三阶段(深化阶段)：20 世纪 90 年代初，国家又决定建设上海浦东新区，推进沿海其他地区，沿边、沿江、内地中心城市的开放，使国家的对外开放与经济转型、市场化按照邓小平的“两个大局”思想逐步进行梯度开放，把这一进程伸展到内地。

第四阶段(宽领域、全球化)阶段:20世纪末开始,我国实施西部大开发战略,振兴东北老工业基地战略,实施中部崛起战略,意味着改革开放、经济转型和市场经济体制改革进入了更广更深的阶段,特别是2001年起我国加入世界贸易组织(WTO)后,国家已深入地融入世界经济体系,对内改革和对外开放已融进经济全球化的潮流之内。

对于国家改革开放初期设立的经济特区和开放地区来说,中央政府对这些地区在财政、税收、金融、物价和重点项目的配置、计划物资的分配、进出口配额的安排、土地的使用,以及各类审批权限的下放、各种统制措施的放宽等方面实行一系列十分优惠的政策。这些优惠政策的实施,产生了多方面的连锁效应:既引来了外资,又引来了内资;既吸纳了国家投资,又吸纳了民间投资;既招来了资金,又招来了人才及技术;既增加了出口,又增加了进口;既扩大了投资需求,又扩大了消费需求;既大幅度地提高了本地购买力,又吸收了外地的购买力;既提高了投资及经营的回报率,又降低了投资及经营的风险等。国家的这些政策、制度安排给这些地区带来了无与伦比的先发优势。如深圳由一个偏僻落后的小渔村成长为一个现代化的工业城市就是一个明证。

但是同为沿海地区的舟山,因为具有的重要海防战略地位[①],处于我国东部黄金海岸与长江黄金水道交汇的咽喉要冲,战略地位十分重要,历来是兵家必争之地,自古就有“守舟山事关天下,失舟山必失东南”之说。这导致舟山和其他沿海地区的开发步伐晚了许久。1987年4月舟山港对外开放,1988年市区被列为沿海经济开放区,直到1992年嵊泗县部分地区和岱山县高亭港

① 《舟山论》:“信国公汤和经略海上,区划周密,独于舟山似有未妥者。盖洪武间,倭犯中界,犯玉环、犯小寨,皆浙东海滨,信国所亲见也。其来也,自五岛开洋,冲冒风涛,困眩精神者数日,至下八、陈钱而始少憩。然孤悬外海,旷野萧条,必更历数潮,泊普陀、乌沙门之类,而后得觇我兵虚实,以为进止。若定海之舟山,又非普陀诸山之比,其地则故县治也。其中为里者四,为香者八十三,五谷之饶,鱼盐之利,以食数万众,不待取给于外,乃倭寇贡道之所必由。寇至浙洋,未有不念此为可巢者。往往被其登据,卒难驱除,可以鉴矣。我太祖神明先见,置昌国卫于其上,屯兵戍守,诚至计也。信国以其民孤悬,徙之内地,改隶象山。北设二所,兵力单弱,虽有沈家门之水寨,然舟山地大,四面环海,贼舟无处不可登泊,设乘昏雾之间,假风潮之顺袭至,舟山海大而哨船不多,岂能必御之乎?愚以为定海乃宁绍之门户,舟山又定海之外藩也。必修复其旧制而后可。”(笔者注:文中的定海是指当时的定海县,今宁波镇海。)

对外开放。经国务院批准，1987 年舟山港对外籍船舶开放，1988 年舟山市区正式列入沿海经济开放区。1992 年舟山被列为长江三角洲及沿江地区先行规划和发展的城市。

事实表明，在计划经济体制向市场经济体制转换的过程中，特别是在转换前期，中央政府的优惠政策犹如火车头，一动俱动，牵动方方面面共同托起沿海地区快速增长的平台。与沿海的经济特区、14 个沿海开放城市相比，舟山无论在开放时间、范围，还是程度上，都没有获得先机和先发优势。

2. 经济社会发展水平比较低

中华人民共和国成立后 30 年的时间里，计划经济支撑着我国的工业化，而由国家投资的"自上而下"的工业化支撑城市化的机制，因舟山特殊的战略地位，国家避免在沿海布局工业而造成舟山工业化发展缓慢，从而也造成了舟山经济社会发展的缓慢。

如表 2-1 所示，舟山的经济社会发展长期处于浙江省的后列。1978 年舟山国内生产总值仅为 3.88 亿元，工业总产值为 2.42 亿元。到 2017 年，国内生产总值 1219 亿元，工业总产值达到 1160.96 亿元，与改革开放前相比发生天翻地覆的变化，但是和发达浙东北地区相比仍然存在较大差距。

表 2-1　2017 年浙江省各市 GDP 排行榜

序号与排名	市地名称	GDP/亿元	增速/%
1	杭州市	12556.2	8.0
2	宁波市	9846.9	7.8
3	温州市	5453.2	8.4
4	绍兴市	5108.0	7.1
5	台州市	4388.2	8.1
6	嘉兴市	4355.2	7.8
7	金华市	3870.2	6.5
8	湖州市	2476.1	8.5

（续表）

序号与排名	市地名称	GDP/亿元	增速/%
9	衢州市	1380.0	7.3
10	丽水市	1298.0	6.8
11	舟山市	1219.0	8.8

同时，舟山作为长三角城市群的一员，属于第三层次城市，其经济社会发展水平也处于长三角后列。舟山 2017 年地区财政收入 125.8 亿元，排在长三角 26 个城市的后列。

3. 经济社会发展的基本资源匮乏

土地资源少，人地矛盾突出。人类的生产生活依赖土地，土地更是经济发展的重要基础。而舟山地方的人均耕地面积只有 0.02 公顷，大大低于全国平均水平 0.08 公顷，也只有浙江省平均 0.04 公顷的一半，大大低于联合国规定的人均 0.79 亩（1 亩＝$666.\dot{6}$ 平方米，下同）的警戒线。

基础设施不完善。在自然条件的制约下，岛屿之间被海水分隔，交通、供水、供电等公共基础设施所需的投资大，难以形成规模效应，共享性要比大陆差，且投资回收期长，还要面临如台风、海潮侵蚀等自然灾害。由于受自然条件的制约，舟山的基础设施建设和沿海发达地区相比，存有明显的较大差距，这阻碍了国内外资源、资金、技术、人才的正常流动，给海洋开发带来比较大的影响，特别是在吸引和留住人才方面影响较大。由于交通条件的限制，生产原料和产品成本增加。

4. 存在严重的岛民意识

生活在海岛上的人内心有一种强烈的孤独感，性格上比较顽强，容易抱团心齐。除了资源匮乏，他们时时要防备来自内陆地区的威胁。海岛人视野比较开放，但内心比较封闭，往往坐井观天。长期生活在一个相对封闭的区域，人们容易形成一种排外性的集体认同，在信息流通不畅的情况下，又容易盲目乐观、坐井观天、安于现状、不思进取，这种思想在自然资源获取比较容易的情况下更容易被强化，小富即安，从而形成了资源利用的“荷兰病”。当浙江沿海地区纷纷发展私营经济和实现工业化时，舟山的渔民躺在丰富的海洋资源上睡大觉，通过捕捞渔业获得的收入，不是主要用来继续投入再生产而是用于建房子。

5. 在浙江省内的分量轻且在全国知名度不高

如果不从海洋开发或地理区位角度看，舟山在浙江省内处于边缘化的位置。舟山的常住人口长期维持在 110 万人左右，占浙江省的 1/50；舟山 2017 年的 GDP1219 亿元，占浙江省（2017 年 51768.3 亿元）的 1/50 左右；舟山的车牌代码“浙 L”，在浙江省内 11 个地市最靠后，可见舟山在整个浙江省内的位置。就是说，如果站在浙江全省 GDP 的角度看舟山的话，舟山其实是可有可无的。

舟山的知名度不高，一定程度上也反映了舟山的地位。在外地的舟山人会遇到一个尴尬问题——舟山在哪里？舟山是不是属于宁波？很多人知道佛教四大名山——普陀山，而不知道舟山，很多人知道有舟山群岛，知道舟山海里的海鱼很好吃，而不知道舟山这个城市。

6. 舟山是长三角区域的典型交通末梢

长三角交通格局的发展，主导着区域经济格局的变化。2010 年 7 月，沪宁城际开通运营，极大促进了区域内资本、技术、人力资源的快速流动，上海、江苏“2 小时交通圈”正式形成。2010 年 10 月，沪杭高铁开通运营，从根本上缓解了沪杭交通走廊运输紧张状况，形成“1～2 小时的交通圈和经济圈”，实现上海、浙江主要城市的“同城效应”，推动长三角地区的一体化发展。2013 年 7 月，宁杭、杭甬高铁同步开通，以上海、南京、杭州为中心城市的“高铁都市圈”正式形成，南京与杭州之间往来不再需要绕行上海，旅行时间比原来的三个多小时缩短一半以上。

舟山现代交通落后。在长三角区域，舟山是为数不多不通高铁的地级城市之一。在帆船时代，舟山是长三角区域的海上交通枢纽，也是海上丝绸之路的重要节点区域。但在以铁路、公路特别是以高铁为核心的现代交通出现后，舟山孤悬海外，在跨海大桥没有开通前，舟山与大陆的往来只能靠汽车轮渡，速度慢、时间长、效率低。在跨海大桥开通后，舟山对外交通以公路为主、水运为辅，加上少量航空运输（舟山机场空中直达航点增至18个，周航班量超过220架次，年旅客吞吐量100万人次），舟山到周边重点城市宁波1小时、杭州3小时、上海4小时（舟山距离上海最近只有100千米）。

7. 人口与人才不足

人口相对不足。舟山的常住人口一般维持在110万左右，主要分布在几个大岛上，自2014年以来，全市户籍人口呈逐年下降趋势且老龄化比较严重，舟山是人口净迁出地，主要迁往宁波、杭州、上海等长三角更发达地区，目前舟山是浙江省人口老龄化程度最高的地区。

人才缺乏。由于舟山孤悬海外的地理状况决定了舟山的公共交通不方便，形成了对本土人才的推力，舟山本地人调侃“舟山学生出去一火车回来一卡车”，加之产业基础不雄厚，不能提供较多的就业机会，所以舟山居民收入低，而舟山一般消费品物价比较高，尤其是房价比较高，对外来人才的吸引力不强。截至2015年底，全市共有专业技术人员90887人，比2010年底增长29.71%，其中高级6337人，中级32796人，初级51754人，分别比2010年底增长34.09%、28.52%、29.95%。年均增长率超过5%。截至2015年底，全市共有享受国务院特殊津贴专家32人；省突出贡献的中青年专家9人；入选省151人才工程第一层次培养人员2人，第二层次培养人员13人，第三层次培养人员80人；入选市111人才工程第二层次培养人员300人，第三层次培养人员541人。

三、舟山海洋开发、利用的机遇

1. 浙江海洋经济战略提出

浙江省委、浙江省政府历来重视发展海洋经济。1993年和1998年，先后两次召开全省海洋经济工作会议，提出建设“海洋经济强省”的战略构想，并出台一系列政策措施。2003年，习近平主政浙江时，在中国共产党浙江省第十一届委员会第四次全体会议上提出“八八战略”，“八八战略”一个重要战略举措就是：进一步发挥浙江的山海资源优势，大力发展海洋经济，推动欠发达地区跨越式发展。浙江是海洋大省，舟山是海洋大市。经过多年的努力浙江在发展海洋经济方面取得了很好的成效。做好海洋这篇大文章，是长远的战略任务，我们要加强调查研究，从实际出发，一如既往地抓下去。[①]

2003 年 1 月，时任浙江省委书记、代省长习近平，在考察舟山时指出：舟山海域面积广阔，渔、港、景资源丰富，区位优势十分明显，发展海洋经济的条件得天独厚。我们要辩证地看舟山，既要看到目前经济发展水平还不高、还存在一些困难的现状，更要看到舟山发展海洋经济的潜力，看到舟山实现跨越式发展是完全可能的，应当充满信心。舟山要充分利用自身的资源，充分发挥渔、港、景优势和区位优势，建海洋经济强市，创海洋文化名城，争取率先发展成为我省海洋经济发达的地区，实现舟山经济社会的跨越式发展。[②]

作为开发利用浙江海洋资源的重点区域，舟山在整个浙江海洋经济发展战略中处在突出位置，无论在沿海港口整合、临港工业发展、海洋渔业发展方向，还是在海洋旅游、海洋新产业发展、海洋海岛重大基础设施建设方面，舟山都是浙江海洋经济、海洋开发的重要战略支点。

2. 海洋经济产业发展的大趋势

船舶制造业产业的大转移趋势。舟山传统的海洋经济产业是渔业、盐业，属于传统农业范畴，而船舶制造业则是属于工业范畴。在一个沿海地区，特别是拥有岸线资源的地区，船舶业往往成为一个工业化发展的首选产业。同时船舶制造业是海洋经济的重要内容，也是沿海地区实现工业化发展的重要途径。对于处在大海之间的舟山地区来讲，发展船舶业是发挥岸线比较优势的必然选择。

从 20 世纪五六十年代开始，世界船舶制造中心已经历了多次从先行工业国家向后起工业国家的转移，目前，日本、韩国虽仍为世界造船大国，但世界船舶工业向中国转移的趋势已经确立。与日韩相比，中国既拥有素质高、成本低的丰富劳动力，又拥有较其他发展中国家更好的资金、技术条件，具有比较优势，此外，对船舶出口实行 17％的退税率，确保了企业生产出口积极性，

① 习近平. 干在实处走在前列——推进浙江新发展的思考与实践[M]. 北京：中共中央党校出版社，2006.

② 冯淑仙. 舟山年鉴[M]. 北京：中国文史出版社，2004.

扩大了利润空间，为船舶行业发展造就了良好环境。舟山及时抓住了世界船舶工业产业转移的机遇，成功实现了船舶工业的崛起。

目前，舟山船舶工业一般贸易与加工、租赁贸易并存的格局已基本定型，舟山船舶出口到包括挪威、德国、美国、英国等世界前9个航运大国在内的60多个国家和地区，舟山制造的各种船舶已经航行于全球的洋面上，得到了世界市场的广泛认可。“世界修船看中国，中国修船看舟山”，舟山成为我国沿海重要的现代化船舶修造基地。

3. 海洋强国战略的实施

舟山坚持“跳出舟山看舟山，立足舟山求发展”，借鉴国内外沿海城市发展的成功经验，辩证分析舟山的区位、资源、环境优势和现实劣势，提出了建设“海洋经济强市、海洋文化名城和海上花园城市”的发展目标。在经历渔业经济为主、旅游经济为特色、工业化起步等发展阶段以后，逐步把发展重点从“渔、港、景”调整为“港、景、渔”。

改革开放四十年来，舟山得益于国家实行沿海地区先行开放战略，紧紧依靠省委、省政府的坚强领导，坚持解放思想、创业创新，大力发展海洋经济，努力构建和谐社会，经济社会发展实现了质的飞越。

第三章　舟山发展的战略选择

第一节　舟山承载的国家发展战略

一、浙江舟山群岛新区

2011年6月，国务院正式批准设立浙江舟山群岛新区，这是我国第四个国家级新区，也是首个以海洋经济为主题的国家战略层面新区。2013年1月，《浙江舟山群岛新区发展规划》正式获得国家批复，舟山海洋经济大开发、大开放、大发展的序幕正式开启。

二、舟山江海联运服务中心

2016年国务院批复原则同意设立舟山江海联运服务中心。批复指出，舟山江海联运服务中心区位优势独特，深水港口资源丰富，江海联运服务优势明显，大宗商品中转储备交易基础良好。设立舟山江海联运服务中心，是贯彻落实党中央、国务院有关决策部署的重要举措，有利于加强资源整合，促进江海联运发展，提高长江黄金水道运输效率，增强国家战略物资安全保障能力，对于实施长江经济带发展战略，加强与21世纪海上丝绸之路的衔接互动，推动海洋强国建设具有重要意义。

舟山江海联运服务中心范围包括舟山群岛新区全域和宁波市北仑、镇海、江东、江北等区域，陆域面积约2500平方千米，海域面积约2.1万平方千米。

批复要求，舟山江海联运服务中心建设要紧密围绕国家战略，以宁波—舟山港为依托，以改革创新为动力，加快发展江海联运，完善铁路内河等集疏运体系，增强现代航运物流服务功能，提升大宗商品储备加工交易能力，打造国际一流的江海联运综合枢纽港、航运服务基地和国家大宗商品储运加工交易基地，创建我国港口一体化改革发展示范区。

三、中国（浙江）自由贸易试验区

中国（浙江）自由贸易试验区[China (Zhejiang) Pilot Free Trade Zone]，简称浙江自贸区或浙江自贸试验区，是中国政府在浙江舟山群岛新区设立的区域性自由贸易园区。它是中国唯一一个由陆域和海洋锚地组成的自由贸易园区，也是中国立足环太平洋经济圈的前沿地区，与“一带一路”和“21世纪海上丝绸之路”倡议下的沿线国家建立合作的重要窗口。

浙江自贸试验区总面积119.95平方千米，涵盖舟山离岛、舟山岛北部、舟山岛南部等三个片区，区位优势独特、港口岸线资源丰富、产业基础雄厚，将重点开展以油品为核心的大宗商品中转、加工贸易、保税燃料油供应、装备制造、航空制造、国际海事服务、国际贸易和保税加工等业务。

第二节　海陆统筹战略

作为国家海洋开发战略的先导区、长三角经济发展的重要增长极、海洋综合开发试验区的浙江舟山群岛新区，在面临经济总量小、基础薄弱、发展能力不强、发展水平不高等一系列矛盾和问题时，就要反思其发展的思路和路径问题。反思的结果是，应该在完成国家赋予的战略目标和区域发展战略任务的过程中，站在一个实施国家海洋战略的高度，首先打好“海陆统筹”这一仗，应该在“海陆统筹”上首先琢磨起来和政策上先行先试起来。

一、"海陆统筹"是"陆海统筹"的另角度路径

与"陆海统筹"不同,"海陆统筹"是国家的"海洋强国战略"的支点。在国家"十二五"规划里,已经把坚持陆海统筹与制定实施海洋发展战略联系起来了。从形成的角度看,"海陆统筹"是从"陆海统筹"演变而来的,是随着陆地资源衰竭、生态环境恶化、海洋资源价值发现、海洋科技进步以及海洋经济地位上升而诞生的,如 2010 年国家在"十二五"规划纲要中就明确提出了"坚持海陆统筹"的概念。这改变了过去偏重于陆地的战略方向。目前,在国外虽然一般不用"陆海统筹"一词,但都是把海陆产业联动发展作为国家发展战略来考虑的。

1."海陆统筹"是一个海陆联动战略

无论是"海陆统筹"还是"陆海统筹",它们的核心都是"统筹"。所谓"统筹",即通盘统一,全面筹划、筹备和安排的意思。与"陆海统筹"是立足于陆地,让海洋资源来满足陆地需求不同,"海陆统筹"是要立足海洋,以海洋来带动陆地。它们之间的区别是主次和主辅上的不同。这就要求,国家必须要综合运用规划、计划和政策的手段,首先要树立海洋意识,瞄准海洋资源,开发海洋资源,形成海洋产业,保护海洋生态,然后再在陆地上寻找市场,协调发挥陆地、海洋的经济功能、生态功能和社会功能并实现综合效益的最大化,以促进经济社会的持续发展和人与自然的健康和谐。

2."海陆统筹战略"的四个基本特性

海陆统筹战略,是站在一个新的制高点上,纵观国家海岸线,以及海域与陆域之间的多维度联系,使两个独立系统之间能够进行顺畅的资源互动、交换与流通从而形成和产出综合效益的战略。它具有如下四个方面基本特性:

(1)视野的战略性。"海陆统筹"是一个站在超越单纯陆地视野的高度来重新审视人类居住的星球的战略。它发现海陆两者之间具有的关联性、互融性、互补性、整合性和综合性。由此得出一个将海洋与大陆的发展必须统筹起来加以考虑与安排的结论。这也是"海洋意识"产生的思维基础。

(2)内容的综合性。"海陆统筹"是一个从海域与陆域之间的物流、能流、

信息流等联系和综合的角度为出发点的战略。它是对海洋开发、利用、保护等过程的全局考虑和统筹安排。其中综合了海陆联动中的开发规划、产业一体化调控、生态环境的保护及海岸带综合管理等多个领域的多项内容，具有明显的综合性特征。

(3)手段的多样性。“海陆统筹”是一个需要运用系统论和协同论的思想的战略。它需要综合运用政策、行政、金融、税收、法律等手段，来制定战略规划、统筹、协调海陆区域发展、联动海陆产业发展、区划海陆区域功能及制定相关法律、法规、政策、规章一系列制度等，从而引导市场朝着一个有利于“海陆联动”的方向发展。

(4)目标的持续性。“海陆统筹”是一个实现海洋和陆地的经济、社会与生态环境的全面联动和协调发展的战略目标。它将呈现一种随着时间而来的持续性，由此来实现一个海域与陆域互为依附和发展条件并且优势互补的复合体系和机制，从而获得一个整体和系统且长远的良好效应。

二、浙江舟山群岛新区是国家实施海陆统筹的最佳实验区

“海陆统筹”是舟山群岛新区完成国家海洋强国战略使命的突破口。从舟山的角度看，“海陆统筹”是浙江舟山群岛新区规划中“五大发展目标”之一，即把舟山群岛新区打造成“陆海统筹发展先行区”。在海陆统筹中先行，“新区”可以更大范围和更大深度地吸纳内地的人力、物力、市场，从而与内地一起建立一种机制化联系，整合彼此的比较优势，最终实现“海陆统筹”的制度化。目前，无论从政策优势上，还是实践探索上，浙江舟山群岛新区已经初步成为国家“海陆统筹”的先行先试的实验区。

1. 国家已经赋予“新区”海陆统筹、先行先试的战略任务

2011 年 6 月 30 日国务院批复设立了浙江舟山群岛新区。“新区”成了“首个以海洋经济为主题的国家级新区”，简称为“国家海洋主题新区”。2013 年 1 月 17 日，国务院批准了《浙江舟山群岛新区发展规划》。

《浙江舟山群岛新区发展规划》明确了新区的“三大战略定位”：一是浙江海洋经济发展先导区，二是长江三角洲地区经济发展重要增长极，三是海洋

综合开发试验区。明确了“五大发展目标”：大宗商品储运中转加工交易中心、东部地区重要的海上开放门户、重要的现代海洋产业基地、海洋海岛综合保护开发示范区、陆海统筹发展先行区。总的目标是，经过若干年努力，将“新区”打造成为面向环太平洋经济圈的桥头堡。

从国家赋予浙江舟山群岛新区的战略定位和发展目标看，“新区”已经成为我国实施“海洋强国”战略的重要基点和支点，承载着探索海洋经济科学发展路径的历史使命。特别是“21 世纪海上丝绸之路”概念的提出，更显示了“新区”在国家“海洋强国”战略中特殊的地位和作用。

2.“新区”的“海陆统筹”资源优势无法复制

“海陆统筹”是需要资源优势作为支撑的。从海洋视角进行区域发展谋划和实施战略的角度看，浙江舟山群岛新区具有的“海洋统筹”资源优势既是世界上唯一的，又是无法复制的。其优势主要有如下三个方面：

(1)区位优势。舟山群岛处于我国东部沿海的中间，向东直接面向大洋，是国家沿海省份直接进入大洋最近的一个群岛。北可以到环渤海湾，南可以到闽粤，西边是长江入海口和杭州湾，沿长江等流域可以直接深入中国内地，从而形成了一个“锚”的状态。其区位得天独厚的优势十分明显。

(2)港湾优势。舟山港域适宜建港的港湾条件不仅十分优越，水深浪小，少淤不冻，10 米以下的等深线离岸距离大多都在 100 米以内，且港湾数量很多，仅战略性资源深水岸线就占全国的近五分之一。这是建设深水泊位、泊航巨轮的理想港区，能满足第六代、第七代集装箱船通行、靠泊和装卸。

(3)港群优势。由于是在群岛的自然地理基础上建立港口，所以所建的港口基本就是一个可以互为联系甚至相互依托的“环港”和“群港”。其中，每个子港都会发挥其独特的功能和作用，从而形成一个整体的“脸盘效应”。这将为“新区港口”成为中国东部的海洋枢纽港——第三级港口[①]打下坚实的硬件基础。

---

① 黄建钢.论“第三级港口城市”——对“浙江舟山群岛新区”发展前景的一种思考[J].浙江社会科学，2012(3).

3. 新区已有“海陆统筹”的初步成功尝试

从舟山群岛新区自身经济社会发展阶段看，已经到了需要对“海陆统筹”进行质变、升华的阶段。为此，浙江舟山群岛新区已有以下三方面初步的成功尝试。

(1)已经成为我国大宗战略储备物资储运和中转中心。通过水水周转，“群岛新区”形成了原油、粮油、煤炭、铁矿砂等大宗战略物资储备和集散基地，并初步建成了保税燃料油供应中心。

(2)海洋产业基地建设初有成效。“群岛新区”已经初步建成了船舶、海洋工程装备、海洋电子信息产业、水产品加工等海洋产业基地，并通过这些产业链的延伸，辐射和带动了相关陆域产业。

(3)舟山陆岛工程发挥了重要“海陆联动”的作用。舟山跨海大桥不仅打通了“新区”连接大陆的通道，有效地加大了“新区”利用海洋空间的力度，还带动了诸多海陆一体化产业的形成和发展。特别是 2013 年 12 月六横输电工程的完成标志着“新区”“海陆联动”工程效应的发挥。

三、“海陆统筹”对于“群岛新区”跨越式发展有战略意义

由于技术条件限制，海洋发展潜力有待进一步发掘和发挥。这是解决“海陆整合”和“海陆联动”发展问题的方法。从这一大趋势看，“海陆统筹”对于“群岛新区”建设来说，具有如下重要战略意义。

1. 有利于发挥离岸枢纽港的作用

与其他海港不同，“新区”的港口具有广阔海洋腹地既离岸又纯粹的“海港”。而我国其他的海港基本上都是陆海港，甚至很多还是“江港”，如上海港等。作为离岸港，“新区”的港口具有很强的枢纽的性质和作用。通过“海陆统筹”的思路和机制，它可以将陆地腹地和海洋腹地联系起来，并与内部的一些港口分工和分化，然后再进行结合和整合，形成我国南北海岸线上的“海港”、长江东西线上的“江港”相协调和协作的机制，充分发挥离岸枢纽港的作用。

2. 有利于统筹海洋新能源的开发

“新区”除了拥有区位、港口比较优势之外，还拥有风能、太阳能、潮汐能、波浪能、洋流能等海洋新能源资源，且储量丰富和无限，开发价值大。对于能源需求量猛增而供应量稀缺且处于类型转型的状态，用“海陆统筹”的思路来开发海洋能源能够为海陆产业的联络和联动发展提供可靠的能源保证和保障。

3. 有利于优化海洋产业链的完善

目前“新区”海陆产业的联动还存在发展程度不够高、发展方式粗放等问题。“海陆统筹”不仅要把一些陆域的产业链延伸到海岛上，而且还要把海洋产业链深入到陆地中。这将给国家产业结构的调整带来重要机遇。它要求把肢解得分散的小市场统一起来，结成一个“海陆联动”的大市场，以实现规模经济等综合效益，从而使得产业的产业链（供应链、价值链）得到相应的优化。

4. 有利于再提升“新区”的战略地位

在浙江传统经济社会发展中，在重陆轻海的思维定式影响下，特别是在舟山人口规模小、GDP 总量小等因素的影响下，“新区”的地位一直处在浙江边缘。“有为才能有位”。新区需要借国家重视“群岛新区”的建设态势，通过践行“海陆统筹”战略，凭借“先行先试”的政策优势，实现跨越式发展，变“边缘”为“中心”，为全国探索一个“陆海统筹”的发展新路径提供借鉴，由此将进一步提升“新区”在国家海洋强国战略中的地位。

四、“海陆统筹”对于“群岛新区”跨越式发展有策略作用

与战略意义强调的是全局性、长远性和预见性不同，策略作用注重的一般是眼前利益、经济利益和现实利益。“新区”将通过对“岛屿”和“群岛”的个别和综合的开发，一方面是在回应国家“海陆统筹”战略的需求，另一方面也在不断满足“新区”自身持续发展的需要。概括起来，其重要的策略作用有以下四个方面。

1. 有利于直接吸引投资、人才和科技

一个地方的发展取决于资本、资源和人口(包含人员和人才)三者之间的协调配合。"群岛新区"目前并不缺海洋资源,缺的是将海洋资源变成具有吸引力的资本。而长三角和沿长江区域则是资本的富集区。其中,资本是特别趋利的:只要有好的获利机会,资本就会迅速地聚集于某地然后去追逐机会。在利益的诱导下,通过"群岛开发"的形式,就可以在最短时间内,以最快的速度形成一个资金高地、人才高地和科技高地。而资金、人才和科技又是一个地方是否可以快速发展的前提和基础。

2. 有利于创新"新区"综合开发的模式

过去我们谈到海岛开发往往会首先想到"项目引进"。其实,应该引进的是一个整体的城市或港口。它要求,通过"群岛开发"的平台,在"海陆统筹"战略思维的指引下,与沿江沿海的城市或港口"联姻",既创造"一岛两制"的方式——不仅要纳入"新区"的整体规划,又要形成一个充分考虑联合开发的内陆省市的特殊需求——超越过去项目管理的范畴,探索一个类似国内租岛的形式,既让渡于行政管理和社会管理的管理权,又形成一个"一岛一市"的"海陆统筹"的综合开发海岛的模式。

3. 有利于扩大"新区"的聚焦效应,造"势"取"势"

"群岛新区"纳入国家的"十二五"发展规划已经 3 年。随着"新区"功能的越来越多和越来越完善,其关注效应和政策效应也在越来越淡化和褪色。在政策资源有限的背景下,通过"群岛开发"的"新区"建设及其平台,"群岛新区"的新闻效应、政策效应会再次聚焦起来。为此,要坚持借势(国家建设和发展"海洋强国"之势)、借力(长三角及沿江城市和港口之力)和借岛("新区"是出借方)的态势,要学会"借鸡生蛋"和"借船",从而为"新区"在国家"海陆统筹战略"中的地位进行卡位,将良性发展的"势"和坚韧强大的"力"有机结合起来。

4. 有利于增调"新区"的就业机会

浙江省的"两富社会"为"群岛新区"的发展指明了当前的目标和标准及其路径。而要达到"两富"目标,则必须增调就业机会,并随即形成特别的机制，从而使得整体 GDP 和人均 GDP 迅速崛起，让每一个“新区公民”口袋里的票子越来越多，进而让每一个“新区公民”的精神面貌越来越好，特别是他们的自信心也会越来越强。

5. 有利于增加“新区”的资源价值

随着研发和开发的逐渐展开和产业、人才、机会的聚集，再加上全国最佳的空气和长三角“后花园”的定位，“群岛新区”的一切资源的价值都会急剧上升，且上升的速度会越来越快。这在增加研发和开发成本的同时也给“新区人”带来了很多甚至是从目前态势看越来越多的利润和利益，如房产价格还会有一定的上升空间，人们的收入会有一定幅度的增加，人们良好的自我感觉还会有一定程度的提升，等等。

五、浙江舟山群岛新区进行海陆统筹的思路

按照中央要求并结合舟山群岛区域发展特点，我们可以在“先行先试”政策允许的前提下探索一个以“群岛开发”为主要内容的大平台，并在此基础上进行和实现多层次、宽领域、全方位的“海陆统筹”。其思路大致如下：

1. 围绕一个原则

这就是“合作共赢”的原则。依托国家“海陆联动”和两个“丝绸之路”的战略布局，浙江舟山群岛新区作为全国唯一的以海洋为主题的新区，应该及时抓住机遇，利用地理优势和心理优势，采取法律和政策的手段，迅速成为国家“海洋战略”实施的枢纽。其中，要以“统一规划、分岛开发、自主建设、合作共赢”为原则，充分利用 1390 个岛屿优势，按照“一地一岛”的模式，邀请长三角、长江流域及内陆省份和城市来共同开发海岛，致使它们在分享“群岛新区”的政策优势方面也能分得“一勺羹”。这就要求“新区”要在已有“方向性政策”的基础上首先拿出并实施“方案性政策”。[①]

2. 满足两个期待

在“海陆统筹战略”的实施中，必然使沿江、沿海、沿路等沿线城市的物流、

① 黄建钢，骆小平. 更深地挖掘新区的“政策”优势[N]. 舟山日报，2014－03－21.

人流、信息流进行大洗牌，连很多内陆城市如成都、重庆都感受并积极应对国家一带一路倡议和海上丝绸之路战略。其中，浙江舟山群岛新区更是责无旁贷。

(1)满足国家战略的期待。确定“群岛新区”是一项国家行为，自有一种国家的期待。为此，“新区”一定要抓住这个战略机遇，以满足国家发展的战略考虑和需求。国家为此也已经赋予了“群岛新区”“海陆统筹”的“先行先试”的方向性政策。这要求，“新区”必须要做好自身的方案性、方式性、方法性的政策加以配套。

(2)满足“新区”人民的期待。国家之所以在“舟山群岛”设置“新区”就是考虑了其相对是“一张白纸”的现状。特别是国家在四十多年改革开放的发展中，“舟山群岛人”一直都在盼望和期待自身的发展，如在 1993 年时，因为“93”与“舟山”的发音相似，就有人认为这是“舟山”发展的大好时机。“再造一个香港”就是那时提出的一个口号，但一直以来都没有很满意的发展。所以，实现“新区梦”，就是为了实现“舟山人的发展梦”。

3. 推进三个统筹

从“海陆统筹”的向度、维度和深度看，根据舟山群岛的自身地理优势与条件，“群岛新区”应该从以下三个层面来扎实地推进自身的发展，使其发展形成一种立体有序的状态。

(1)直接统筹：拥抱长江腹地资源。对于浙江舟山群岛新区来说，“海陆统筹”中的“陆”不仅仅指的是浙江内陆地区，也包括长三角区域和沿长江区域，其深度可以直抵重庆。它的直接性一般由上海港和宁波港及其长江水道来完成，可以把“群岛新区”中 1200 个无人岛和 100 多个有人岛用出租、出让、合作经营开发等方式，使其成为长江区域的物流、人流、信息流枢纽点，以发挥“群岛开发”的联动作用。

(2)间接统筹：发挥沿海线港作用。这是指要利用和发挥“新区群港”的枢纽港优势，从而形成北达丹东、大连、天津、青岛、日照、连云港、南通等北方港口的联动和南下温州、福州、基隆、高雄、厦门、香港、广州、海口、汕头、北海等南方港口的联动，进而形成对东北地区、华北地区、华东地区、华南地区及西南地区甚至大西北地区的大辐射“统筹”。

(3)超大统筹:和合崭新海陆关系。应该看到,“群岛新区”正处于“海陆丝绸之路经济带”的交汇点。而“海陆丝绸之路”的重新设想、设计、建设和运行又具有浓厚的国际性、世界性和全球性。它东连日本、美国、加拿大等国家,北连韩国、俄罗斯、朝鲜等国家,西联和西进中亚地区,南联新加坡、菲律宾、印度尼西亚等国家,最终形成一个以舟山群岛为核心和枢纽的全球经济大循环圈。

4.搭建“群岛开放”的四个平台

为吸引内陆省市入驻“群岛新区”共同开发和开放群岛,须采取世博会的邀请方式,以贸易为主体,结合文化、科技与生活等不同维度,打造一个浙江舟山群岛新区“先行先试”的综合实验区模板。

(1)贸易流转:陆地生产与海上贸易的桥梁。现代海上贸易是现代经济的一个重要增长力。通过给予内地省市专门岛屿的方式,让它们能够直接参与对外贸易活动,将内地生产的货物通过“群岛新区”的政策和通道销往海外,是最初时期内陆省份对“群岛新区”能够产生浓厚兴趣的关键。这要求“群岛新区”必须要在“贸易经济”上“先行先试”起来。

(2)传统文化:以文化品牌构建“想象中国”。文化品牌体现的是国家的软实力。而从外国人思维出发构建的“想象中国”文化品牌是让传统文化走向世界的正确方式。在“群岛新区”里,内陆省市完全可以打造既各具地方特色又符合国际规范的习俗文化,从而形成一种集聚效应,让外国人可以在一个很短的时间内对中国文化有一个直观的了解,使其产生对国际人、世界人和全球人的吸引力。

(3)未来科技:展示最前沿的概念型新技术。由于“群岛新区”是一个“海洋经济主题新区”,“海洋经济”的基础又是“海洋科技”和“海洋意识”。所以,“群岛新区”一定要首先成为“海洋意识新区”和“海洋科技新区”,要利用政策上的“先行先试”把国际上、世界上既具有浓厚“海洋意识”又对“海洋科技”研究和开发有高度兴趣的人聚集起来,形成“海洋科技”归人类共有的状态。

(4)休闲生活:体验回归大自然的天人合一。“群岛新区”还有一张很重要的生态招牌。舟山群岛的空气质量一直名列全国前茅,而休闲生活又是现代人的理想生活方式。通过建立原生态平房社区，参与作物种植等亲自劳作的方式，让现代人重新体验回归自然的天人合一状态，是较为前沿的现代放松方式。不同于旅游和娱乐，放下浮躁与紧张的情绪，提供一种身心平静的生活方式，对于大多数白领来说，极具诱惑力。

5. 创新海陆统筹的“海上太阳岛”模式

“群岛新区”未来发展的“海陆统筹”模式，必然是一种既超越了自然阶段又超越了海上贸易阶段的“贸易＋科技”的模式。它通过“海洋主题新区”实验性的运作，建立一个类似“海上太阳岛”模式。在国家法律的特许下，“一岛两制”地展开国内、国际合作，引进国内外著名的城市或者科技实验室，通过海水淡化、海工装备设计、水下机器人、海上能源开发等海洋高科技的研发、开发和应用，使浙江舟山群岛新区成为长三角能源输出、海洋高科技输出基地，乃至海洋公共产品的输出基地。

浙江舟山群岛新区建设是一个新生事物。国家实施“海洋强国战略”也是一个新生事物。两者当前都处在一个思索、摸索和探索阶段。中央既很重视“海洋强国战略”的谋划，也很注重步骤。其第一步就是确定了“浙江舟山群岛新区”的建设，第二步就是提出了“经略海洋”的思路，第三步就是提出了要构建“现代海上丝绸之路”的构想。从“经略海洋”和“海丝之路”反观“群岛新区”不难看出，国家发展海洋经济和拓展海陆统筹的思路是清晰的和逐步的。其表现就是对浙江舟山群岛新区建设特别是对探索“海陆统筹”方式和方法寄予了厚望。但至今还缺少一个清晰的“新区”贯彻和实施“海陆统筹”战略的思路和路径，且其重视目前仅体现在观念和理念层面。其实，这既是一个理论问题，更是一个实践问题。所以，本文才做此抛砖引玉式的思考。

第三节　舟山区域协调发展战略

浙江舟山群岛新区(简称“群岛新区”)建设成为国家战略后，研究如何推进群岛区域协调发展，实现海岛地区海陆、城乡一体化，消除城乡二元结构，实现海岛地区城乡—岛际公共资源均衡配置，优化新区建设的要素保障，创新各类生产要素自由流动的体制机制，缩小城乡差距，满足新区建设需要，促进建设成果全民共享，已经成为当下新区建设的重要任务之一。

一、舟山群岛新区建设需要区域协调发展

对于舟山群岛新区建设来说，区域协调发展不仅是发展海洋经济问题，也是政治问题，不仅仅关系到舟山区域发展的大局，也关系到群岛地区的社会稳定乃至国家海洋强国战略的实施。

1. 区域协调发展的概念

区域协调发展最初表现为区域经济协调发展。在社会主义初级阶段，国家整个发展战略强调以经济建设为中心。因此，我国区域发展是以邓小平“两个大局”思想为指导，国家的政策及决策是支持开发开放条件比较优越的东部地区率先发展，由此形成了我国由沿海到内陆全方位、多层次、宽领域的改革开放格局。为了实现区域协调发展，国家相继出台了西部大开发(1999)振兴东北老工业基地(2003)、中部崛起(2005)等发展战略。而这时对区域协调发展的理解仅仅为缩小区际经济发展差距，建立区域间合理分工体系，在国家投资方面进行合理分配，促进区域间生产要素的自由流动，促使区域间利益协调。

目前区域协调发展被定义为缩小公共服务和人民生活水平的差距。国家“十一五”规划提出，“要促进区域协调发展，逐步形成主体功能定位清晰，东中西良性互动，公共服务和人民生活水平差距趋向缩小的区域协调发展格局”。国家“十二五”规划提出，“实施区域发展总体战略和主体功能区战略，构筑区域经济优势互补、主体功能定位清晰、国土空间高效利用、人与自然和谐相处的区域发展格局，逐步实现不同区域基本公共服务均等化。坚持走中国特色城镇化道路，科学制定城镇化发展规划，促进城镇化健康发展”。

2. 协调发展是舟山群岛新区建设的重要目标之一

舟山群岛新区经济发展需要区域协调。从海岛经济发展层面看，舟山群岛经济发展具有如下特点：①海岛资源优势突出。舟山拥有丰富的“渔”“港”

“景”资源，这些资源具有近乎垄断性。②产业发展单一，易受外部环境影响。海岛经济是典型的资源依赖性经济，由于海岛分散、面积狭小、基础设施落后，海岛经济发展受到能源、资源、技术、成本等多方面制约，只能根据自身的产业比较优势来发展。由此，舟山的经济发展过去长期依赖第一产业——捕捞渔业，“渔兴则兴，渔衰则衰”。最近 10 多年，舟山产业发展才向以海洋装备制造业、海洋旅游业为主的第二产业和第三产业转型，但是在海岛经济外向性特征影响下，舟山的第二产业和第三产业极易受到外部国际经济大气候的影响，其发展不稳定。③岛际内部区域发展差异大，总体发展不平衡。舟山群岛内部区域发展差异极大，从人口、经济总量等方面看舟山两区两县大体存在一个 4∶3∶2∶1 的结构。岛际之间的差异更为突出，偏僻住人小岛、居民集中的大岛、经济政治人口更为集中的本岛三者之间经济发展非常悬殊，特别是一些近陆大岛在经济规模、发展速度、产业结构、发展水平都大大超越一般住人小岛，而且有些小岛随着人口老龄化、过疏化，其经济发展明显萎缩。④海岛经济发展独立性差，天然外向。海岛的分散性、封闭性的特点，使得大陆与海岛、海岛与海岛之间的物流、能流、信息流流动不畅，无法满足海岛开发与经济发展的要求。而海岛经济发展需要人力资源、技术、资本、能源、原材料，这些都需要从外部大量输入，由于自身市场狭小，海岛地区生产的产品又要依赖外部市场，通过岛外市场来吸纳来融入社会化大生产的整体经济循环。一般来说，经济发展程度越高的海岛，其外向性和对外依赖程度也越高。因此，海岛经济具有天然的外向性。[①]

舟山群岛新区社会发展需要区域协调。在海水区隔的影响下，海岛离散分布，由此导致海岛地区社会发展具有据点型特征：①公共设施不能实现充分共享且运行效率低。一方面，海岛地区公共设施投资大，规模小，难以实现岛际共享。另一方面，许多基础设施又必须建设，但是建设了又难以维持，使用效率不高。如小岛间的水上交通，没有交通，小岛上的居民生产生活不方便，可是开通水上交通航班后，客流量不大，难以实现规模效应，难以持续经营。②海岛居民的思想意识是一种封闭、保守的岛民意识。由于海水的分

① 徐质斌.海洋国土论[M].北京：人民出版社，2008.

割，信息流不畅，外来先进观念难以传播，使很多海岛居民无法更新观念，解放思想；③存在具有海岛特色的城乡二元制社会结构。由于海岛地区的特殊性，导致海岛城乡二元制结构大大强于大陆地区，即无论是在医疗、养老还是在其他的一些福利上，海岛居民在城乡之间，尤其是渔民与市民之间都存在明显的不公平。而且在公共服务均等化方面，大岛和小岛、中心岛和偏远小岛、本岛和外岛之间还存在不均等、不平衡现象。

因此，基于群岛经济社会协调发展需要，《舟山群岛新区发展规划》指出，在区域协调发展方面，舟山群岛新区要建设陆海统筹发展先行区、统筹城乡综合配套改革、建设文明富裕的和谐海岛。

二、群岛新区区域协调发展需要“四化”协调发展

舟山群岛新区作为一个拥有海洋开发开放自然禀赋的群岛地区，肩负打造经济发展新增长极、构筑扩大对外开放的新平台、为全国海洋经济科学发展提供示范及提高国家战略资源安全保障能力的战略任务，要完成舟山群岛新区建设任务需要从区域协调发展的层面和具体实际出发，做好“四化”，即海陆一体化、城乡一体化、岛群一体化、岛民市民化。

1. 从空间角度，需要实现海陆一体化、城乡一体化、岛群一体化

海陆一体化。所谓“海陆一体化”，就是根据陆海两大地理单元的内在联系，以系统论、协同论的思维方法，通过统一的规划、共同规则、联动开发、供应链组接、综合管理，把原来相对孤立的陆海系统，整合为一个新的社会大系统，以追求海陆资源更有效配置的过程。海陆一体化就是海陆统筹发展，它产生海陆互补效应、合成效应、创新效应。通过海陆联动发展，实现海洋资源优势与陆地经济优势的有效结合。[①] 对于舟山群岛新区来说，由于舟山陆域面积小、产业发展的腹地狭窄、市场有限，需要从临海产业发展、港口—腹地一体化、交通线路通盘布局、跨海大桥（海底隧道）工程、海域环境综合治理等领域，做好与宁波、上海长三角乃至长江中下游的海陆一体化。

① 徐质斌．海洋国土论[M]．北京：人民出版社，2008．

城乡一体化。所谓“城乡一体化”就是以城市为中心、小城镇为纽带、乡村为基础,城乡依托、互利互惠、相互促进、协调发展、共同繁荣的新型城乡关系。城乡一体化不仅仅是一个空间概念,而且是一个过程,它有两个维度,城市化乡村,乡村升级为城市,城市和乡村内化为一个整体。虽然舟山市2011年城镇化水平达到64.3%,城乡经济社会发展比较均衡,但离城乡协调发展仍有较大距离。

岛群一体化。所谓“岛群一体化”就是岛际统筹。基于舟山群岛的特殊地理环境,在海水分割的自然环境面前,岛与岛之间有地理远近、交通、人文、风俗习惯、语言表达等方面的差别。而且在产业发展方面,不同的岛际之间形成不同的产业特色,往往在产业中心岛周围形成以中心岛为组团纽带的岛群,如舟山南部临港产业岛群、以舟山跨海大桥连接的本岛岛群、以普陀山为中心海洋旅游岛群(包括普陀山、白沙岛、朱家尖、桃花岛)、以嵊山镇为中心的海洋渔业岛群等。所以,从空间看,海岛地区的协调发展、一体化必须考虑海岛自然环境所决定的经济社会发展实际,把这些岛群中心岛—外围看成一个整体,通盘考虑这类区域发展的特殊性,采取因地制宜的发展策略。

2. 从居民主体性发展来看,需要实现岛民市民化

舟山群岛新区建设需要通过工业化、城市化、劳动力市场一体化和社会保障一体化的发展,逐步减少海岛渔农民的数量,实现岛民市民化,尤其是率先让那些已经从偏僻小岛移民到大岛、本岛的居民变成市民。

岛民市民化是指海岛渔农民由渔农业向非渔农业转移并向城市移动并逐渐转变为市民的一种社会变迁过程和状态,并伴随着身份、素质、地位、思想观念、社会权利和生活方式与行为方式的转变。

岛民市民化包含以下含义:

(1)城镇“化”渔农民。此处的“化”是融化、纳入、教化。岛民市民化是一个有序的渐进向城镇流动的过程,是岛民再社会化过程,是海岛渔农民的外部赋能和自身增能的过程。海岛渔农民的流动是一个大趋势,这些居民通过教育和培训向上流动是工业化社会的特征。海岛渔农民居民向城镇流动过程在实践层面是从社会分层、分化开始的,通过海岛居民的社会流动(向上流

动、水平流动)向城镇移动、转移,获得新的发展能力并最终融入城镇。

(2)海岛渔农民"化"市民。这个"化"包含内化、转化、使成为、使变成之意。岛民市民化是海岛渔农民这一群体的市民内化的过程,其表象为城市化、城镇化,包括:渔农民身份的转变、职业的转变、思想意识的转变、能力的提高,适应城市生活,内化为市民。因为海岛渔农民从渔村转移到城市城镇将牵涉生存、发展问题,渔农民转化为市民就是获得、适应与市民一样的有尊严的生活,渔民需要从生存方式转型、生活方式转型及思维方式转型等方面转化为市民[①]。

(3)与城市居民相比,海岛渔农民在享有权利、福利、待遇方面,要"一统化""一同化"。"一统化"即"统一、统筹、统领、连接"之义,"一同化"即"同步、同时、同等、同一、共同"。海岛地区区域协调发展并不意味着各个居民岛统统变成城市,也不意味着单纯地"变渔农村为城市",而是让海岛地区更多渔农村居民实现生活质量的"一统化""一同化",通过城乡—岛际基础设施均衡、公共服务一统化、劳动力就业一统化、社会管理一统化等统一配置,使广大海岛渔农民获得与市民"一同化"的生产、生活质量,逐步消除城乡—岛际差异,即使部分海岛渔农村居民仍在偏僻海岛居住,但这只是居民的偏好选择、职业选择,并通过美丽海岛建设、渔农村再生等方式,实现"与城市生活不同类但生活质量等同"的目的。

三、舟山群岛新区区域协调发展面临的主要问题

在舟山群岛新区建设中,原有的区域发展不协调的老问题没有解决,新的问题又不断出现,其主要表现为:

1. 在海陆一体化推进上存在行政区划和管理体制的藩篱制约

新区海陆一体化发展受到行政区划和管理体制的藩篱制约。对于舟山群岛新区发展的腹地来说,宁波乃至浙东北地区是第一腹地,所以舟山群岛新区建设必须依赖这个大腹地,通过海陆一体化实现海陆联动发展。虽然宁

---

① 王建友."三渔"问题与渔民市民化探析[J].农业经济问题,2011(3).

波海域实际上同属舟山群岛海域，两地拥有同一航道、锚地、经济腹地，但新区规划的开发开放区域只限于舟山市行政区域。行政体制的束缚，影响两地之间的合理分工，两地的海洋产业产生同域竞争，同一项目争相上马，乱铺摊子，重复建设。[①] 而且，尽管有浙江省政府致力推动的宁波与舟山的山海合作及长三角首长联席会议合作机制存在，但在原有管理体制的束缚下，两地缺乏机制化的合作机制，缺乏行政约束力，缺乏两地海域利用、交通及产业整体布局规划。目前，两地的一体化合作形式单一、领域狭窄，处于经济领域具体项目合作的水平，难以落实到具体的产业布局、社会管理、制度安排等领域，没有达到海陆一体化程度。尽管在“山海协作办”等协调机构推动下合作方之间签署了一些合作协议，但是由于行政级别不高、跨市、缺乏必要的权威性与行政手段等原因，甬舟山海合作十多年来协议项目到位资金仅为1/3左右，难以有效推动甬舟、沪舟海陆一体化快步发展。

2.在城乡建设规划上存在城乡差序二元结构

该结构表现为：“重城镇、轻乡村”“先城后乡、城乡分治”，城市规划和乡村规划互不统一、互不协调。在发展规划制定上，规划的统一性、整体性、全局性及协调性存在城乡二元制特征。规划之间不协调，存在各自为政的现象，如城乡接合部区域的规划一部分属于城市规划的范围，而另一部分却属于乡村建设规划。同时因各规划编制政出多门，如海岛人口的聚集和国土利用之间高度相关，但人口和国土部门之间规划相互不协调，导致规划之间掐架。新区至今还没有一个总体规划指导下的城乡一体化建设规划，使城乡一体化缺乏宏观指导，且新区高层次规划和中心城区、中心镇、中心村建设、城中村规划之间存在时滞现象，下位规划无法准时执行。而且规划执行和约束的刚性不够，城乡发展规划受地方领导人的主观意志影响比较大，存在以项目定规划的现象。

3.在生产要素集约利用上存在城乡二元制约束

城乡一体化的物质基础是土地等生产要素市场的高度统一、合理流动，

① 陆立军，杨海军．海洋宁波——海洋经济强市建设研究[M]．北京：中国经济出版社，2005.

但是在二元制市场背景下，渔农民却不能和市民一样拥有完整的定价权。①农地无法充分流转。在当前农民承包地地块面积小而分散的情况下，需要进行农地的合理流转、集约利用，但由于依附在土地承包经营权上的底层社会保障、福利等没有被社会化，再加上农地的合理退出机制不健全，土地流转越来越困难。②渔农村的宅基地和住房不能充分流转。和城市相比，由于渔农民宅基地和住房的集体产权存在，个体确权困难，在现有法律、法规的约束下，难以实现真正市场化，难以发挥作为财产流转、增值的效用，无法实现城乡统一市场。③渔农村集体产权制度不完善，需要实现社会化转型。主体不明、权责不清、监督不力的渔农村产权制度，使渔农民依附于土地承包经营权、宅基地使用权等物权上的利益受损，“农嫁女”“非转农”“农转非”“返乡大学生”等群体权益保障困难，一些地方渔农村集体资产收益分配矛盾突出，行政村撤并、村社资产产权问题难以妥善解决。

4.在享有公共服务上存在城乡差异

在宏观上，社会保障及社会福利有了全社会的广覆盖，但没有全覆盖。比如，在养老保险制度政策方面，出台了舟山居民养老保险制度，实行了城乡居民基本养老金制度，2011 年还出台了 60 周岁以上城镇居民的养老保险政策，以逐步解决历史遗留问题，在 2016 年出台了 60 周岁以上渔民的养老保险政策，但没有实现全覆盖。

在政策和制度上存在“城乡差序标准”问题。城乡居民由于原有旧体制的延续，在低保对象认定、“三属”优抚金、参战人员定期补助、退伍军人自谋职业补偿金、退役士兵安置补偿金、老龄服务补贴、公共卫生服务项目经费等近 10 个方面存在“城乡差序标准”，即城市居民远远高于乡村居民，在养老保险和医疗保险方面，也存在因不同险种而参保对象不一、缴费标准不一、待遇享受不一的问题。

在公共服务体系上存在体制不顺、资源分散等弊端。比如，市职工医保、居民医保和新农合的主管部门虽由原来的人力社保和卫生部门统一为人力社保部门，但具体操作还是两条线、双轨制，制度执行的标准不一，一定程度也存在资源浪费现象。这在城乡居民的就业和培训管理服务中也是如此。

5. 在公共品覆盖上存在城乡—岛际差异，无法全覆盖

由于受海岛地区自然条件制约，公共设施的共享性差，在政府公共投入有限的背景下，导致政府投入碎片化、低效率，公共设施主要集中在大岛和一些城镇中心。

在软公共服务均等化方面，渔农村现有的水、电、路方面已经基本实现均等化服务，但在教育、医疗均等化方面问题最突出。在关系到公共服务均等化、均衡化的公共教育、公共卫生方面，优质资源也多数集中在中心城区，一个最基本也最严峻的事实是：渔农村没有一所基础教育重点学校，没有一座标准化的体育馆。基本医疗服务集中在本岛城区，如集中在城区主要医院，渔农民居民“看病贵，看病难”问题没有得到有效解决。从统计资料看，海岛地区乡镇卫生院的看病人数在下降，可见渔农村居民不得不通过体制外的解决方法来获得相应服务。

四、推进舟山群岛新区区域协调发展的构想

舟山群岛新区区域协调发展需要进一步理顺体制、促进资源整合、共享，而在这个过程中需要充分运用中央政府赋予的“开发开放先行先试”政策，借新区建设之势，进行制度创新，出台一些政策措施来鼓励、引导、支持地区协调发展，打造推进群岛新区协调发展的政策工具箱、组合拳。

1. 发挥政府和市场的双轨作用来推进区域合作

(1)建立舟山与宁波两地跨地域的双边、多边协商和协调制度、机制。要突破一体化中的行政区划和管理体制构成的障碍，那么重复建设、同质竞争将是个绕不开的话题。利用省委、省政府全力支持新区建设之机，尽快制定两地区域合作、协调发展的原则与规范，设立高规格常设协调机构，并逐步将其发展为区域合作运行组织。

(2)以互联互通公共基础交通设施建设为利益枢纽，促进海陆一体化。新区建设需要交通建设先行，因此要以海陆联系的线路如“跨海大桥”铁路、隧道、海运、空运等，将舟山群岛的主要岛屿与大陆组接起来，统筹海陆双方的利益，协调双方的矛盾，增进共同的福利。目前需要加速推进的公共基础

交通设施建设有:①需要实质推进宁波—舟山港一体化战略。即对两地海域内所有港口岸线资源统筹规划,合理布局,共用共享,并以统一品牌参与国际航运市场竞争。②推进交通同城化。建设宁波到舟山本岛的城际轨道交通,将舟山的人流、物流、旅流纳入以宁波为中心的浙东城市圈内,使新区主要岛屿获得宁波中心城市的人口、商业、公共服务的同城聚集效应。

(3)以民营企业为主体,发挥市场机制的决定性作用,实现两地产业协调发展。①在地方政府的宏观调控下,统筹宁波、舟山产业规划布局,促进错位发展,实现优势互补、互利共赢。②充分发挥市场资源配置的决定性作用,配置港口、岸线、土地、海洋旅游资源等要素资源。要营造民营经济参与新区建设的良好环境,消除各种障碍,破除港口物流、战略物资储运、船舶、石化、海洋装备等行业准入限制,允许自由进入滩涂、海岛、海洋能等领域开发。

2. 全方位、多层次、宽领域开展城乡—岛际一体化建设

(1)新区政府要因地制宜编制城乡—岛际一体化建设规划体系。①各个功能岛要全面对接群岛新区总体规划,目前至少要做到一岛的初步一体化;②切实加强规划内容和要素之间的对接与互补;③要营造规划融合实施的良好格局。

(2)完善渔农村社区社会服务供给机制。通过撤村并村、社区制,向乡村延伸公共服务的均等化供给,使广大渔农村居民在居住的区域内就近获得相应的教育、医疗、休闲及社会事务服务,实现城乡社会公共服务的均衡化。

(3)加快渔农民市民化进程。目前应该加快农村宅基地跨村流转置换的试点工作,以加快渔农民集中居住,同时集中配套建设基础设施和公共服务设施,促进渔农民的人口市民化。

引导失海、失地渔农民进行非农化转型。地方政府要探索“就业有岗位、生活有保障、管理服务网格化、文化活动多样化”的安置体系,通过联系企业、政府购买岗位、鼓励自主创业和劳务输出等多种方式,解决失海渔民、失地农民的再就业问题。同时加强对这类特殊人群的心理和观念引导,让他们以新的角色更积极地投入城市生活。

(4)探索海岛渔农村新型城镇化道路。探索渔农村新型城市化道路。以

功能岛建设为特色，打造中心村，控制一般村，保留特色村，保护好渔农村的特有形态。在实施产业和人口集聚时要兼顾渔民群体的利益，制定相应的扶持政策，大力推进“小岛迁、大岛建”小岛移民的工作。

以渔港经济建设为核心推进小城镇建设。把一些基础条件较好的渔港通过配套完善的服务设施建设成为吸纳人口、促进渔民转产转业的小城镇，使重点渔村变成拥有渔港经济实力的城市。

3. 构建区域协调发展的支持体系

（1）构建城乡一岛际统一的公共服务体系。①在坚持整体划转合并的原则下，进一步精简和整合市、县（区）职工医保、居民医保和新农合的工作机构和力量，并抓紧制定城乡两项制度和标准，逐步进行对接并轨的基础性工作，为制定和出台新区统一的城乡居民医疗保险制度提供条件。②对城乡居民的就业和培训服务管理主体以及各级各类的城乡居民培训机构，也要进行体制上的理顺和资源上的整合。要加大对城乡居民特别是渔农民各级培训机构资源的整合力度，结合新区产业发展实际，有针对性地开展就业培训工作，提高新区渔农民劳动者就业技能和素质。③进一步制定城乡一体的促进就业政策，建立城乡一体的就业和失业保障制度。

（2）出台渔农村产权改革政策、积极稳妥地进行集体产权制度改革。渔农村集体资产的改革是渔农村对接城市化、工业化及城乡一体化的必由之路，也是渔农村现代化转型的经济基础。因此需要对渔农村现有的集体资产进行有步骤、分层次的改革、改造，通过集中归并、资产量化、统一经营等形式，实现集体资产产权变股权，实现集体资产的保值增值及社会化。①创新渔农村土地承包经营权流转机制和完善退出机制；②实施整岛、整村性的土地和住房治理工作。要对接新区空间布局规划和产业发展规划，进行渔农村空置房、空置地专项整治。同时严格执行“拆旧建新”的用地控制政策；③创新土地使用管理的政策机制。

4. 健全区域协调发展的组织、制度、法治保障

（1）建立以新区政府为主导的协调组织，进行协调机制创新。这些协调组织可以分为三个层次，承担不同层次的协调及机制创新任务。

第一层协调组织机构由新区政府的主要部门，如公安、民政、卫生、土地、人口等组成，统筹协调新区范围内区域协调的宏观政策及推进措施。主要职责是：制定群岛新区整体区域协调发展的战略与政策；编制新区主体功能区规划；协调各个岛群一体化的规划与产业布局；对各个县区（管委会）的区域协调发展进行评估。

第二层协调组织机构由县区政府（各管委会）有关机构组成，根据辖区内的区域协调发展规划进行协调，执行群岛新区的主体功能规划。

第三层协调组织机构由各专题分委员会组成。设立方式与组成人员比较灵活，可根据协调内容的不同吸收社会上专业人员、人大代表、政协委员，也吸收政府代表、公众及企业代表。其职责是协调、平衡各方的利益关系，在区域协调发展方面为社会各个群体的利益表达和诉求提供一个平台。

(2)建立新区生产要素市场一体化、公共服务一统化的制度、机制。以新区行政区划及机构改革为契机，深化行政管理体制改革，建立扁平、高效、公正、便民的公共服务机制和公共服务体系，积极探索完善城乡一体的养老保险制度、医疗保险制度、医疗救助制度。对现行的城乡管理、社会管理体制机制进行改革，要统筹城乡经济社会发展，就一定要统筹安排诸如户口制度、土地制度、财政金融体制、教育医疗体制、社会保障体制等方面，要实现统筹城乡经济社会发展的战略任务，必须在组织上落实。

(3)完善地方立法内容、制定城乡一体化基本政策等地方性法规。法制建设是促进区域协调的重要手段。在涉及城乡、岛际、海陆、人海、环境关系等重大调整、重大领域，需要法制作为指导、指引。因此，需要根据市场经济规律和海岛经济社会发展的实际情况，加强对群岛新区区域协调法规的建立、健全工作，诸如户籍制度、土地利用制度、财政体制、社会保障等体制机制，都可以通过群岛新区先行先试的政策优势，解放思想、利用改革把问题解决好，然后通过法制化把改革成果制度化。

第四章　大桥时代舟山海洋开发的转型发展

第一节　大桥开通对舟山海洋开发具有丰富内涵

公路跨海大桥的开通使舟山迎来了海洋开发新时代，舟山的区位优势、资源优势进一步凸显。但舟山真正要进入大桥时代，需要继续解放思想，增强忧患意识、竞争意识，在大桥效应的影响下，正确审视舟山海洋开发的桥、岛、港、城、服务等相关关系，进行海洋开发的战略转型。战略转型应该从产业升级、市场升级、开发重点、政府发展思想等方面入手，形成开放型、跨越型、持续型的海洋开发新局面，为实现浙江省建设“海洋经济强省”和推进海洋经济发展带规划建设的总体目标做出贡献。

随着舟山跨海大桥的开通，影响舟山海洋开发的交通瓶颈被打破了，舟山由原来的长三角的交通盲点，一跃成为浙东经济圈中的海洋开发的前沿阵地，成为浙江乃至长三角由陆及海的半岛，其区位优势及海洋战略资源优势进一步凸显。因此在大桥时代舟山如何充分发挥大桥效应，发挥区位和海洋资源优势，发展海洋特色产业，打造海洋经济强市，促进海洋开发与区域发展，把潜在的比较优势变为现实竞争优势，具有理论及迫切的实践意义。

过去舟山是长三角“Z”形发展弧的末梢，是被边缘化的长三角城市，而今跨海大桥的开通改变了舟山的交通劣势，跨海大桥成为连接舟山与长三角其他城市的一条物流、人流、信息流、资金流的捷径，从根本上改变了舟山发展的时空观念和时空格局，对舟山海洋开发实现跨越式发展具有深远的丰富内涵。

一、舟山海洋开发“由海及陆”“岛陆连接”的开始

跨海大桥将舟山的大岛联系起来，实现“连岛达陆（大陆）”新格局，形成舟山半岛，获得了更广阔的发展腹地，把海洋的影响向内陆延伸，能利用陆地的经济腹地、技术力量和装备制造优势，更好地利用和释放舟山的资源优势；同时，加强了和宁波乃至整个长三角的联系，能更好地发挥整体连接优势，实现“以岛带陆”“岛陆一体化”发展，融入以宁波为中心的“浙东经济圈”。

挼

二、浙江乃至长三角“由陆及海”“海陆统筹”“海陆联动”的大手笔

浙江人多地少，大陆可供继续开发的空间、资源有限，但却具有独特的海洋资源及区位优势，下一步发展需要向海洋开疆扩土、发挥海洋资源禀赋。而舟山又是浙江海洋开发的重点，从浙江大陆方面看海洋经济发展，就是“由陆及海”。大桥开通后，舟山的海洋开发态势由孤岛型转变为半岛型，与周边城市的资源共享性增强，将直接承接以上海为龙头的长三角发展带的辐射带动，使舟山在浙江海洋经济发展中的“桥头堡”作用明显增强。这对于整个浙江乃至长三角进一步发挥浙江的海岛资源比较优势、促进海洋经济转型升级、培育浙江经济发展新的增长点及拓展发展战略空间具有重要意义。

三、舟山海洋开发“半岛时空观”的重构

“要想富先修路”。舟山过去由于交通不便，与大陆的联系有较大的空档，大桥开通使舟山开始和大陆无缝、全天候连接，使舟山由过去的公路交通末梢一跃成为浙江海洋开发“由陆及海”大通道的前沿，成为海陆对接的中枢。舟山跨海大桥及已建成的杭州湾大桥和东海大桥构成跨越杭州湾的“C”形公路交通圈，形成了舟山至宁波、杭州、上海的三小时便捷交通运输，使舟山拥有了更广阔的经济腹地，主动接受上海等长三角先进地区更多的辐射，融入经济全球化及地区经济一体化过程中，重构了舟山发展的时空观。

四、大桥开通并不必然意味着大桥时代的来临

时代是一个“社会—时间”概念，它指的是某种社会在一个较长时间内表现出来的重大特征，它是能影响人的意识的所有客观环境，具有由量变到质变的突变特征。大桥时代包含着舟山海洋开发由封闭到开放全面推进的新态势，对于舟山的海洋开发来讲不亚于一场革命，它是舟山海洋开发从此走向由点到面、由边缘到中心转型的开始，它还将实现舟山海洋开发转型的思想观念、思维模式、行为方式的蜕变，对舟山发展转型的影响是全方位、多层次、立体、综合的，并将在以后的时间内不断积累，延续量变过程，最后由非常态变成常态。当大桥效应在舟山海洋开发中不仅仅意味着舟山交通条件的改善，更意味思想观念发生天翻地覆的变化时，舟山的海洋开发才真正进入大桥时代。

第二节　大桥时代海洋开发转型需要继续解放思想

大桥的开通为舟山海洋开发添上腾飞的翅膀，使舟山的海洋开发摆脱了过去交通不便的掣肘。从狭义上说，由于交通的改善，舟山进入了大桥时代，但是舟山海洋开发要真正发挥大桥效应，还需要继续解放思想，树立大桥时代海洋开发的新观念，在竞争中将潜在优势变成现实优势，以迎接舟山海洋开发高潮的到来。

一、跨海大桥工程是舟山海洋开发解放思想的结果

解放思想包含着打破常规，突破前人，自觉地把思想认识从那些与科学发展不相适宜的观念、做法和体制中解放出来。邓小平曾经讲过，“我们讲解放思想，是指在马克思主义指导下打破习惯势力和主观偏见的束缚，研究新

情况，解决新问题。”[①]舟山跨海大桥工程，是舟山市迄今规模最大、最具社会影响力的交通基础设施项目，是“开发海洋、振兴舟山”的“希望工程”。整个工程从 1999 年 9 月开工到 2009 年年底通车，历经十年时间。十年间完成 110 多亿元投资，建成 5 座跨海大桥，对于一个当年财政收入只有 6 亿多元、人均收入不足几千元的海岛地区来讲，确实需要有解放思想、勇于创业的精神。但是舟山人民顺应海洋开发的时代潮流，千方百计创造条件，努力争取外援，采用渐进式、分段上马建设的务实思路，不等不靠、自力更生，终于建成对舟山海洋开发起“倍增器”作用的宏大工程。

二、由大桥开通过渡到大桥时代的来临需要继续解放思想

解放思想是永无止境的，解放思想“就是使思想和实际相符合，使主观和客观相符合，就是实事求是”。胡锦涛同志在中国共产党第十七次全国代表大会上的工作报告中提出继续解放思想新概念。继续解放思想内涵包括：原来没有解放的，现在需要在新的实际面前解放；已经有过解放，但在新形势下解放不够仍然进一步解放；原来认为是解放了，在新形势前这种解放是错误的，需要改正。大桥开通后，舟山海洋开发有了新的历史起点，也需要继续解放思想，继续进行实践、创新，面对新变化，解决新问题。继续解放思想具有调整转型性和综合效应，会对舟山海洋开发的发展空间与发展观进行调整。如果思想观念还是停留在封闭、孤立的海岛时代而不是和开放的大桥时代接轨，那么大桥的开通仅仅只是一个交通建设项目的建成，而不是一个时代的到来。

三、继续解放思想下海洋开发转型需要摒弃“岛民意识”

解放思想不仅指示了解放的对象主要是头脑和思想，而且表明解放思想是一种开放的善于学习别人的谦卑姿态。“岛”的英语词根“insul”有“岛的，岛国的，岛民的，思想狭隘的，偏狭的，孤立的”的意思。生活在海岛上的人内

---

① 邓小平. 邓小平文选[M]. 北京：人民出版社，1994.

心有强烈的孤独感，在性格上比较顽强，容易抱团心齐。但海岛相对封闭的特殊环境导致海岛人滋长自恋封闭、观念保守、目光短浅、安于现状等心态，很多人沾沾自喜说舟山气候好、生活安逸，觉得天底下只有舟山最好。有时视野比较狭窄，思想比较保守，往往安于现状、坐井观天，害怕外面世界的变化，拒绝接受外来先进的事物。而现在大桥开通为舟山零距离接触大陆提供了机会，在开放交流的环境中认清、了解自己，学习别人的长处，不断提升自我。

四、继续解放思想下的海洋开发需要增强忧患意识、竞争意识

跨海大桥的开通，大桥时代的到来，对舟山区域经济和社会发展是一个突变因素，会形成区域经济发展的一个新平台。但从另一方面看，大桥时代的海洋开发也面临一系列挑战。随着大桥开通带来的交通便利，地区之间的发展竞争将更加激烈。特别是这种竞争已由过去单纯的经济竞争，走向发展环境的软硬条件的复合竞争。舟山海洋开发可利用的资源具有鲜明的不平衡性，其自然资源条件优厚，具有天然的垄断性，如有得天独厚的港口资源和区域优势，但有些资源如土地、人才匮乏，而且政府公共服务水平不高、体制不灵活，部分岛屿开发的基础设施和配套设施比较薄弱、维护成本高昂、共享性差，这些都对今后的海洋开发带来重大挑战。在吸引更多投资的同时，基础设施服务要素供给压力增大，土地、岸线等资源要素的合理配置要求会更高，这都需要继续解放思想以积极、科学的态度去面对，在区域发展竞争中去解决。

五、继续解放思想下海洋开发转型需要树立新的发展思想、汇聚后发优势

虽然大桥开通改善了舟山的发展环境，使舟山进入高速公路时代，但是浙江大陆的一些地方已经进入了“高铁时代”，如处在以杭州、宁波、温州为中心“一小时”高铁经济圈。舟山没有开通高速铁路前，在海洋开发接受大陆辐射及扩展自身经济腹地的过程中，一定要贯彻科学发展观，在引入先进的理

念、技术、管理制度、发展模式的同时，树立新的发展思想，改变政府主导的投入型发展模式，汇聚后发优势，合理配置港口、岸线资源，实现超越式发展、差异化发展、可持续发展。总之，在大桥开通之时，舟山的海洋开发需要在继续解放思想指引下以清醒的头脑认清形势、开拓进取，以积极的思想状态迎接舟山真正大桥时代的到来。

第三节　大桥时代下需要处理好的几个关系

大桥开通给舟山的海洋开发营造了巨大的发展空间，如何把握好大桥时代的真正内涵，特别是认清和发挥大桥开通带给海洋开发的有利形势，克服不利因素，对于舟山是一个前所未有的考验，对此必须以大桥时代的视角重新审视并处理好以下关系。

一、“陆与岛”的关系

舟山是个海岛地区，共有大小岛屿 1390 个，其中住人岛屿 103 个。舟山海洋开发须顺应区域经济一体化、海陆一体化的大趋势，通过区域发展战略、产业功能布局的调整，形成与大陆全方位的对接，实现陆岛互动，海陆统筹，借一体化契机，加快舟山接轨大陆、融入长三角、参与国际经济竞争的步伐。为此，要坚持准确把握自身优势和发展潜力，扬长避短，错位发展，营造和强化临港产业、海洋旅游的地域比较优势，以目前开通的跨海大桥、正在建设的舟山南部跨岛大桥及舟山北向舟沪大桥为依托，将沿途海岛串联起来，并与甬沪两块陆地连成一个回路，奠定海洋开发陆岛互动、优势互补的海陆一体化发展基石。

二、“岛与桥”的关系

大桥开通前舟山的海洋开发生产力布局是各自为战的，海洋开发的功能分区是据点式、散布式的，跨海大桥则是连接这些开发点的轴。大桥开通已经将舟山本岛及周围小岛形成“岛岛连带”的规模效应，要发挥整体连接优势和规模优势，生产力布局要以大桥为线，岛屿为节点，以中心岛为据点，进行“条带状”开发，进而发展成舟山海洋开发的“经济走廊带”。各岛屿的发展要体现差异化原则，合理配置，优化自身资源优势，主要依托块状优势，既注重块状优势，更注重集聚优势，以桥为纽带，“岛桥”互动形成合力，抱团发展。

三、“桥与港”的关系

舟山的岸线非常长，深水岸线众多，港口资源丰富，主航道可通行20万吨以上船舶，东部国际航线可通行30万吨以上巨轮，发展临港产业优势非常明显。要充分利用大桥开通的有利态势，“以桥兴港、以港带桥”，并大力发展水上腹地。舟山发展港口要对现有港口岸线进行科学合理的整合，不能仅仅把港口当作仓库，更应该以桥为依托拓展港口本身的功能，合理规划集约利用越来越稀缺的岸线资源，拉长产业链，在港区功能定位和划分上要避免小而全，更应体现规模化、专业化，提高港口对当地经济的贡献率。

四、“港与服务”的关系

港口是物流网络的关键节点，没有现代服务业，港口仅是码头而已。海洋开发需要岸线、港口、码头、交通基础设施等硬件，但更需要现代服务业如保险业、物流业、金融业、海洋科技、旅游、娱乐等服务业为软件。大桥的开通为舟山服务业的发展提供了广阔的空间，舟山要从港口经济和港口产业集聚层次上做好港口大物流业，提高港口集、疏、运能力，使港口产业结构服务化，使港口与服务业协同发展。舟山的港口大物流业要发展成为能够为周边城市、全国乃至国际服务的物流产业，为大宗商品贸易集散、临港产业扩大规模、提升发展水平提供物流服务，为传统港口作业所需提供仓储、配送等。

五、“港与城”的关系

港口是一个沿海城市发展的核心资源，服务港口发展是城市的主要功能，只有城市与港口互动发展，才能真正实现“以港兴市”的目标。长期以来，在舟山的城市建设中，存在着主城区与港口相脱节的问题，这在一定程度上削弱了城市对港口服务功能的支持力度，不仅影响了港口的发展，还模糊了城市的发展特色。大桥开通后舟山的城市发展与港口建设融为一体，城市发展布局发生变化，即扩大城市规模，加大城市的覆盖面，使城市与港口发展以大桥—高速公路为轴线，进行人流、物流、资金流、信息流的重新布局，同时为港口发展提供了源源不断的需求动力与服务供给，所以"港为城用，城以港兴""以港兴市"是大桥时代"港与城"关系的特征。

大桥时代将导致海洋开发的各种要素的聚焦效应，诸要素需要以大桥为轴线重新优化配置。因此，在大桥时代"以桥带港、港桥互动、以港兴业、以港立城、以港带岛"都是舟山跨入大桥时代海洋开发的应有之义。

第四节　大桥时代海洋开发的战略转型

海洋开发战略是一个国家或地区为长期生存发展，在外部环境和内部条件分析的基础上，对今后一个比较长时间内，海洋开发的战略目标、战略重点、战略步骤、战略措施等做出的长远和全面的谋划。[①] 根据浙江省建设"海洋经济强省"和推进海洋经济发展带规划建设的总体目标，到"十二五"末，舟山全港货物吞吐能力将达到 4 亿吨，比"十一五"末翻一番；到 2020 年，将舟山港域建设成为面向国际的国家级大宗物资中转、储运、贸易枢纽港。中国重要的国际性海上开放门户、国内一流的现代化海洋产业基地、全国独特的群岛型港口宜居城市是舟山海洋开发的三大战略定位。舟山的经济社会发展的战略目标是："海洋经济强市、海洋文化名城、海岛花园城市、海岛和谐社会"。要实现舟山海洋开发的"三大"定位、推动"四海"建设，大桥时代的舟山海洋开发需要战略转型，这是形势及海洋开发内在规律的要求，从而建立起一种符合舟山实际、富有海洋特色，具有开放型、跨越型、持续型等特征的新经济形态，使舟山"走上具有海洋特色的转变经济发展方式的新路子"，"实现

① 徐质斌，张莉．广东省海洋经济重大问题研究[M]．北京：海洋出版社，2006.

经济发展由速度型向速度效益型跨越”。

一、产业结构升级转型:由“二、三、一”向“三、二、一”转型

不同的产业结构对海洋资源的依赖程度和对环境的影响程度不同。一般讲,从海洋第一产业、第二产业到海洋第三产业对海洋资源的依赖程度和对环境的影响程度逐渐减弱。[①] 目前舟山的海洋产业结构依赖第一产业和第二产业,造成对海洋资源的过度消耗的后果,不利于环境保护,不利于海洋资源的可持续发展,因此需要对产业结构进行升级。对于处于工业化加速成长的舟山来说,需要抓住海洋开发实验区及群岛新区建设的战略机遇期,坚持“二、三、一”产业协调发展不动摇,加强装备制造业为主的第二产业发展,突出“港、景、渔”为开发重点的差序格局,注重培育新兴海洋开发战略性产业,为将来的“三、二、一”产业差序格局现代化及产业发展重点向技术密集型、服务型、环境友好型转型创造条件。

二、市场升级转型:由孤立的外围型市场向差异化专业统一市场转型

舟山是相对比较独立的群岛,虽然具有一定的海洋特色,但其市场具有一定封闭性。大桥开通后对舟山整个市场会有较大影响,一方面是一些市场和大陆市场进行短兵相接的竞争,一部分市场会萎缩甚至消亡;另一方面,大桥开通后,在竞争中一些具有海洋特色的市场会在比较优势的选择优化下,进行差异化发展转型,实现与周围市场的错位发展和特色发展,形成具有海洋特色的区域中心统一市场。

三、开发重点格局转型:由“港景渔”向“景港渔”转型

改革开放后至2003年政府主导的开发战略的差序格局是“渔、港、景”,目前舟山海洋开发是政府从发展战略、发展思路上的转变,它突出了“港”的重

① 徐质斌.海洋经济学[M].北京:海洋出版社,2004.

要位置,承接了日韩海洋装备制造业的产业转移。但是舟山真正具有比较优势的资源,不仅有港口、深水海岸线,还有近乎垄断的海洋旅游自然优势。从可持续发展的科学发展观及产业生命周期看,舟山未来开发的重点应该转向以海洋旅游开发为主的海洋空间利用和海洋综合服务业,这也是世界发达国家海洋开发、产业发展趋势和战略调整的重要方向。舟山的未来开发重点差序格局应该是“景、港、渔”。[①]

四、港口定位转型:由区域大港向海陆枢纽综合港转型

大桥开通后海洋开发的运输网络由原来的孤立态势向整体优势转变,舟山应该向海陆枢纽中心转型,以宁波—舟山港为发展载体,一方面主动接轨上海,以构筑长三角区域大交通为契机,作为上海港的有力补充,与以苏州港为中心的港口群一并成为上海国际航运中心两翼的集装箱干线,实行与国内其他港口尤其是上海港“错位发展、合作互补”的战略;另一方面,根据自身优势找准港口功能的合理定位,建设沿海大型特色能源中转港,着力打造“三大基地”,着眼港口的长远发展,朝着国际一流深水枢纽港、国际集装箱远洋干线港、生态环保港以及世界三大港口的目标稳步迈进。[②] 目前舟山应该坚持港航、港岛、港桥联动,积极推动港口发展由单一货物运输向综合物流贸易转型,加快构筑海陆联动的集疏运网络,建设成为浙江乃至全国的重要物流节点城市。要利用大桥效应,在巩固大宗散货运输和水水中转优势的同时,大力发展集装箱运输,发挥海陆联运及经济腹地广阔的优势,发展港口服务业,形成以深水港口为特色的世界级港口物流中心。

五、政府发展思想转型:由发展型政府向服务型政府转型

海洋开发比陆地开发难度大,且海洋开发的公共性更强,需要地方政府提供更加完善的公共产品与公共服务。传统的“服务”是一种次要的、辅助的

① 王建友.舟山海洋开发的路径演进、路径依赖及战略展望[J].海洋开发与管理,2010(5).

② 王晓萍,徐冰.宁波—舟山港合理定位探讨[J].中国水运,2008(1).

服务，而现代的“服务”则是一种主要的、主导的和主体的服务。[①] 由于存在市场失灵现象，去年墨西哥湾漏油事件凸显了海洋开发政府行业监管的极端重要性，因而“政府之手”的干预、引导非常重要，这既体现在前瞻性的规划布局、政策支持、基础设施建设、消除负外部性及发展区域协调合作等方面，更贯穿于教育、科技、法律等配套制度和公平市场等软环境的建设之中。政府应该扮演一种新的角色，提供更好的指导、管理和服务，从现实条件出发，逐步适度地提供海洋开发所需的公共产品和公共服务，具体就是更新管理理念；强化政府对“海洋公共产品”的供给职能；践行海洋公共组织、管理和规制职能。[②]

随着跨海大桥的开通，舟山海洋开发处于一个新的历史起点，但舟山海洋开发真正要进入大桥时代，需要继续解放思想，面对新的挑战，研究新情况，解决随着大桥开通带来的桥、岛、港、城等相关关系重新调整的新问题，进行战略谋划，实现舟山海洋开发与区域发展的总体目标。同时为浙江乃至全国的海洋开发提供探索路径和经验，进而扩展成海洋开发促进区域发展的可复制、可推广的“舟山模式”。

---

① 黄建钢.论新时期“继续解放思想”的内涵[J].马克思主义与现实，2009(1).

② 崔旺来.政府海洋管理研究[M].北京：海洋出版社，2009.

第五章　舟山海洋开发的路径演进、路径依赖及展望

第一节　舟山海洋开发的路径演进过程

21 世纪是海洋世纪，海洋的战略地位及内在价值日益突出。对于拥有海域面积 2.08 万平方千米、大小海岛 1390 个，而陆地面积只有 0.14 平方千米的舟山来讲，舟山经济社会发展的立足点在海洋，开发海洋对舟山经济社会发展影响重大。从 1991 年江泽民同志视察舟山时题写“开发海洋、振兴舟山”指明了舟山的发展方向以后，舟山的海洋开发开始驶向快车道，现在舟山已成为我国海洋开发的重点地区，也是全国海洋经济比重最高的城市之一。在舟山海洋开发方兴未艾之时，有必要为舟山海洋开发的路径做一个梳理，以期为下一步海洋开发提供一些借鉴，更好地促进舟山经济社会发展。

舟山具有拥有优越的海洋开发的资源优势、比较优势和区位优势，“得海独厚，得港独优，得景独秀”，但在很长一段时间内舟山对海洋资源的利用是生存性、自发的初级开发。改革开放后，在区域经济发展竞争中舟山根据本地的比较优势开始重点突出有步骤、分层次、宽领域的海洋开发进程。

一、“渔业为主”的生存型开发阶段（1980 年以前）

“靠山吃山、靠海吃海”，舟山最早的海洋开发是以近海捕捞渔业作为海洋开发的切入点、着力点，利用局限在“渔盐之利、舟楫之便”，如图 5-1 所示。

舟山素有“东海鱼仓”和“中国渔都”之称，由于附近海域自然环境优越，饵料丰富，给不同习性的鱼虾洄游、栖息、繁殖和生长创造了良好条件，海域内盛产鱼、虾、贝、藻类等海水产品500多种。渔业一直是舟山的传统产业，曾经是舟山经济社会发展的基础产业。渔业在舟山的经济社会发展中很长一段时间内居于优势地位，海洋捕捞渔获量曾占全国海水鱼总量1/10，占浙江的50%以上，渔业产值占舟山全市工农业总产值的半壁江山，全市人口中有四分之一直接或间接依赖渔业生产及其产业链延伸。

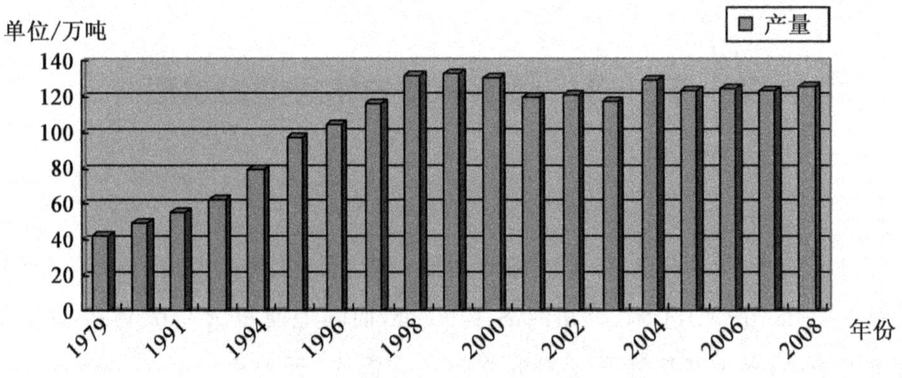

图5-1 舟山1979—2008年水产品产量

注：数据来源，根据舟山年鉴资料整理。

二、“渔、港、景”差序格局开发阶段（1980－2007年）

20世纪80年代初，舟山地方政府提出“渔、港、景”海洋开发战略，使舟山进入“渔、港、景”差序格局开发阶段。

海洋渔业的传统优势进一步充分发挥并达到稳定状态。改革开放后，舟山在继续发挥渔业传统优势的基础上，在水产品价格放开及捕捞技术更加先进的基础上，水产品的捕获量不断攀升，并开始对渔业进行产业化改造，使传统渔业向海水养殖、水产品加工、远洋渔业、休闲渔业转产转业，不断探索渔业的生产的组织形式。但随着海洋捕捞资源的衰退，1999年海洋渔业产量达到133万吨顶峰后，目前每年保持在120万吨左右。

开始初步利用丰富的港口岸线资源。舟山群岛由1390个岛屿组成，港湾众多，航道纵横，水深浪平，港口条件优越，是中国屈指可数的天然深水良港，港域内可建岸线1538千米，其中水深大于10米的岸线约有183千米，水深大于20米的约有83千米。舟山作为东南沿海的国防要塞，港口建设主要服务于军事需要，服务于经济建设的民用港口进展缓慢且大规模开发起步较晚，1987年4月才经国务院批准对外开放，但此后发展迅速。1996年，舟山港货物吞吐量突破1000万吨，进入全国沿海大港行列；1999年，舟山港货物年吞吐量达到2000万吨，进入全国沿海港口前十位；2003年，在“以港兴市”战略指引下，突破5000万吨，实现港口开发质的飞跃；2007年，舟山船舶修造业其产业规模首次超过水产加工业，成为海洋开发第一大产业和海洋开发的“排头兵”。

如表5-1所示，旅游业开始复苏并快速发展。海洋旅游业带动性强、辐射面广、产业链长，是海洋开发的重要组成部分。舟山的海洋旅游资源内容丰富、分布广泛、资源品位高，有集海岛风光、海洋性气候和佛教文化于一体的突出优势，是我国久负盛名的佛教圣地。其中，普陀山和嵊泗列岛两处属国家级风景名胜区，岱山岛和桃花岛（普陀区）两处为省级风景名胜区，定海城区为省级历史文化名城，还有一千多个无人岛。舟山从1980年恢复普陀山佛教旅游开始，在实施“渔、港、景”开发战略中，将海洋旅游业定位为促进舟山海洋开发的三大产业之一，2004年又特别强调发展海洋旅游业作为舟山经济新的增长点和重要支柱产业，舟山旅游业迎来了快速发展局面，事实上现在已经成为舟山海洋开发的重要产业支撑。

表5-1　舟山1989—2007年全市接待游客和旅游收入

年份	接待人数/人次		旅游收入/万元人民币
	总人次/万人次	其中境外游客/人次	总收入
1989—1994	1073	156100	79900
1995	280.65	42629	93500
1996	286.11	46519	117899
1997	325.49	52647	130181
1998	343.61	47318	151932

（续表）

年份	接待人数/人次		旅游收入/万元人民币
	总人次/万人次	其中境外游客/人次	总收入
1999	397.48	55619	166439
2000	459.72	61180	180347
2001	550.16	72000	214200
2002	631.98	84489	353900
2003	645.09	55100	356200
2004	837.07	116500	511800
2005	1001.71	140000	614000
2006	1152.84	166500	730000
2007	1305	199300	853400
总计	9289.91	1295901	4553698

注：数据来源，根据 1989—2007 年舟山年鉴绘制。

三、"港、景、渔"差序发展阶段(2007 年至今)

港口的多功能综合开发加速。从 2003 年开始，浙江在"八八战略"中强调"进一步发挥浙江的山海资源优势，大力发展海洋经济，推动欠发达地区跨越式发展，努力使海洋经济和欠发达地区的发展成为我省经济新的增长点"。舟山在浙江开发海洋大战略指引下，大力拓展海洋经济发展空间，特别是加大港口开发建设力度。2010 年 5 月，国务院批准实施的《长江三角洲地区区域规划》中，对舟山的定位是"海洋综合开发试验区"。2011 年 6 月 30 日，国务院正式批准设立浙江舟山群岛新区，舟山成为我国继上海浦东新区、天津滨海新区、重庆两江新区后又一个国家级新区。在功能上，舟山群岛新区被定位为：浙江海洋经济发展的先导区、海洋综合开发试验区、长江三角洲地区经济发展的重要增长极。舟山群岛新区将建成中国大宗商品储运中转加工交易中心、东部地区重要的海上开放门户、中国海洋海岛科学保护开发示范区、中国重要的现代海洋产业基地、中国陆海统筹发展先行区。

舟山2015全年海洋经济总产出2653亿元，按可比价计算，比上年增长10.0%；海洋经济增加值766亿元，增长9.6%。海洋经济增加值占全市GDP的比重为70.0%，比上年提高0.2个百分点。以船舶修造业、石油化工业和水产加工业为主的临港工业发展步伐加快，规上工业中临港工业总产值1420.03亿元，增长13.0%，占规上工业总产值的比重为84.4%。规上船舶修造业总产值859.98亿元，增长12.9%。

如图5-2所示，2015全年舟山港域港口货物吞吐量37925万吨，比上年增长9.3%。其中，外贸货物吞吐量11902万吨，下降2.1%。从主要品种看，金属矿石吞吐量13846万吨，下降0.6%；煤炭吞吐量2699万吨，下降15.2%；石油及天然气吞吐量4951万吨，下降2.2%；粮油类吞吐量849万吨，增长8.7%；矿建材料吞吐量11551万吨，增长43.0%。全年集装箱吞吐量80.22万标箱，增长7.1%，其中出口39.97万标箱，增长4.8%。年末全市有生产性泊位301个，其中万吨以上深水泊位52个。

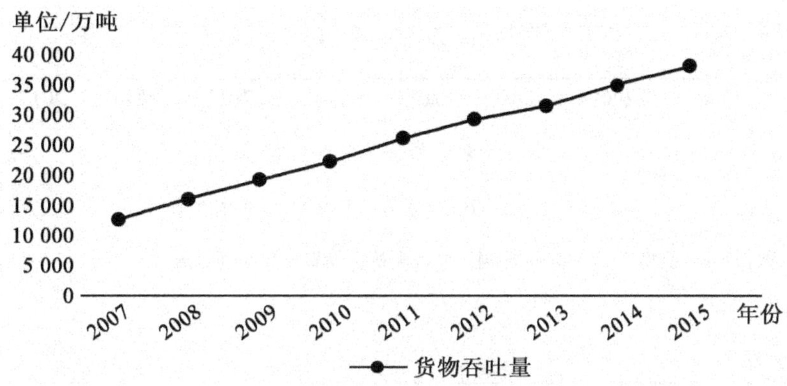

图5-2 舟山港2007—2015年货物吞吐量

注：数据来源，根据舟山市统计局2007—2015年绘制。

海洋旅游地位不断提升。随着舟山市委、市政府确立“3×3”产业发展重点和做出“打造海洋旅游精品、建设海洋旅游强市”的战略决策，舟山海洋旅游业进入了一个新的战略发展期。舟山2015全年接待国内外游客共3876.22万人次，比上年增长14.1%。其中，接待国际游客32.24万人次，增长2.1%。

海洋渔业稳步发展，渔业内部结构不断调整。国内近海捕捞渔业由于近岸和近海海域环境质量下降及中日、中韩渔业协定的签署及世界范围内的渔业资源衰退继续调减，舟山的海洋渔业在缓慢地增长中。如图 5-3 所示，舟山 2015 全年水产品总产量 176.46 万吨，比上年增长 5.7%。其中，远洋渔业产量 46.52 万吨，增长 18.2%。全市年末海水养殖面积 5779 公顷，下降 1.4%，海水养殖产量 14.17 万吨，增长 8.8%，如图 5-4 所示。而远洋渔业进一步拓展，处在快速增长阶段，如表 5-2 所示。同时海水养殖持续稳步增长，在养殖面积缓慢下降的情况下，成为海洋渔业新的产业发展方向。海洋渔业加快转型，从传统的以捕捞为主逐步向捕、养、加、销一体的现代渔业转变，舟山已成为我国地级市中最大的海水产品生产、加工、销售基地。

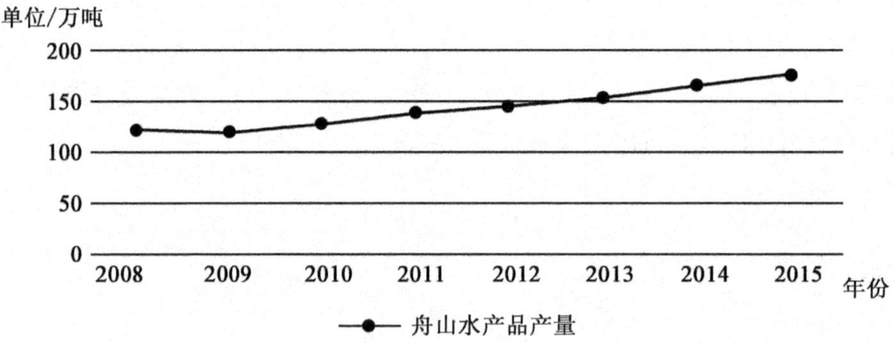

图 5-3　舟山 2008—2015 年全年水产品产量

注：数据来源，根据 2007—2015 年国民经济和社会发展统计公报绘制。

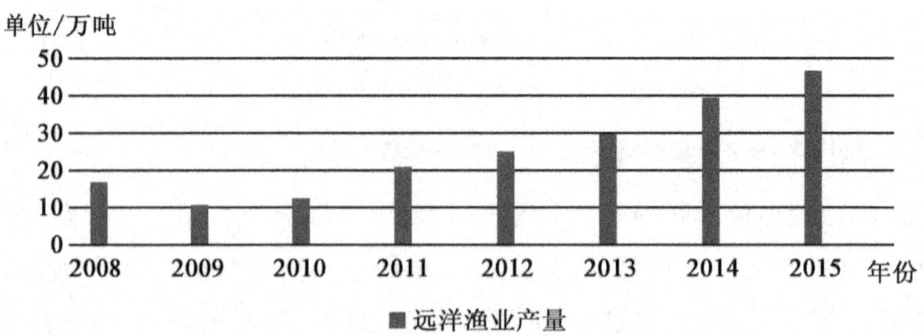

图 5-4　舟山 2008—2015 年远洋渔业产量

注：数据来源，根据 2007—2015 年国民经济和社会发展统计公报绘制。

表 5-2　舟山 2008—2015 年海水养殖面积、海水养殖产量变化表

年份	海水养殖面积/公顷	增长率/%	海水养殖产量/万吨	增长率/%
2008	7809	−7.2	11.38	−1.8
2009	7980	2.2	12.74	12
2010	7813	−2.1	13.42	5.3
2011	6980	−10.7	9.86	−26.5
2012	6262	−10.3	11.59	17.5
2013	6002	−4.2	12.25	5.6
2014	5864	−2.3	13.02	6.3
2015	5779	−1.4	14.17	8.8

注：数据来源，根据 2007—2015 年国民经济和社会发展统计公报绘制。

综上，现阶段舟山海洋开发进入了工业化加速阶段，工业主导地位进一步突出，第三产业加快发展，产业结构更趋合理，向高级化方向迈进，临港工业、港口物流、海洋旅游和现代渔业等四大基地雏形形成。

四、舟山海洋开发的演进过程符合人类社会生产方式的进步过程

在原始社会，人类一般只从事狩猎和采集。也就是说，那时人类的食物均来自野生。慢慢地随着生产能力的提高、经验的积累以及偶然事件的启发，人类逐渐学会了种植和畜牧，这样就使生产方式来了一次飞跃，人类社会也从最原始状态进入了农（牧）业社会。人与土地的关系也随之有了很大的变化，人们的居所和迁徙路线相对固定。谁能控制的疆域越广，对控制范围内的资源利用得越好，谁的财富就越多，实力就越强。后来，随着对诸如矿藏、水利、交通、景观、动植物等资源的发现、开发以及国家的建立，人们和土地更是紧紧地绑在一起，甚至不惜为此大动干戈。

对照人类对海洋的认识和开发，也走过类似的道路。人类早期把大海视作畏途，只在近海和滩涂进行捕捞和采集。后来生产力发展了，人们对海洋的认识也加深了。捕捞量的增加、海运价值的发现，当然还有军事意义、殖民拓展，使一些先行国家大步走向海洋。与这一时期相适应，海上强国普遍推行大公海、小领海政策，因为它们掌握了制海权。但与此极不相称的是，当时

人们对海洋的生物资源却还处在掠夺性无限制开采中，可以说基本未跳出原始生产手段范畴。甚至直到20世纪中叶，人类还处在初步认识海洋阶段，对海洋的利用只限于“渔盐之利，舟楫之便”。只是最近的几十年，一方面需要从海洋索取资源的压力增加，一方面海洋科学技术取得了突破性进展，人类对海洋的全面开发才真正开始。针对这一形势，众多沿海国家纷纷投入人力物力进行海洋研究开发。

因此，当前的海洋开发格局明显处于大调整时期，海洋生产方式也正在转换过程中。其主要表现有：

(1)领海范围有扩大趋势，特别是小领海国家。

(2)专属经济区的划分，不但瓜分大陆架，而且管理也越来越严。

(3)国际上对捕捞方式、捕捞对象、捕捞量的规定与分配也越来越细。

(4)对海洋矿产资源(如石油)及潜在的矿产资源(如锰结核、天然气水合物)的开发越来越重视。

(5)对海运市场的争夺越来越激烈。

(6)对近海放养、滩涂养殖等新的水产形式有大规模产业化发展的趋势。

(7)生物工程的成果开始应用于海洋。

(8)对海洋环境的保护日益得到重视。①

第二节　舟山海洋开发的路径依赖

路径依赖又称为路径依赖性，它是指人类社会中的技术演进或制度变迁均有类似于物理学中的惯性，即一旦进入某一路径(无论是好还是坏)就可能对这种路径产生依赖。海洋开发和利用本质上是海洋产业的发展。从改革开放以来舟山海洋开发的路径演进来看，舟山的海洋开发存在最初选择的不断自我强化的趋势，即开发路径依赖。

① 张善丰.从人类生产方式演进认识海洋经济的发展方向[J].海洋开发与管理，2000(2).

一、海洋产业格局升级层次路径:"一、二、三"→"三、二、一"→"二、三、一"

1.由"一、二、三"到"三、二、一",再到"二、三、一"结构

舟山的产业结构演变是需求拉动和技术推进双重作用的结果,也是从低级走向高级转型升级和比较优势变为竞争优势的转化过程。

在1993年以前,舟山的产业结构格局是"一、二、三",但以海洋捕捞渔业为主的第一产业总产值在GDP比重开始下降。从1993年开始,舟山以渔业服务业、海岛旅游业、海景房产为主导的第三产业勃兴,产业结构变为"三、二、一"。表面上"三、二、一"产业结构呈现高级特征,但是舟山没有经过工业化发展准备阶段且渔业服务业占第三产业比重较大(根据国家2006年三次产业划分规定,将农、林、牧、渔服务业从原第三产业划归到第一产业)。2001年在整个国家海洋产业结构发生巨大变化的背景下,第二产业开始超越第三产业,从2003年开始随着临港工业特别是船舶修造业、海洋交通运输业的快速发展,舟山具有海洋特色的工业化开始急剧加速,第二产业地位进一步凸显,逐渐改变了原有的产业结构格局,到2008年三次产业结构比例由2007年的11.0∶43.8∶45.2调整为10.0∶46.2∶43.8。自1993年来,舟山三次产业结构一直是第三产业占主导位置的局面被改变,三次产业结构转变为"二、三、一",奠定了产业从初级向高级层次"三、二、一"转型的基础。

2.重回"三、二、一"结构,海洋产业结构进一步优化,进入海洋产业高级化阶段

如图5-5所示,从2008—2015年间,舟山第一产业增加值占GDP的比重一直徘徊在10%左右,其中2015年为10.2%,高于全省5.4个百分点,而浙江其他各市的占比均在8.6%以下,表明渔业作为舟山的传统优势产业在经济发展中仍起着基础性的支撑作用。

2008—2011年,舟山高速发展的第二产业开始让位于第三产业,其中首要的原因是,2008年全球金融危机导致全球船舶业迎来寒冬,而以船舶修造为主的舟山工业面临极大的冲击。

从2012年开始，舟山的海洋产业格局再次发生变化，即由“二、三、一”变成“三、二、一”结构。2012年和2013年连续两年第三产业占比超过第二产业，大宗商品贸易业的快速发展起到关键性作用。

舟山已经连续多年成为全国海洋经济比重最高的地级市之一。舟山市从2006年开始成为全国海洋经济比重最高的地级市之后，经历10年的发展，已经初步形成了以海洋工程装备制造、海洋生物医药、海洋电子信息、海洋新能源、海水综合利用和海洋新材料等产业为重点的海洋新兴产业发展格局。舟山2015全年海洋经济总产出2653亿元，按可比价计算，比上年增长10.0%；海洋经济增加值766亿元，增长9.6%。海洋经济增加值占全市GDP的比重为70.0%，比上年提高0.2个百分点。

舟山的产业结构现状符合现代海洋产业结构演化的规律。目前舟山已经进入海洋产业发展的高级阶段，即“服务化”阶段。在这一阶段，一些传统海洋产业采用新技术成功实现了技术升级，规模进一步扩大，发展模式也更加集约化，同时，海洋第三产业重新进入高速发展阶段，尤其是海洋信息、技术服务等新型海洋服务业开始快速发展，从而推动海洋第三产业重新成为海洋经济的支柱，海洋产业结构再次演变为“三、二、一”顺序排列结构类型。

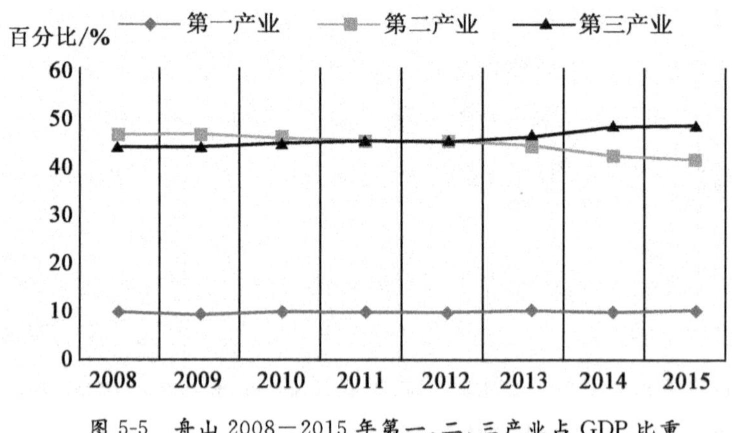

图5-5　舟山2008—2015年第一、二、三产业占GDP比重

注：数据来源，根据舟山市2008—2015年国民经济和社会发展统计公报资料整理。

二、要素禀赋的开发方式路径:资料→资源→资本

在开发海洋利用海洋的过程中,舟山走过了一条由简单到复杂,广度和深度不断加强,要素禀赋经过资料→资源→资本的路径。在过去舟山把海洋资源仅仅看作生产资料:即自给自足式从事渔业生产,用捕捞的渔获交换生活、生产资料,满足生存需要;后来,把海洋天然渔业资源看作一种天赐的公共资源,由于公共资源使用的竞争性和非排他性,结果是掠夺性无限制的过度捕捞开发利用,超过了近海海域承载量和自我修复能力的底线,造成了近海水产资源日益枯竭的公地悲剧;而现在舟山基本跨越资源消耗型利用阶段,把稀缺海洋资源看作资本,而资本具有的流动性和增殖性就凸显起来了。现在舟山不但把海洋资源看作生产资料,看作公共资源,更是看作资本要素,通过资源资本化,如海域使用权、海岛岸线使用权转让、租赁、抵押、入股等方式,获得资本财产性增值和稳定收入流,使资源利用效率飞速提升,变经济增长方式为经济发展方式,走上可持续发展、集约化利用之路。

三、产业开发的空间路径:分散→聚拢→集聚

舟山海洋开发从空间路径变化看,在资源利用、社会分工及市场交易费用的约束下,海洋产业经历了分散到聚拢再到集聚的过程。产业在空间上的规模集聚已经成为当今世界经济发展的一个基本趋势。传统渔业是传统农业的一部分,具有自给自足的特征,渔业生产在作业海域上分散布置,所以传统渔业生产在空间上是高度分散的。随着社会生产方式的渐进性变革,舟山的工业化开始在渔业深加工基础上起步,并在舟山地方政府“小岛迁、大岛建”推动下,传统渔业人口开始向大岛、小城镇、城市中心区域聚拢。在工业化和城市化的“双轮”驱动下,伴随着经济结构的调整、区域的岸线资源开发、基础设施完善、生产设施及其配套设施建设,舟山海洋开发受规模经济内在要求的驱动,开始走向人口集聚、产业集约:城市化不断加速,形成“一个主体区域、两个发展侧翼”的人口集聚空间结构;临港产业集聚,形成船舶修造、临港石化、水产品精深加工等为支柱的海岛型工业体系,形成“南生活、北生产”

的生产空间布局，如六横、沈家门、岱山长涂、秀山的船舶修造和岙山、册子岛、石油存储、化工集聚区。

港口岸线开发的进一步开发，促使依托港口物流业、临港工业加速集聚。2006年宁波—舟山港口一体化发展开始后，两港开始在空间上打造“三大基地”：煤炭、矿石、石油、粮食等大宗战略物资的储备中转基地；适应能源、修造船、重化工、钢铁厂等发展的临港工业基地；适应对外贸易持续稳定的物流基地，并将形成向长三角和长江流域运输的海进江中转体系。随着港口物流的加速发展，舟山的产业空间集聚效应更加突出。

四、开发战略的差序格局路径：由“渔、港、景”→“港、景、渔”→“景、港、渔”

舟山海洋开发战略格局路径是在资源禀赋约束条件下政府积极干预选择的结果。

“渔、港、景”初级开发战略。改革开放前，舟山海洋开发是以围绕着渔业形成捕捞、水产品简单加工为主的格局。改革开放后至2003年政府主导的开发战略的差序格局是“渔、港、景”；渔业生产的主要特点是以各种水域为基地，以具有再生性的水产经济动植物资源为对象，其生产的对象是自然界初级产品的初步利用，具有第一产业和第二产业相结合的特征，当时渔业是舟山国民经济的一个重要部门，它解决了舟山区域约1/4人口的直接就业和间接就业。从发展战略的轻重产业选择来说，要抓主要矛盾及矛盾的主要方面，当时舟山的海洋开发强调“渔、港、景”的轻重先后差序格局是符合当时舟山经济社会发展实际的。

“港、景、渔”发展阶段。目前舟山的海洋开发是政府从发展战略上、发展思路上的转变，它突出了“港”的重要位置，承接了日韩海洋装备制造业的产业转移。以船舶修造、临港石化等为主的舟山市第二产业的快速崛起，成了拉动区域经济快速增长的主要源泉。同期以海洋渔业为主的第一产业占比急剧下降，这一方面，归因于近海渔业资源的衰退导致舟山市海洋渔业增长速度不断下降；另一方面，主要是由于快速工业化所带来的产业结构调整效应。同期第三产业所占份额尽管仍维持前一时期的上升势头，但幅度已明显减弱。[①] 同时，由于国际上为了发挥集装箱运输的规模经济优势、降低营运成本，集装箱船越来越走向大型化，目前集装箱船型已经发展到第六代水平。随着船舶的进一步大型化，意味着适应船舶的港口土工建筑规模、港口设备尺度和性能及航道和港口水域水深都要进一步提升，即大型港口向深水化、机械化、高效化、信息化、现代化日渐升温的水中转。

"景、港、渔"阶段。舟山真正具有比较优势的资源，不仅是港口、深水海岸线，还有近乎垄断的海洋旅游自然优势。从可持续发展的科学发展观及产业生命周期看，舟山未来开发的重点应该转向以海洋旅游开发为主的海洋空间利用和海洋综合服务业，这也是世界发达国家海洋开发、产业发展趋势和战略调整的重要方向。舟山的未来发展战略差序格局应该是"景、港、渔"。

第三节　舟山海洋开发的战略展望

舟山是浙江海域面积最广、海洋资源最富集、海洋经济特色最明显、海洋开发潜力巨大的区域。舟山在浙江发展海洋经济、推进转型升级、建设"港航强省"等方面，具有极其重要的地位，也是"海上浙江"建设的战略规划区。舟山特色就是海洋特色，舟山的开发离不开海洋，海洋是舟山经济发展的优势所在、潜力所在和希望所在。当前，舟山的综合实力持续增强，孕育了发展从量变到质变跨越的拐点，为实现又好又快的发展增加了很多有利因素。而"战略"泛指全局性、重大性、决定性的谋划，对于涉及舟山长远发展的核心动力因素未来海洋开发来说，进行战略筹划和指导日益重要。

舟山要深入贯彻落实科学发展观，继续解放思想，以国际化、一体化、现代化的宽广视野，从发展战略、空间布局、产业结构、文化建设等方面入手，真

① 阳立军.浙江舟山群岛新区海洋产业结构演进研究——兼论海洋产业结构演替的特殊规律性[J].特区经济，2015(6).

正全面进入海陆一体化时代。

一、进行战略性原则调整

在新的发展阶段，按照浙江舟山群岛新区发展规划的要求和定位，即在功能上，舟山群岛新区被定位为：浙江海洋经济发展的先导区、海洋综合开发试验区、长江三角洲地区经济发展的重要增长极。舟山群岛新区将建成中国大宗商品储运中转加工交易中心、东部地区重要的海上开放门户、中国海洋海岛科学保护开发示范区、中国重要的现代海洋产业基地、中国陆海统筹发展先行区。2013年1月，国务院正式批复的《浙江舟山群岛新区发展规划》提出“条件成熟时探索建立自由贸易园区和自由港区”。

李克强总理在浙江考察期间明确指出，舟山要建设成为江海联运服务中心，建设我国最为完善的江海联运综合枢纽，并明确指出这是长江经济带发展的一个战略支点，是国家战略。

2013年6月3日，国家发改委网站上发布长江三角洲城市群发展规划称，要依托舟山港综合保税区和舟山江海联运服务中心建设，探索建立舟山自由贸易港区，率先建立与国际自由贸易港区接轨的通行制度。

2015年中央批复在舟山建设自由贸易港区，自贸区的核心内容是大宗商品贸易自由化，战略目标是提升大宗商品全球配置能力，最终提高我国在全球大宗商品贸易中的话语权。

按照这个科学定位，在有利于舟山区域经济持续稳定发展的基础上，舟山的海洋开发应该进行下列战略原则调整：

(1)参与国际分工、国际竞争与产业结构调整相结合；

(2)以高新技术产业化带动产业升级，增强海洋开发的整体竞争力；

(3)以市场机制为基础，以企业为主体，政府引导、调控为辅；

(4)利用连岛大桥开通、义甬舟开放大通道建设的契机，加速海陆经济社会一体化协调发展；

(5)加大舟山新区行政体制改革的力度，带动和促进各方面的改革。

二、具体采取的战略步骤是继续优化产业结构、合理配置生产力布局

一般认为海洋产业结构发展和演变遵循这样的规律：首先从第一产业到第三产业，然后从第三产业到第二产业，再从第二产业到第三产业为主导的动态演变特征。[①] 舟山现在正处在第二产业迅速成长时期，舟山应该抓住机遇，坚持海洋开发"二、三、一"产业协调发展，大力发展以装备制造业为主的第二产业，继续优化产业结构，以"港、景、渔、油、涂、能、矿"为开发层次格局，加快培育新兴主导海洋产业，为将来的产业升级到更高阶段"三、二、一"格局夯实基础。

(1)进一步发展港口物流，把海洋装备制造业改造成附加值高的高技术产业。

(2)发展海滨旅游业，突出海洋宗教旅游、宗教禅修、滨海旅游休闲、海洋美食特色。

(3)提升传统海洋产业，推动传统渔业向现代渔业转变。

(4)加快发展油气资源、海洋化工、海洋生物医药业，提升核心竞争力。

(5)利用好滩涂资源，加快开发利用风能能源和海洋矿产资源。

三、保证战略实施的保健性措施

在管理学上有双因素理论，该理论是针对满足的目标而言的，而舟山的海洋开发战略就是满足不同阶段的不同开发战略需求，以顺应海洋经济发展的趋势。双因素理论认为，保健因素是满足人的对外部条件的需求；激励因素是满足人们对工作本身的需求。前者为间接满足，可以使人受到外在激励；后者为直接满足，可以使人受到内在激励。因此，双因素理论认为，要调动人的积极性，就要在"满足"两字上下功夫。所谓海洋开发战略的实施保健措施，实质上是指对海洋开发战略实施以外的其他条件的要求。当然，没有

① 于谨凯．我国海洋产业可持续发展研究[M]．北京：经济科学出版社，2007．

这些条件，工作无法正常进行。但是，即便这些条件十分优越，也只能对工作起到保证和支持作用。

(1)全面构筑人才高地和蓄水池，为海洋开发培养、储备人才。

(2)继续完善海洋开发的基础设施，如交通、淡水、能源、土地资源等。

(3)增强群众创业就业能力，全面改善民生，促进社会和谐稳定。

(4)全面推进创新海洋文化建设，推进海洋生态文明建设。

(5)不断推进与宁波、上海等地的海洋开发区域合作，形成机制化的伙伴关系。

总之，舟山的海洋开发战略应该是：着眼于21世纪国内外海洋开发的大格局，遵守国家海洋区域规划，按照建设舟山群岛新区的要求，立足于现有基础，以高技术为支撑，以产业结构优化为核心，处理好与各类产业之间关系，以龙头企业或集团带动中小企业，完善本地海洋开发产业体系，实现海洋开发的协调、持续、集约发展，推动海洋开发实现现代化[①]，为舟山经济社会发展，为浙江乃至全国的海洋开发做出较大贡献。

① 徐质斌.海洋国土论[M].北京：人民出版社，2008.

第六章 “巧实力”视角下海洋经济与海洋文化关系的再审视

第一节 “巧实力”概念

伴随着我国海洋开发力度和广度的不断加大，国人海洋意识、海洋权益意识不断增强。然而海洋开发过程中也出现了海洋文化与海洋经济建设相脱节、不协调、游离，人海关系不和谐，局部海洋开发的无节制，海洋生态资源被破坏、衰竭等一系列问题。这反映我国在海洋开发上，不但硬实力欠缺，而且忽视软实力相关培育，更是软硬实力不协调、不转化、不升华而无法形成“巧实力”。而海洋文化和海洋经济是海洋开发软硬实力的重要组成部分，需要借鉴“巧实力”这一理论分析工具，探索推进海洋文化与海洋经济互动关系的提升、升华我国海洋开发“巧实力”路径。

最初“巧实力”是美国为改变外交战略而提出的一种理念，其发展、传播并成为一种分析工具也有一个产生、变迁的过程。

一、“巧实力”理论的演变过程

2009 年 1 月美国国务卿希拉里提出要用“巧实力”的外交理念来指导美国因过分强调硬实力而导致美国外交实力下降的窘境，要综合经济、军事、政治、法律和文化等软硬手段，将美国的价值观外交和实力外交结合起来，为美国称霸世界提供坚实后盾。在美国外交政策遭遇重大挫折时，“巧实力”外交理论的提出，反映了美国外交政策对过去小布什时期单方面强调军事力量向多元化发展方向的回调，既要团结朋友，也要接触对手，既要巩固原有联盟，也要展开新的合作。简言之，“巧”就是要变过分依赖硬实力为软硬兼施。

其实，在此之前美国国际政治学界就有人提出“巧实力”的概念，以提出和研究“软实力”著名的美国国际政治学者约瑟夫·奈在 2003 年就已经提出这个名词，以反驳只要靠有软实力就能产生有效外交政策这一错误看法。

曾任美国驻联合国使团工作的苏珊妮·诺瑟对“巧实力”概念做过充分翔实的阐述。她对当时布什政府的新保守主义的单边主义及其外交政策进行了批评，认为美国的单方面的军事行动削弱了美国的影响力，损害了美国的国际形象，美国的外交战略应该回归“自由国际主义”的传统，在维护国家利益方面将经贸、外交、对外援助及价值观推广看作与军事实力等量重要的维护工具，通过使用国际机制、联盟、谨慎外交和观念力量等手段，灵巧地发挥作用帮助美国实现外交战略目标。

2009 年约瑟夫·奈在美国《外交》双月刊 7—8 月号发表《变高明》的文章，文章认为：在当今的信息时代，成功不仅指在军事上取得胜利，还指在言辞上取得胜利。美国可以通过再次投资于全球公益来成为一个高明的大国，通过向软实力投入更多资本来补充军事和经济力量，重建它应对一些全球严峻挑战所需的框架[①]。

二、“巧实力”的分析工具可以为海洋开发领域所用

对于一个国家的实力而言，它由硬实力和软实力构成，其中硬实力是支配性实力，是看得见、摸得着的物质力量，如自然资源数量、经济力量、军事力量和科技力量等；而软实力是精神影响力，是无形的具有渗透性的精神力量，如文化及意识形态的吸引力、被普遍认同的价值观等，软实力是通过“润物细无声”的吸引而非暴力及强制实现的；“巧实力”则就是由硬实力和软实力的巧妙综合，它不孤立、单方面强调任何一个方面，而是根据具体实际巧妙地把两种力量有机结合，也就是在利用软硬实力的基础上，通过巧妙地综合、复合

① 约瑟夫·奈. 美国成为“高明大国”的途径：巧实力[N]. 参考消息，2009—07—05.

和合成，从而形成具有整体性的更强实力。

虽然有人批评"巧实力"理念是一个"疗伤治理"理念，并强调"说起来容易，做起来难"。但是作为分析客观事物内部关键二元重要因素关系的一个分析工具，它超越国际政治领域，被越来越多的研究领域所借鉴和推广，在海洋开发领域同样需要处理好其内部硬实力和软实力关系，海洋开发中最重要的二元关系是海洋文化与海洋经济关系。因此要提升海洋开发综合实力，乃至构建整个国家海洋发展战略，都需要培育海洋开发的"巧实力"。

第二节　海洋开发"巧实力"的解构及其相关逻辑

巧实力理念的出现，为我们思考海洋开发中如何定位认知海洋经济和海洋文化的关系提供了一个新的视角和维度。

一、海洋开发的"巧实力"解构

"巧实力"是在硬实力和软实力基础上提出的，是"硬"与"软"的一种巧妙的结合，它既包括"硬"的成分，又含有"软"的因素；既包括"硬"的向度，又含有"软"的维度；既包括"硬"的刚度，又含有"软"的柔度。归根到底就是硬实力和软实力这两种力量的高度耦合，是一种合力的效应[①]。

只有清晰把握海洋开发的硬实力和软实力，才能界定清楚海洋开发"巧实力"的内涵。海洋开发的硬实力就是指那些有明确指标体系、评价标准且能够反映海洋开发水平的显性标志，主要包括海洋基本资源、海洋经济、海洋开发装备、海洋高技术等海洋开发中所必需的各类有形物质，其主体部分是海洋经济；海洋开发的软实力则是能表现海洋开发隐性能力及开发理念的影响力、吸引力，但并无明确指标和数据的因素的集合，它对海洋开发产生缓慢的、不易评估的、但是长久的影响，如发展理念、价值观、海洋精神、法规制度等，其主体部分是海洋文化的凝聚力、向心力、亲和力和感召力。海洋开发是

① 刘晓亮．巧实力：思想政治教育的新视角[J]．党政干部论坛，2010(1).

一个由其本身硬实力和软实力相互交织、平衡、促进的内生性、互动的辩证过程。海洋开发的软、硬实力相互作用,硬实力是海洋开发的支撑性物质基础,而软实力则是其能动性的理念支撑。缺乏软实力,海洋开发就失去了发展方向和追求目标,其发展也会受到制约、掣肘。因此,单方面拔高、突出软硬任何一个方面,都不利于海洋开发的健康发展。因此,所谓海洋开发"巧实力",即在海洋开发实践中,整体考虑外部环境和内部优势,审时度势,能动性地复合运用硬实力和软实力,实现各种资源之间的有机、有效的战略整合,不断增强海洋开发的综合实力。

二、海洋开发"巧实力"理念下海洋经济与海洋文化的关系重构

国内关于海洋经济和海洋文化的研究已经初具规模,虽然关于两者的定义并不统一,但这不妨碍在海洋经济及海洋文化的内在领域及范畴内进行研究。在关于海洋经济与海洋文化之关系研究中,多数研究者已经认识到两者辩证关系的重要性,他们普遍认为海洋经济是海洋文化发展的物质基础、发展动力、源泉;海洋文化则使海洋经济发展带有自觉性、预见性,运用海洋文化在当今社会是发展海洋经济的必不可少的重要手段,丰富多彩、内容充实、高雅的海洋文化生活是海洋经济发展的目的[①]。海洋经济与海洋文化的关系是相互渗透、相互制约、相互促进的[②]。这些研究普遍认为海洋文化具有相对的独立性,认为海洋文化是海洋经济发展的先导,海洋经济的发展需要海洋文化提供知识、智力支持和精神保障。

但是这种认知没有超越马克思主义的"决定—反作用"的"物质—意识"的两分法,把两者关系看成简单主次关系,而这种认识在海洋开发中出现了割裂、矛盾的实践行为,要么片面强调发展海洋经济的作用,要么强调海洋文化的反作用,要么强调一方为主、一方为次,其典型的认知就是所谓"海洋文化搭台、海洋经济唱戏",把海洋文化视作海洋经济的从属,其实两者的复杂

---

① 许维安.论海洋文化及其与海洋经济的关系[J].湛江海洋大学学报,2002(5).

② 刘堃.海洋经济与海洋文化关系探讨——兼论我国海洋文化产业发展[J].中国海洋大学学报(社会科学版),2011(6).

关系远远超过这种简单的两分法。如果从"巧实力"的视角来看,两者之间的关系是复杂的、叠加的互动关系,两者在海洋开发中具有共荣关系及相互促进的深化作用,乃至升华到巧实力境界。

海洋开发巧实力的体现主要是海洋经济与海洋文化之间巧妙的复合、耦合,以两者的相互关系为主体部分,相互协调、平衡,形成海洋开发的"巧实力"。从历史逻辑看,海洋经济发展与海洋文化繁荣成正比。以往世界经济强国必然是海洋强国,其兴旺发达源于对海洋的巧妙利用,利用海洋的流动性、机动性,进口原料,出口产品,使海洋成为聚敛财富的通道。同时海洋强国都是内部强盛力量外延的结果,支撑强国海洋经济发展的是源于内部的海洋文化,如对待海洋的精神、思想、理念、观点,而先进海洋文化中革新性、开放性和包容性特质成为海洋文化内核,海洋强国内部进而养成海洋是财富中心意识,这为海洋经济发展提供源源不断的精神食粮。在当今世界发展变化的新趋势中,文化与经济相互交融,在海洋开发的大潮中海洋经济与海洋文化相互渗透,海洋开发硬实力的主体是海洋经济,海洋开发软实力的主体是海洋文化,硬实力与软实力相互融合、提升,催生了海洋开发的巧实力。

(1)海洋经济与海洋文化是互相依赖、协调、平衡的关系。海洋开发是一个内生性因素和外部因素相互依赖的实践过程,也是一个政府、社会、市场、技术等各方面关系的互动过程,更是一个与外在环境进行物质、能量、信息的交换过程。在这些关系中,最重要也最难把握的就是海洋经济与海洋文化的关系,这对关系构成了海洋开发的主要矛盾和矛盾的主要方面。因此,海洋开发的巧实力需要对这对矛盾有科学的把握。

(2)海洋经济与海洋文化是复合、互动、融合的关系。硬实力是海洋开发的物质性力量,物质性力量可以通过短期的高密度投入而获得明显成效,而软实力则不同,因为精神性力量是需要长期培育、培养才能滋养、生成。因此,根据海洋开发软硬实力发展的不同规律,需要采取不同的措施,要从质量和数量两个方面入手,将优化结构、规模扩大、效益提升结合起来。由此,海洋开发"巧实力"的必然前提就是充分把握海洋开发硬实力和软实力的内在规律。

(3)海洋经济与海洋文化的相互内化的关系。当今世界发展大趋势在经济文化领域表现为:经济文化化与文化经济化。海洋经济与海洋文化结合在一起,构成一个统一的整合、升华体系。这种内化的效果是持久的,经济保证文化软实力、文化变成经济硬实力,最后共同耦合成巧实力的一部分。在整个海洋开发过程中,各种内部力量要素经过汇聚成为人类处理人海关系的一个整体力量,而这些要素之间因自身性质、排列组合的不同等,而或多或少、或大或小地影响着海洋开发的整体实力。

第三节 增强海洋开发“巧实力”能够提升海洋开发综合能力

“巧实力”概念的引入,使我们有了一个全新的视角和观念来审视分析海洋开发这一客观现象。在当前我国沿海地区纷纷把海洋开发作为经济社会发展新增长点时,建构海洋开发“巧实力”对提升我国海洋开发综合实力、合理利用海洋资源具有大战略价值。

一、升华“巧实力”是提升海洋开发综合竞争力的必然路径

海洋开发综合能力是在海洋开发中综合利用各种积极因素、资源并加以转化、凝聚、汇聚而形成一种在国际海洋资源开发竞争中取得优势的新能力。伴随着我国海洋开发的重视程度及投入的增长,一些关系到海洋开发的深层次问题逐渐显现,如重近岸、轻深远海开发,重资源开发、轻生态保护,重眼前利益、轻长远谋划。这些深层次问题出现,消解了我国海洋开发的良好势头,使我们不得不反思当下的海洋开发的方式、模式乃至开发哲学是不是存在严重错误,而“巧实力”发展理念为提升海洋开发综合能力提供了科学的理论指导。从可持续发展角度看,海洋开发的成功进行不是一朝一夕的事情,它需要硬实力和软实力相互配合、相互倚重,即一方面要关注硬实力的积累,大力发展以海洋经济为代表的物质性力量投入,另一方面也要软实力的培育,重

视以海洋文化为代表的精神层面软实力之传承和发扬。在海洋经济与海洋文化互补的发展过程中,要保证两者的同步与协调,要规划好两者之间的发展布局,只有这样才能在提升海洋开发"巧实力"的过程中提升我国海洋开发的综合竞争力。

二、升华"巧实力"是促进海洋开发人海和谐的必要条件

海洋开发的和谐发展是促进海洋开发可持续、良性发展的保证。海洋开发人海和谐主要包括人海关系和谐与海洋社会内部和谐两个维度。当前我国大规模利用海洋方面存在很多不和谐因素。从发展海洋经济来看,人们一直认为海洋是取之不尽用之不竭的公共资源,同时在 GDP 主义的影响下,片面、无度、无序地向海洋索取,经济发展至上,破坏了人海之间的和谐。一些海洋开发实践缺乏和海洋文化协调并进的科学理念,把海洋经济发展和海洋开发画等号,有意无意地弱化海洋开发软实力的培育,在缺乏海洋文化等软实力的支撑、支持下,导致以海洋经济为代表的海洋开发硬实力发展缺乏持久动力、核心理念。海洋开发实际迫切需要对海洋开发的硬实力和软实力有一个科学认知,即保证海洋开发软硬实力的协调、平衡、互补性发展,升华凝聚海洋开发"巧实力",促进人海和谐与海洋社会和谐。

三、升华"巧实力"是海洋开发建设海洋生态文明的必然要求

海洋开发的公共性不断凸显。与陆地开发不同,海洋开发具有高投入、高科技、高风险的特质,海洋开发的难度较陆地大大增加,且海洋又具有整体性、流动性,因而海洋开发对人类的社会生产、发展影响更大。由此,海洋开发需要关注整体长远利益,践行生态保护优先的原则,海洋经济建设与海洋文化建设协调、平衡,形成软硬结合、综合的巧实力,在海洋开发中建设海洋生态文明。然而,由于目前我国海洋开发对生态文明建设的重要性认识不足,在海洋开发上缺乏对海洋生态保护的明确定位,硬发展的现象依然普遍,加之近年来一些沿海地区出于增加 GDP 数量的考虑,海洋经济建设重数量轻视质量,导致海洋资源被掠夺性开发、海洋生态环境急剧恶化等。要维护我

国海洋开发的长远利益，必须升华海洋开发的“巧实力”。当下的海洋开发须对海洋装备制造业、海洋战略新兴产业等方面增加物质投入，努力通过提升开发能力来为海洋资源有效合理利用提供硬实力支撑。同时，需要大力加强海洋文化软实力建设，发挥海洋文化的导向、约束、规范、辐射功能，引导、吸引人们自觉参与海洋环境保护，并重构人海和谐关系，使这两方面的投入相辅相成，在认同和约束的内化下，保护与开发协调并举，走和谐、可持续发展的海洋开发之路。

四、建构“巧实力”是化解海洋开发风险的必要前提

从宏观视角看，海洋开发中不断出现的问题和矛盾也使得整个海洋开发实践开始面临各种风险。尤其近些年来，随着对海洋资源利用深度、广度的增强、利用规模的扩张及利用方式的多样化，越来越多的开发风险和危机不断呈现，如从海洋生物利用上看，由于过去的无节制、掠夺式的获取，海洋生物的资源枯竭已经变成了沿海地区广大渔民的梦魇，引发环境生态灾难，导致三渔问题越来越严峻，乃至国家食物安全保障也受到影响。对于国家整个海洋开发来讲，要化解这些风险与危机，需要做到以下几点：①要积极进行战略规划，合理配置各种海洋资源，要从海洋经济与海洋文化发展的混合、交叉、融合的态势、规律中，透视出海洋开发的未来风险，暴露问题，进行规避；②从事海洋开发的有关利益方要继续解放思想，树立科学发展观，改变海洋资源利用的粗放模式，重视以海洋文化为代表的软实力之培育，化解各类风险。

第四节　从海洋开发巧实力入手重构海洋经济与海洋文化发展的路径

在当下海洋开发的实践领域需要将“巧实力”的理念加以贯彻，并在“巧实力”的指导下，处理好硬实力与软实力的关系，重新认识和定位海洋经济与

海洋文化的发展道路。

一、合理积累海洋开发的物质基础，大力发展海洋经济，促进硬实力提升的科学化

硬实力是海洋开发的物质基础、关键条件，需要加大投入、夯实基础，但是也要辩证地看待其作用，既不能轻视、忽视，也不能完全依赖，否则就极易导致以下问题的出现：海洋经济发展缺乏宏观调控和统筹协调；近岸开发过度，资源环境压力巨大，海洋经济与海洋生态环境矛盾日益突出；海洋科技创新能力不强，缺乏核心竞争力。[①] 海洋经济发展遇到总量增加与结构调整、质量提高的双重压力。因此，当前海洋开发必须努力摒弃以往那种片面强调硬实力、孤立发展海洋经济的观念，正确认知海洋开发硬实力的作用，正确对待发展海洋经济的理念。因此，海洋开发需要根据现实需求、发展重点及所处的发展阶段，将有限的人财物力量合理地综合使用，积累开发的物质基础。同时，要在转变发展观念中注意由扩张数量向质量提升、结构优化转变。必须认识到，海洋经济发展规模的数量增加不代表质量的跃升、竞争力的提高，由此协调好规模、效益、素质之间的良性互动关系，为形成海洋开发的"巧实力"夯实雄厚的物质基础。

二、着力提升海洋文化特色，建构中国化的海洋开发软实力

软实力展现海洋开发内在的品格、动力、气质和理念，它是海洋开发的核心价值所在。软实力的养成与硬实力明显不同，它具有一定的连续性、继承性和稳定性，需要长期发展积淀、沉淀而成，而且这些精神性因素如果能够吻合社会主流价值观、海洋开发的具体实践，那么其投入产出效率明显，事半功倍。而先进海洋文化是海洋开发软实力的核心部分。因此在海洋开发中必须高度重视海洋文化的战略性，探索发展海洋文化以提升软实力的路径。①明确什么是先进海洋文化，哪些是值得扶持、能够增强海洋开发软实力的先进文

① 王殿昌．统筹规划，合理布局，促进区域海洋经济协调发展[J]．海洋经济，2011(2)．

化，只有这样才能明确特色，才能提升软实力的吸引力、创新力。②传承与建设并进，重视和谐发展，增强海洋文化的凝聚力、影响力。和谐是海洋文化的内核，是中国传统文化的精髓。因此，海洋开发要弘扬人海和谐精神，构建人海和谐的先进海洋文化，才能凝聚海洋文化的软实力功能。③要拓展海洋文化的观念、内容乃至形式，提升海洋文化的产业化水平。海洋文化的产业化是文化依托经济发展的升华，也是海洋文化保持传统、激发适应力的根本途径，通过产业化凝聚海洋文化中国特色、中国风骨、中国气象，最终内化为中华民族的民族精神，这也是海洋文化回归其本体价值和精神本性的体现。

三、借力、借势发展，强化对外交流，滋育海洋开发“巧实力”

海洋经济与海洋文化是海洋开发实践中的一体两面，两者需要因海洋开发的“势”而动，才能获得持续前进动力与活力。在当前海洋开发竞争的氛围中，要滋育“巧实力”，需要有多元思维、借力发展。①需要继续解放思想。即要摒弃闭关锁国思维的束缚，“走出去，引进来”，利用好与其他国家、内陆地区特别是通过与海洋国家友好协作关系，解放思想。如在海洋管理上借鉴国内外其他海洋开发、管理的有益做法，共享资源、信息，找准差距，不断提高自己的海洋综合管理水平。②海洋经济是大陆经济的延展，为确保巧实力的生成，海洋开发还要借鉴大陆经济发展的经验，借助大陆经济蓬勃发展的“势”，海陆联动，吸引资金、人才、技术及信息向沿海地区聚集，提高自身的核心竞争力。

四、整合海洋开发的各种资源，善于转化，提升海洋资源综合利用水平

海洋开发硬实力和软实力的培育都有利于“巧实力”培育、滋养，但是海洋开发“巧实力”必须最后落实到资源整合和转化上。资源整合是提升海洋开发“巧实力”的关键。在符合我国国情的条件下，资源整合的最高境界是海洋开发资源配置的帕累托改进，该改进强调结构合理、匹配优化，协调好各方利益关系，整合多部门、多学科的力量，多目标地综合利用海洋资源，为海洋

资源的可持续发展留有空间，这也是提高海洋开发质量、适应经济社会发展需要的客观要求。而善于转化，就是要发挥能动性把不利转化为有利，劣势转化为优势，硬实力转化成软实力，软实力转化成硬实力，硬实力和软实力灵巧地转化为"巧实力"。

总之，"巧实力"理论在当下还是一种比较新的理论，其本身虽没有发展完备，但为我们重新审视海洋经济与海洋文化关系提供了新的视角，为我国发展海洋经济、传承发扬海洋文化提供了新的思路。同时，"巧实力"理念也为我们整体性思考海洋开发的理念、价值、方向、模式及战略提供了理论指导。

第七章　探索海洋社会社会管理的创新之路

——基于“网格化管理、组团式服务”的探索

第一节　社会管理创新的概念

中国在40多年的改革开放中，执政党、政府和知识界逐步认识到了构建和管理社会领域的重要性。在我国“五位一体”的社会主义建设中，随着经济的快速发展及社会利益高度分化和分散化，社会矛盾呈现复杂化、多样化的特征。但是我国的社会建设又滞后于经济建设，“一条腿长一条腿短”，这导致社会矛盾、社会冲突加剧，不断发展的态势威胁我国现代化建设的进程，不利于和谐社会建设。当前我国的社会建设和社会管理面临重要的战略机遇期，也面临一系列困难与问题，需要实践性创新，加强社会管理，以促进和谐社会建设。在一个已经出现深度社会分化的政治经济文化系统中，如何构建合理、有效的社会管理模式，加强社会建设，已经成为理论研究和实践中的重大问题。

关于什么是“社会管理”，众说纷纭，存在不同的解释。在西方社会科学和管理科学中，尚缺少与“社会管理”完全对应的词组，与社会管理相近的词组主要有社会秩序、社会规制等，而这些词组都无法单独完整地表达中国语境下社会管理的内涵。中国有关学者从社会学、政治学及社会政策学等多角度对社会管理进行了概括和归纳。一般认为，社会管理的领域是狭义的，社会管理的主体是多元的，社会管理的目标是社会稳定和社会秩序。所以社会管理，主要是政府与社会组织为促进社会系统协调运转，对社会系统的

组成部分、社会生活的不同领域及社会发展的各个环节进行组织、协调、服务、监督和控制的过程。社会管理有广义和狭义之分,也区别于一般的行政管理,它强调对人的管理和服务。[①] 其基本特征有:具有社会性目标,具有非经济性,与社会成员的具体利益有密切关系,其作用的范围具有明显的综合性。

所谓社会管理创新就是地方政府改变传统的以“社会控制”为核心进行社会管理的旧观念和思维方式,改变落后的社会管理方式和手段,不断探索和创新社会管理理念,保障公民的知情权、参与权、表达权和监督权,实现从自上而下单向的社会管理,向以政府为主导、多方参与、具有“公共治理”特征的新型社会管理模式转变。[②]

第二节　舟山“网格化管理、组团式服务”社会管理模式的创新探索

“网格化管理”是近年来各地积极探索和大力推行的一种新型社会管理管理模式。在我国,社区网格化管理源于北京等城市对“万米网格”城市管理系统的探索和实践。特别是城市管理、公共服务、综治维稳、社区建设、社区党建等方面的持续探索,为社区管理网格化提供了丰富经验。随着我国城乡社区建设工作的广泛开展,地处我国东部沿海的舟山市普陀区,结合海岛渔农村实际,按照变革渔农村生产方式、生活方式和组织方式的思路,在大力发展渔农村经济、改善渔农村生活环境的同时,积极探索创新基层组织管理服务。2007 年,普陀区以桃花镇为试点,开展了“网格化管理、组团式服务”工作,后来在全市城乡推广,该项社会管理+服务的创新模式,在我国尚属首创。

① 青连斌.以体制机制创新推进社会管理[J].理论视野,2011(3).

② 周光辉.如何实现社会管理创新[J].理论视野,2011(3).

一、“网格化管理、组团式服务”的内涵

“网格化管理”是根据属地管理、地理布局、现状管理等原则，将管辖地域划分成若干网格状的单元，并对每一网格实施动态、全方位管理，它是一种数字化管理模式。

“组团式服务”是根据网格划分，按照对等方式整合公共服务资源，组织服务团队，对网格内的居民进行多元化、精细化、个性化服务。

“网格化管理、组团式服务”就是依托信息网络技术建成一套比较精细、准确、规范的综合管理服务系统，政府通过这一系列整合，为辖区内的居民提供主动、高效、有针对性的服务，从而提高公共管理、综合服务的效率。具体而言，“网格化管理、组团式服务”工作，即在乡镇（街道）、社区（村）大格局不变的基础上，把乡镇（街道）、社区（村）划分为若干单元网格，组建相应服务团队，点对点、面对面地为群众提供服务，并紧密结合现代化数字技术搭建管理服务信息化平台，实现管理服务人性化与数字化的有机结合。

二、“网格化管理、组团式服务”开展的原因

1. 渔农村新型社区的建立为“网格化管理、组团式服务”开展打下制度基础

自国家推行家庭联产承包责任制以后，舟山市农村开始实行政社分开、撤社建乡，并在原生产大队的层面上建立了行政村，成立了村级经济合作社，经营管理村级集体资产，形成了“乡政村治”的格局，这一体制在很长一段时间内对渔农村经济社会发展起了积极作用。但随着渔农村经济发展和改革的不断深化，传统计划经济时期遗留下来的渔农村管理体制，已不能适应舟山渔农村发展的实际。①舟山渔农村经过了 30 多年的改革开放，经济、社会结构发生了根本转变：农村二、三产业兴起并不断壮大，舟山渔农民的就业形式也随之呈现多样化趋势，由农民变成社会人，因此对渔农民的行政管理难度增大。②渔农村的基层社会管理结构与渔农民日益增长的就业服务、社会保障、文化生活、村庄环境整治等方面的需求越来越不相适应。③渔农村基层管理干部普遍文化程度低、思想保守，缺乏开拓创新意识和服

务群众意识,导致党群、干群关系紧张。因此,为促进渔农村经济的快速发展和保障渔农村社会和谐稳定,舟山市委决定从机制上对渔农村管理体制进行创新,于是提出了在渔农村通过撤并村建社区的方式建立新型社区的决策。

2. 渔农村社会管理面临的困境为"网格化管理、组团式服务"开展提供了创新动力

从 20 世纪中后期开始,随着舟山渔村生产力发展及城市化的需要,在加强土地资源的合理利用的同时,舟山开始农村社区基层治理结构改革,按照城市模式建立农村社区,推行村庄及村级经济组织撤并,大量减少村干部数量,节约村级公共管理开支。但是并村太快,并村的规模太大,威胁到农村的社会有效管理,导致村干部和村民之间的制度性联系减少,产生了农村社会管理社情民意不明了、管理服务不到位、诉求渠道不畅通、矛盾化解不及时等新问题,传统的社会管理方式已难以适应群众日益增长的服务需求。而且长期以来,村和社区都是自治组织,拥有的公共资源有限,乡镇、街道的资源也相对贫乏,而掌握很多资源的县(区)以上工作部门却无法与基层保持最紧密的联系,且条块分割,资源难以在基层实现最有效的聚合,从而出现了"千条线穿不进一根针"的现象。

3. 推动城乡经济社会和谐发展、加强社会建设是"网格化管理、组团式服务"开展的内源驱动力

加强社会建设、创新社会管理,是维护社会和谐稳定的源头性、根本性、基础性工作。随着城市化、工业化步伐加快,城乡二元结构带来的矛盾越来越多。如城市社区率先建设,公共资源片面地向城市集中,加大了城乡社区居民之间在公共产品与公共服务的差距。为缩小城乡差距、促进基本公共服务均等、构建和谐社会,迫切需要延伸城市社区服务到农村。同时人们对社会建设要求也随着社会发展而水涨船高,而公共服务是政府的主要职能,是现代政府的合法性特征。

第三节　舟山“网格化管理、组团式服务”的绩效

根据组织创新理论，创新是指一个新产品或服务、一项新的生产工艺技术、一个新的结构或管理体系、一个新的计划或程序。组织创新可分为四类：产品或服务创新、流程创新、组织结构创新和人员创新。其中人员创新是指组织成员的改变或者组织成员行为与信念的改变。这里的组织创新包括两个部分：组织本身的创新、组织所提供的产品或服务的创新。

下面我们用分析组织发展与变革的7S模型分析“网格化管理、组团式服务”的社会管理创新。如图7-1所示，7S模型是诊断组织、鼓励创新、指导改革方向并控制改革过程的重要工具。它包括7个要素：战略（Strategy）、结构（Structure）、体制（System）、风格（Style）、人员（Staff）、技术（Skill）、和共同价值观（Share Value）。由于7个要素的英文字母首写均为S，故称为7S模型。

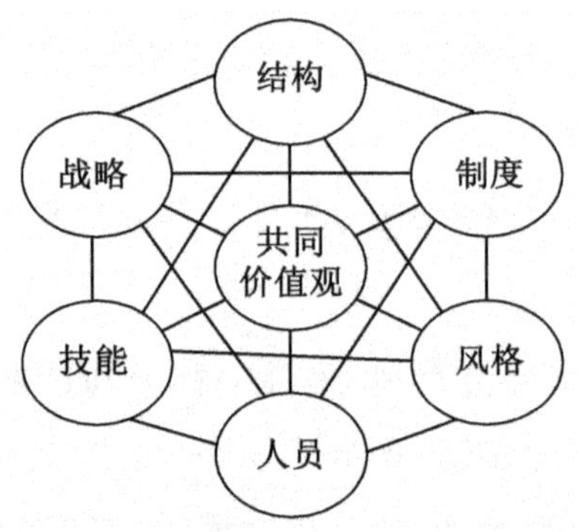

图7-1　麦肯锡7S模型

作为著名的组织变革分析工具，其模型广泛应用于营利组织和非营利组织。面对全球化、民主化及市场经济，模型能够从一个全方位角度为公共治理提供变革的方向和方法，是诊断组织、鼓励创新、指导改革方向并控制改革过程的重要工具。

一、城乡社会管理理念创新

理念创新。首先是理念的转变，从传统的“整治命令”思维，到“寓管理于服务之中”；从政府“包打天下”，到注重运用社会力量、形成社会合力；从习惯“灭火”，到突出源头治理；从青睐硬性行政手段，到重视运用经济、行政、道德、科技等手段综合管理。“网格化管理、组团式服务”是社会管理的理念创新，因为从现阶段来看，它的出现并没有改变现有的社会制度框架，而且乡镇干部“包村制”及“网格化管理”等组织形式在社会管理领域都已经存在多年了，所以在现在看来还不是一种制度创新，而是一种社会治理理念的创新。

其理念创新体现在：由管理理念到服务理念。由“管理”到“服务”、由“管理”到“治理”，绝不是字面上的小变化，而是为政理念上的调整，是从行使职能的目的、方式和体制上的大改革和大进步，是政府和职能部门执政为民的体现，是真正把为人民服务落到实处。由“管理”到“服务”，是一种换位，更是一种政府职能的重新定位。着重强调政府的管理职能，似乎如果没有政府的管理，社会就不能运转，政府把市场、社会、企事业单位的管理职能也纳入了政府管理的范围。传统行政体制存在的问题，在于政府管了本来不该管而应由市场、社会自身来管的事，过多地参与和干预了“私人物品”的生产和交换，并因此没有管好自己分内该管的事，即安排好“公共物品”的供给、提供良好的社会公共服务。[①]

创新了社会管理模式，变过去“上面千条线，基层一根针”为“上面千条线，基层一张网”，使党的声音和政府服务延伸至整个社会肌体的最末梢，以“服务”代替原来的“管控”，消除了社会管理的“盲区”。[②]“网格化管理、组团式服务”就是以强化公共服务为突破点，全面及时回应群众要求，实行点对点、面对面服务，及时利用网格全面掌握社会稳定动态信息，强化了社会稳定分析预警，使大批群众反映的问题即时解决在源头，避免矛盾积压，防止矛盾激化。

---

① 王夷．我国新型社区管理模式研究[J]．财经界，2008(3)．

② 徐祝君．“舟山模式”再次引起省内外关注[N]．舟山日报，2011—04—08．

二、城乡社会管理战略规划创新

战略—战略是组织根据内外环境及可取得资源的情况，为求得组织生存长期稳定地发展，对组织发展目标、达到目标的途径和手段的总体谋划，它是组织中心价值的集中体现，是一系列战略决策的结果，同时又是制定组织规划和计划的基础。同时，战略也是非营利组织实现既定目标，取得竞争优势的关键。

“网格化管理、组团式服务”在发展时，自始至终贯穿了“服务促管理，以服务促稳定”的城乡一体化社会管理战略规划。其鲜明的表现就是：以人为本，服务优先，通过网格来反映民生，注重普遍的民众参与来集中公共智慧和动员群众，对涉及民生的具体问题，更加重视组团式团队作用，科学地组团，明确管理服务团队的职责，提高服务团队工作人员的素质，在社会利益表达和协调中发挥党员、党小组、妇女组织的独特作用。杨梅种植项目、危旧房改善、坟墓拆迁问题、企业安全生产、海岛养老问题，这一系列比较棘手的民生工程，充分利用服务促民生机制，既提升城乡治理，又提升社会和谐。

三、城乡社会管理结构创新

结构—战略需要健全的组织结构来保证实施，组织结构是一个组织的组织意义和组织机制赖以生存的基础，它是一个组织的构成形式，即组织的目标、协同、人员、职位、相互关系、信息等组织要素的有效排列组合方式。就是将组织的目标任务分解到职位，再把职位综合到部门，由众多的部门组成垂直的权利系统和水平分工协作系统的一个有机的整体，组织结构是为战略实施服务的，不同的战略需要不同的组织结构与之对应，组织结构必须与战略相协调。“网格化管理、组团式服务”在城乡社会管理结构创新方面体现为：

(1)多元主体结构协同创新。从其主体内部构成、行动目标、行动方式、行动关联等方面来看，其充分体现了中国特色的“协同性”。它以为民、惠民、便民为主导，建立长效为民服务机制，依托现有的行政管理体系和各级信息平台建设，以市、县(区)、乡镇(街道)、社区为脉络，划分网格，提供网格内全覆盖、全方位、全过程的动态管理和服务，同时作为一种主体性的发展，它又能够整合、协调各方资源，扩大活动空间，推动社会发展。

(2)组织网络架构创新。国家政治权力结构的社会化、网络化已经是一种不可抗拒的发展趋势，一种“矩阵网络型权力结构”势必要取代“金字塔型的权力结构”。从“网格化管理、组团式服务”的组织结构方面看，它是由政府组织、事业单位、企业组织、社会组织、民间组织、党小组、家庭和个人等组织构成的，具有鲜明的网状扁平化色彩。这种组织结构赋予基层社会管理机构更多的组织空间、自主权和回应性，紧密联系社情，实现组织结构从“直线型”向“矩阵型”转变，将社会问题处理、化解在源头、基层。

四、城乡社会管理机制创新

组织的发展和战略实施需要完善的制度保证，而各项制度又是组织共同价值观和组织战略的具体体现。所以，在战略实施过程中，应该制定与战略思想一致的制度体系，使各项制度形成相互配套、相互协调的机能，并形成制动、制约，避免背离战略的制度出现。而“网格化管理，组团式服务”的创新表现在：

(1)公众参与、合力建设的共同治理机制创新。公众参与，就是广泛动员和组织群众依法有序参与社会管理，培养公民意识，履行公民义务，实现自我管理、自我服务、自我发展。“网格化管理，组团式服务”就是在社会管理方面，调动社会力量全面参与，“大家的事情大家办”和“共建”，构建利益表达机制、沟通机制，充分反馈各方的利益、愿望、要求，促进民生民意表达，促进社会对公共服务的监督、认可和利益共享。为社会不同群体、不同层次积极参与、共同协商搭建组织平台，因此是一种更为直接、更为普遍的社会管理的民主治理方式。

(2)公共服务联动供给机制创新。“网格化管理，组团式服务”的服务机制构建在需求导向上，以不断满足网格内居民的需求为出发点和落脚点，网格和服务之间形成连续不断、首尾相接、撞击反射、相互促进的需求与满足的服务供给过程，创新出网格内的走访制度、议事制度、培训制度，形成了相对完备的利益协调机制及矛盾化解机制。包括依法治理机制、民情研判机制、信息共享机制、民主决策机制、长效激励机制、监督考核机制、协调解决机制等。

五、城乡社会管理风格创新

风格是指整个组织的文化风格、领导风格、员工的行为道德等。在中国传统的社会管理模式中，是以传统公共行政为主的政府单中心论，政府曾以无微不至的父爱主义的全能型政府角色出现，包揽对经济社会发展和社会事务的管理权，使国家权力日益集中于政府行政部门而导致权力异化，使市场经济自我调节功能及社会自主管理能力退化，同时行政体系趋向严重的官僚化、缺乏效率，忽略公民对公共品需求的回应性，将公民排除在公共品的决策之外。这种社会治理模式和权力运行机制，留给社会和个人的空间狭窄，制约了人的积极性和创造性的发展，不利于社会的长远发展。

作为一项创新，"网格化管理，组团式服务"的风格就是重树干部责任意识、群众意识、实干精神和服务意识。社会管理，说到底是对人的管理和服务。在该创新中基层政府树立以人为本、执政为民的服务理念，整合、动态协调社会管理需要的服务资源，从"坐等群众上门"转变为"主动回应服务"，政府的工作重心下移，放下身段，深入群众、了解群众，倾听群众声音，把人力、财力、物力更多地投到基层，用"点对点""即时服务""主动出击"等服务形式，创新出"一个网格加一个党小组"的工作模式，使干群关系改观、密切、融洽，从而改善了基层干部的工作作风。

六、城乡社会管理人力资源创新

战略实施需要充分的、适合的人才准备，有时一个组织战略实施的成败取决于是否有合适的人才。实践证明，人才的准备、参与和发挥作用是战略实施的关键所在。"网格化管理、组团式服务"在城乡社会管理人力资源创新表现为多方协同参与。

城乡社会管理涉及多元服务主体的参与和投入。"网格化管理、组团式服务”就是以网格为立足点，在基层党组织的领导下，积极鼓励和推进乡镇干部、社区工作人员、民警、教师、医生和志愿者等社会主体之间的互动，充分考虑每个参与者岗位职责、专业特长等因素，使管理与服务结合，形成多方参与、主要以“回应—服务”方式解决所面临问题的合作形式。

在人员结构上，既有专职人员，又有兼职人员。该结构能够充分发挥职能部门、“两代表一委员”和党员干部的作用，形成既立足岗位、履行职能，又相互平等、协商合作的社会关系。

七、城乡社会管理科技创新

科技日益成为一个组织取得竞争优势的核心要素。电子政务是当前政府利用科技进行创新的重要方面。“网格化管理、组团式服务”就是将传统的联系包干责任制度与现代信息网络技术结合起来，拓展电子政务功能，建立起公共服务与管理的新型信息化平台。整合“条块”公共服务资源，实现“网格化”治理与现有行政管理的无缝对接。

“网格化管理、组团式服务”运用先进的网格化技术和计算机网络技术，建立了集服务对象多方面信息于一体的网络管理服务平台(内网平台)，把相对分散、孤立的就业、优抚救助、医疗、教育、土地承包、遵纪守法等信息进行汇总整理，建立数据库，并注重信息的日常收集积累和维护更新，使基层党组织可以动态掌握、全面了解群众的实际情况，提高管理服务的精细化、动态化水平。同时另一方面通过建立高效运作、资源共享的公共管理服务平台——“网上办事平台”(外网平台)，也就是政府有关部门为网格居民提供服务的协作平台。[①]

第四节　需要继续讨论的问题

加强社会建设及社会管理是我国战略机遇期的迫切任务，是关系全面建

---

① 孟阿荣.群众网格化管理，干部组团式服务[J].今日浙江，2008(22).

设小康社会的重要环节。舟山市的"网格化管理、组团式服务"社会管理创新实践表明，社会管理创新是坚持科学发展、完善社会管理服务的现实需要，是坚持和谐发展、促进社会持续稳定的重要保障，是改善民生、加强基层政权建设的有效载体，也是进一步密切党群干群关系的重要途径。

然而，这一创新的深入推进，也引发了一些深层次的问题。这些问题如果不能引起足够的关注，势必会影响这一创新的持续性和拓展性。

一、如何完善社会治理主体结构、培育居民公共精神

在社会管理主体结构方面，我国社会的主体意识还比较薄弱，社会组织的自主性及参与性有待完善，参与社会治理的能力有限，参与社会管理的意愿与经济社会发展水平不匹配。因此理想状态的社会管理是一种自组织过程，政府只能在其中起辅助作用而不是主导作用。因此，为了向理想的社会管理状态逼近，形成真正具备自组织性质和功能的社会自治组织，需要通过一系列的政策措施吸引居民参与"自我管理、自我服务"的社会管理活动实践，变"为民做主"为"由民做主"，提升居民的民主意识、参与意识，使"社会管理"转向"社会共同治理"。

二、社会管理要围绕利益展开

社会管理及社会建设的核心是群众利益问题，由此社会管理的创新，无论是制度创新、组织创新，还是机制创新，都需要将群众利益放在创新的重要位置上，而不是"为管理而创新""为维护社会稳定而创新""为创新而创新"。社会管理的最高境界是实现社会和谐，"管理就是服务"，最大限度地拓展、调整、协调广大群众的切身利益，增加社会的和谐因素，这需要社会管理创新实现包容性增长，为广大人民群众参与分享社会发展成果而服务。

三、如何增强社会管理与服务的边界意识

社会管理一般是与政治管理、经济管理相对的治理层次。由于现有的"网格化管理、组团式服务"社会管理创新一定程度上承接了政府公共服务责

任，并且社会转型期的宏观环境决定社会管理面临的复杂环境，很难精确罗列其组织承接、替代政府公共职能的内容。而如果要追求社会管理的政府、社会、市场复合效应，就必须保证双方组织的独立性，清晰相互的责任，即在社会和政府部门、市场之间存在一个合理边界，否则任何一方的越界就会破坏已经或者可能达成的合作平衡。党委、政府要为社会和群众自我管理、自我服务留下足够的空间，鼓励社会组织健康有序发展，动员组织群众依法有序参与社会管理。

四、社会管理创新的持续性问题

我们通过“网格化管理、组团式服务”社会管理创新，看到地方政府在社会管理创新的过程中扮演着关键性角色。地方政府为了维稳的直接迫切需要进行社会管理创新，重新成功地进行政府、社会、市场三方关系的构建，通过创新来克服自己的缺点，地方政府的创新是保障创新成功的关键。可是当维稳的动力弱化，创新不能够制度化时，创新有可能成为一个选择性行为，不能保证创新的持续性，创新可能无疾而终。

第八章 海洋社会建设法治保障研究

第一节 舟山群岛新区开发开放先行先试过程中的法治保障

21世纪是海洋开发的世纪，开发利用海洋资源，发展海洋经济越来越受到世界各国的重视。我国是海洋大国，发展海洋经济已成为我国经济战略的重要组成部分。2011年6月，国务院批准设立我国第一个以海洋经济为主题的国家级新区——浙江舟山群岛新区，它的设立和建设是在经济特区和各种综合配套改革实验区（新区）改革的基础上，在社会主义市场经济体制逐渐完善、依法治国和建设法治政府的条件下，基于国家海洋战略的需要，为国家发展海洋经济破题而进行的更为独特和更高水平的综合改革实验。新区的主要特性就是先行先试，被赋予先行先试的权限、一些先行先试的政策，以鼓励创新。浙江舟山群岛新区作为我国实施海洋战略、发展海洋经济和海洋事业的试验场，担负着为我国海洋经济体制和海洋管理体制探索经验的重任，要在创新海岛开发保护体制、海洋开放体制、海洋开发投融资体制、用海用地管理体制、海洋综合管理体制等方面积极探索、先行先试。要在海岛土地政策调整、岸线集约节约利用、无人岛开发、海岛城乡统筹、海洋开发投融资体制等方面，不断破除体制性障碍，拓展海洋开发空间。先行先试，破除体制性障碍必将面临一系列法律问题，对此必须进行梳理，出台相应法律、法规，从而引领新区转变经济发展方式，实现海洋经济科学发展，促进浙江省经济平稳较快发展。

一、新区建设在开发开放先行先试中的法律保障需求

在制度经济学看来，任何改革都是一个制度的变迁过程，而制度中最为重要、稳定而权威的制度就是法律制度，在当代社会，改革与发展始终与法治相伴而行，没有法治的保障，不仅改革的成果无法保障，经济和社会也无法得到进一步发展。用法律手段管理特区是国内外经济特区的成功经验之一。特殊政策是经济特区存在、发展和繁荣的基础。各种优惠待遇和措施不应只是制度上规定的一种许诺，要在实际执行中充分发挥其作用，就必须要借助法制的权威、稳定和保障力来加以贯彻实施。目前，舟山群岛新区海洋经济保持平稳较快增长，海洋经济总量不断扩大，结构不断优化，但也面临着海域资源过度开发、海洋环境严重破坏、无居民海岛开发无序等诸多问题，要更好推动舟山群岛新区的健康发展，必然需要更加完善的法律制度。

1. 新区自身开发建设的法律依据需求

《国务院关于浙江海洋经济发展示范区规划》中对舟山群岛新区的战略定位赋予了舟山进行海洋海岛开发并举的综合性的“先行先试”政策。中国蓝色经济的发展，先行先试选择的是浙江，而担负国家发展海洋经济的重任的舟山扮演的角色是先导区。

先行先试必然要突破现行制度的局限实现制度创新，而这些制度创新的有效推行和巩固亟须法治保障。目前，我国已有的经济特区和各综合配套改革试验区在建设发展中都制定了“基本法”性质的法律或法规，如《天津滨海新区条例》《深圳经济特区改革创新促进条例》和《海南国际旅游岛建设发展条例》等，因此，需要通过类似“基本法”形式为开发建设舟山群岛新区提供法律依据。

2. 协调新区内部及与周边区域发展的法律保障需求

2010 年 5 月，国务院批准实施《长江三角洲地区区域规划》，提出“建设浙江舟山海洋综合开发试验区”。从国家对舟山海洋开发综合试验区的定位来看，舟山海洋开发综合试验区的目标是“建设以临港工业、港口物流、海洋渔业等为重点的海洋产业发展基地，与上海、宁波等城市相关功能配套的沿海

港口城市”。这个目标的实现就不可避免地同毗邻大型港口城市——宁波，以及整个长三角区域内各城市存在港口物流竞争、腹地资源争夺等诸多矛盾与冲突。这就需要舟山新区及时建立相关法律制度，为协调毗邻城市及整个长三角区域的经济发展提供法律保障。新区政府各涉海部门如何协调内部及区域间各方利益，突出新区特色与优势，是当前完善舟山法制建设的重要内容。

3.统筹新区海洋资源开发与海洋生态保护的法律规制需求

浙江舟山群岛新区的根本功能，是长三角地区经济发展的重要增长极。舟山群岛新区建设，不仅要成为浙江海洋经济发展方式转变的重点和亮点，而且要成为整个长三角甚至我国内陆发展的重要推动力量。然而目前，舟山新区在可持续发展问题上，尚缺乏海洋经济综合开发建设与环境法治一体化发展的理念。

在大力开发海洋的大背景下，舟山的海洋生态环境形势变得日益严峻，主要表现在：近海渔场的过度捕捞导致渔业资源的枯竭，陆源污染物的违规排放和不合理的海洋油气开发造成海洋环境的持续恶化，海岸工程建设和过度的围垦则导致近海岸地区的生态环境严重破坏……种种环境问题将严重威胁一直以“港、景、渔”为海洋经济产业的舟山的可持续发展。政府唯有在统筹新区海洋资源开发与海洋生态保护的基础上，尽快出台相应的法规加以规制，方能保证新区海洋经济的可持续发展。

4.加强新区海岛保护管理和合理开发利用的法律规范需求

众所周知，舟山群岛新区发展海洋经济的立足点是海洋和海岛，海岛的开发与保护、海岛资源的合理开发利用对推动新区的海洋经济的发展及成为长三角地区经济发展的重要增长极，具有重要的现实意义。

舟山群岛有大小岛屿1390个，已命名的岛屿947个，岛礁816个，除98个较大的岛屿有人居住外，其余无居民岛屿及海礁共计1665个。目前，有居民海岛人口密度过大，对海岛自然资源和生态环境的可持续发展造成极大的压力。随着近年来“大岛建、小岛迁”政策的实施，一些小岛居民纷纷搬迁至大岛，无居民岛屿不断增加。因此，新区要进一步规范海岛开发利用秩序，加强对无居民海岛的资源保护,就必须要有相应的法律规范。

二、新区建设在开发开放先行先试中的法律供给困境

当前舟山群岛新区面临着无地方立法权限、涉海管理体制混乱、法律规范位阶低、海洋与海岛环境资源保护法治保障不完备等供给困境。

1. 地方无立法权限,无法制定符合自身特色的法律、法规

我国宪法确认的国家结构形式是单一主权制,自 1981 年由全国人民代表大会及其常委会先后通过立法授权深圳、珠海、汕头、厦门和海南五个经济特区在遵循宪法法律和行政法规的基本原则下,制定地方性法规。近年来,随着海洋经济的快速发展,作为长三角区域发展的重要组成部分的舟山存在诸多口岸、海洋综合管理、海洋生态补偿、海岛城乡统筹等突出问题,迫切需要因地制宜的法规去规范和解决,而舟山新区囿于无地方立法权,无法制定符合自身特色的法律、法规,而上位法所确立的制度又较为原则,且法律覆盖面不足,导致具体实践中操作性低。

2. 涉海管理体制缺乏综合协调沟通功能

我国现行海洋管理体制是在 1998 年行政体制改革基础上形成的,属分散型管理体制。根据我国现有涉海法律法规,共有自然资源部、国家海洋局、国家海事局、国家生态环境部等十几个部门有权管理我国相关海洋事务。从国家层面上讲,由于国家海洋局级别和权限较低,不具备统筹和协调海洋开发的职能,而涉海部门间的协调沟通常设机制尚未形成。

从地方层面上讲,舟山群岛新区内部各部门之间职责重叠,存在多重管理,且缺乏有效沟通与综合协调机制。如海洋管理涉及海洋权益管理、海洋资源管理、海洋环境管理等方面,而地方海洋渔业局级别和权限较低,不具有统筹和协调海洋开发职能,交叉管理、多头管理和无人管理并存。此外,长三角地区间利益格局多元化,并且各个区域的利益纠纷沟通机制还不完善,这些在一定程度上也影响了舟山乃至整个长三角区域的发展。

3. 海洋生态资源环境法律监管保护机制不健全

近年来,舟山兴起的第四次围海造地热潮,对缓解新区建设用地起到了

积极作用，但毋庸讳言，过量的围海造地一定程度上影响着生态平衡，造成近岸海域环境污染。舟山近年来虽采取的一系列的监管、监测措施，对海洋资源生态环境的保护修缮起到了一定的作用。但环保局、市生态监测站、水利围垦局等部门和县乡级的环境监管部门作为舟山市政府的下属职能部门，当其环境执法职能与舟山的经济建设发展产生冲突时，只能服从和服务于后者，导致环境监管职责无法落实。

此外，政府和有关部门出于投入成本大、工作难度大、短期不易取得实效等考虑，存在海洋生态环境监督、治理和修缮不力等现象。可见，目前处于海洋经济综合开发建设中的舟山环境监管体制和法律制度设计仍有待完善与加强。

三、为新区开发开放先行先试进行法治保障的目的与原则

舟山群岛新区是在党的十八大提出海洋强国战略之前，我国首个以发展海洋经济为主题的国家战略性区域。一方面，国家给予新区开发开放先行先试的政策鼓励，这是积极探索我国海洋经济科学发展新路径、深入实施国家区域发展总体战略的一个重大举措。另一方面，在依法治国的大背景下，必须依靠法治保障，才能调动各种积极因素，保证新区建设的正确方向。

1. 为新区开发开放先行先试进行法治保障的目的是最大程度获取政策、制度创新红利

舟山群岛新区是继上海浦东新区、天津滨海新区、重庆两江新区之后第四个国家级新区，国家级新区的成立或者开发是国家战略，其总体发展目标、发展定位等由国务院统一进行规划和审批，相关特殊优惠政策和权限由国务院直接批复，其辖区内将实行比其他地方更加开放和优惠的特殊政策。而赋予舟山群岛新区开发开放、先行先试的特殊政策，是从更深层次、更广范围、更高水平推进舟山群岛新区体制机制创新，营造有利于海洋开发开放的良好体制政策环境。

现阶段舟山群岛新区建设正处于边探索边总结、边试验边规范的建设实践过程中。正在对经济、社会、文化、生态等各项制度进行全面创新，而法治

保障是舟山群岛新区开发开放先行先试的重要内涵和重要保障，营造良好的法治软环境对群岛新区建设有十分重要的意义。

在新区"开发开放、先行先试"中，国务院批复《舟山群岛新区规划》中对管理权限进行了明确表述，明确赋予了舟山群岛新区省级经济社会管理权限，设立浙江舟山群岛新区管委会，而且浙江省政府目前已经将很多省级权限下放给舟山，这将又赋予舟山群岛新区更多自主决策权进行改革创新。因此，在依法治国的今天，通过法治保障的权威、稳定性和保障力度，引导、支持舟山群岛新区建设开发开放将可以保障新区获得更多的政策红利。

2. 舟山群岛新区法制建设的基本原则

(1)改革创新与法制相统一。开发开放先行先试需要不断改革创新。先行先试中，"行"是大胆行动，"试"是不断尝试，大胆地想，大胆地试，试错了不要紧，要害是故步自封，踌躇不前。先行先试要以改革创新精神推进新区发展，要锐意改革，大胆先行先试，要敢于在体制机制上打破原来的条条框框，探索建立更富有活力和效率的体制机制，尤其是国务院批复的《舟山群岛新区规划》赋予了新区多方面的优惠政策，为新区建设大胆试、大胆闯提供了广阔空间，先行先试是尚方宝剑，为新区建设披荆斩棘。因此，新区建设必须抓住这一开发开放、先行先试的难得机遇，用好用足政策优惠，发扬敢为天下先精神，全面推进改革开放，增强创新驱动能力。

改革创新依赖法治保障。舟山海洋大规模开发始于20世纪90年代，虽然和浙江其他地区相比，舟山经济发展的规模以及人口总量有限，但是舟山海洋开发开放的自然禀赋及后发优势比较明显，而且具有鲜明海洋特色，是海洋文化积淀基础的地区，这有利于舟山群岛新区在接下来的先行先试、在制度创新中轻装上阵、小步快走。作为海洋开发开放先行先试的"试验田"，法治保障重点放在保障上，是方向保障，道路保障，基本原则保障，不是束缚先行先试的。因此，舟山群岛新区既要先走一步，又要遵循法治保障的原则。

改革创新与法治保障高度统一。新区建设开发开放先行先试，不是无的放矢，不是无法无天，而是要新区建设全面贯彻科学发展观，全面推进依法治国战略、海洋强国战略，是要通过法制作为深入贯彻科学发展观、依法治国的基本方式和有效载体，通过制度供给、制度导向、制度创新，将制度优势转化为社会发展和经济居住的内在要求，以此来吸引外来投资、人才、技术，来解决新区科学发展中的制度空白、制度缺陷和制度冲突，真正把科学发展观、海洋强国战略、新区科学发展纳入制度化。

(2)群岛新区建设需要开发开放先行先试，更需法治保障。先行先试要统领新区建设，法治保障是坚实后盾，要服务于先行先试。先行先试要求法治保障要解放思想，要服务于新区建设的总体布局，服务于海洋经济发展效益、质量和方式，新区发展法治保障要注重社会管理和公共服务方面的立法，要为新区管理体制改革保驾护航。舟山群岛区域发展战略需要考虑舟山海域资源环境的承载能力、资源分布等因素，然而，舟山过去海洋开发多靠政策支持而缺少有力的法治保障。因此，群岛新区发展战略并不是只对今天有利，而是促进舟山群岛区域发展的百年大计，不仅需要强有力的政策支持，更需要高效的法治保障。

法治保障功能是保障开发开放先行先试的软环境。开发开放、先行先试必将涉及方方面面的利益，而法制是调节社会利益关系的基本方式，是社会公平正义的体现，是构建群岛新区和谐海洋社会的最重要基础，是推进新区建设的软环境。

法治保障功能是综合性的，是引导、促进而非限制、禁止。法治保障是对新区建设开发开放先行先试的综合保障，保障群岛新区经济、政治、文化、社会、生态建设的整体推进，是全面、整体、合理的制度安排，从制度上理顺各种利益关系，平衡不同的利益主体诉求，努力以制度防范开发开放先行先试中的矛盾，从源头上有效预防与减少社会矛盾和纠纷，节约改革创新的成本。

(3)因地制宜、科学发展、突出海洋特色。要根据舟山群岛的自然环境条件、发展海洋经济所处阶段及制约因素，科学制定适合本地区的区域发展战略和具体政策措施。要结合本地区的实际将国家开发开放、环境保护方面的法律、法规具体化，做到有的放矢、切实可行。

要树立和坚持科学发展观，处理好开发与保护的关系，要把海洋、海岛资源的开发利用与岸线保护，把资源开发、新能源开发、水资源开发、小岛、滩涂的保护纳入海洋生态建设与海岸带环境保护的总体规划，尽快制定各方面的法律法规。因此需要制定有关舟山群岛海洋资源开发与保护、海域生态建设与环境治理法、岸线资源开发利用与无人岛保护、有关海岛水资源开发利用与保护等方面的法律法规。

要统筹兼顾，推动新区全面、协调、可持续发展。要把加强海洋生态文明建设作为新区建设的重大课题，积极创建国家海洋生态文明示范区和全国环保模范城市，在开发开放中保护好舟山的蓝天绿岛和清新湿润空气，绝不走先污染再治理的老路、歪路。要不断提升保障和改善民生的力度，实施新区群众收入倍增计划，让新区建设成果被人民群众共建共享。大力推进“美丽海岛”“平安舟山”“法治舟山”“和谐舟山”建设，完善“网格化管理、组团式服务”，探索海岛地区城乡一体化建设，切实维护社会和谐稳定。要推进“双拥共建”工作，创建军民融合式发展示范区。要推进海洋文化名城建设，创建全国文明城市，打造高品质海上花园城市。

3. 对新区开发开放先行先试进行法治保障的路径

(1)基本路径:政策试点—总结规律—推广。要坚决贯彻落实中央、省给予舟山群岛新区建设的优惠政策，真正使优惠政策落地、深化、细化、实化。同时，积极向国家相关部委争取后续政策支持，致力于形成服务新区的强大合力；对于有定性、没有定量的政策，要加大争取的力度，争取以实化之；中央和国家不同意的政策，需要加强对接、解释、论证工作，能动地创造条件、累积条件，争取早日突破。对于促进新区建设的优惠政策要持之以恒，广泛推行应用。

(2)提升路径:政策—法律。法律法规没有禁止性规定的，要解放思想大胆闯、大胆试，在实践中探索总结，使之完善；法律有规定但是和舟山实际不符合的可以大胆尝试突破，同时向立法机关申报争取被认可；将政策资源和成熟的实践经验通过地方立法上升为法律，为新区建设提供有力的法治保障。

四、新区开发开放先行先试法治保障的对策建议

舟山群岛新区建设，一方面事关我国海洋开发战略的实施效果；另一方面，开发开放先行先试政策原则的贯彻执行又需要法治保障。为此，对群岛

新区开发开放先行先试进行法治保障有如下对策建议：

1. 制定舟山群岛新区建设立法规划

制定符合本地区建设工作需要的立法规划，可以有力促进地方立法工作的科学化、系统化和均衡化。舟山群岛新区建设涉及海洋开发开放的各行各业，需要庞大的法律法规体系加以支持。因此在立法规划时，既要注意急用先立和立法超前相结合；同时也要注意立法的覆盖面，防止某些需要调整的具有边缘性质的关系没有相应的规定；还要正确处理与本地区内其他立法的关系，尽量避免立法之间的交叉重复或矛盾冲突现象。

加大建议性规划的立法力度。立法规划一般分为：建议性规划、拘束性规划、影响性规划。从舟山群岛新区发展规划的具体内容来看，规划除了从国家战略的层面明确群岛新区的发展定位、发展目标和战略任务外，主要是通过赋予群岛新区在自由贸易区建设、产业发展、财税支持、投资准入、金融保险、土地全国占补平衡配套等方面一系列的政策支持与保障，对舟山区域开放开发予以促进和支持。因此，舟山群岛新区发展规划在法律性质上属于影响性规划，不具有法律上的约束力，其影响力表现在这种规划上"具有先行性与引导性，即具有引导其他行政行为，甚至在一定程度上，具有引导立法行为的功能"。由规划的这一法律性质所决定，规划的有效贯彻实施必须要有法制的密切跟进作为保障，这既是增强规划的约束力和执行力的需要，也是规划的影响和指向所在。

2. 发挥地方立法的作用

群岛新区既要立足于本地特点，又要服从国家海洋强国战略大局，实现区域经济协调发展和经济可持续发展。而充分发挥地方立法的作用，既是社会主义法制建设的主要内容，也是促进海洋开发开放先行先试的根本要求。根据宪法和立法法的规定，群岛新区地方人大在符合宪法法律的前提下，为满足当地经济社会发展的需要，有权制定符合本地实际的地方性法规。

(1)争取更大的立法空间，通过地方立法为新区建设提供有力的法治保障。舟山群岛新区需要争取海洋经济新区立法权。目前，作为一个新区，舟山群岛新区没有独立的立法权，若新区能争取到独立立法权，则对新区自身建设乃至浙江省的海洋开发都具有倍增器效应。限于目前舟山地级市性质，建议通过浙江省人大向全国人大争取专项授权立法，涉及超出地方立法权限又属于新区立法权限的，由全国人大授权浙江人大及其常委会就舟山群岛新区制定地方性法规，在新区实施。浙江省应根据具体情况和实际需要，遵循宪法的规定及法律和行政法规的基本原则就群岛新区进行立法，立法权限应包括两个方面：一是国家法律、行政法规没有规定的，舟山群岛新区可创制仅适用自身的地方性法规；二是国家已有法律、行政法规的，浙江可根据授权就舟山群岛新区进一步开发开放、先行先试的实际需要变通立法。立法范围应包括除《中华人民共和国立法法》第八条规定的只能制定法律的国家专属立法权以外的一切范围。

(2)完善和拓展针对舟山群岛新区的地方性法规、规章专项立法。为了适应新形势下给舟山群岛新区建设区域发展先行先试提供法治保障，新区法制建设应加强两方面的工作：一是为适应海洋经济发展要求，清理、修改现有地方性法规、规章；二是加紧就舟山群岛新区建设制订新的地方性法规、规章，争取舟山群岛新区的专项立法。2013 国务院批复《舟山群岛新区发展规划》就是在海洋经济区域发展方面针对舟山群岛新区的一个规范性文件，其在实践中将发挥较大的法治保障作用。下一步要加大专项立法方面的工作力度，加快两方面的专项立法：一是就保税区等开发开放区块分别制定管理条例，将规划的部分条文直接转化为法律条文；二是待条件成熟时制定统一的《舟山群岛新区自由贸易区条例》。除此之外，就舟山群岛新区空间布局、产业布局、要素供给、生态保护、行政管理等方面制定专项立法，使舟山群岛新区在这些方面尽快与国际接轨，完善和拓展具有区域特色的舟山群岛新区地方法规、规章。

(3)积极参与省内相关立法活动，争取海洋开发开放地方立法的话语权。在省内日常的地方立法活动中，新区应当主动出击、积极参与，争取更多的地方立法话语权。改革开放以来，浙江人大和省政府在制定无人岛海岛开发与保护、渔业股份制改造等法规、规章、政策时，对来自舟山区域的意见都是相当重视的。因此，新区将来要进一步拓展、利用好这一立法沟通途径。争取省人大或省政府授予舟山群岛新区立法建议权、立法中的征求意见权、对立法草案的优先审议权等；还可以争取在省里制定统一法规、规章时给舟山群岛新区留出一定的空间，以单项条款的形式为舟山群岛新区先行先试提供法治保障。

(4)在一些尚无法可依的政策调控领域继续大胆改革，积极探索新的行政管理模式，为新的立法提供实践依据。争取国务院授权让舟山群岛新区在特定领域行使相对集中的行政管理权。舟山群岛新区要响应中央号召在制度创新和扩大开放等方面力争走在前列，占领长三角新一轮发展制高点的位置，不仅要积极争取立法权，在一些有法治保障的领域加强、完善立法，在一些尚“无法可依”的政策调控领域，仍应当积极探索新的行政管理模式、海洋管理体制、社会参与管理体制，为新的立法提供实践依据。加速技术和体制创新，进一步推进聚焦海洋强国战略；就保税区、自由贸易区涉外管理等法律盲区或法律尚不完善的领域，探索新的行政管理模式；抓住改革的契机，先行先试制度创新。

3. 严格规范新区自行制定的规范性文件，为政策资源寻求新的法律保障途径

(1)将规范性文件上升为规章、法规。争取将舟山群岛新区原有的一些行之有效目前仍然有必要保留的规范性文件转化、升华为地方政府规章、地方性法规。鉴于地方政府规章的时间效力较短，尽量争取将一些重要的规范性文件(如涉及创设行政许可的)上升为地方性法规，为原有政策资源寻求新的法律保障途径。

(2)对原有规范性文件进行清理、整合、修订。舟山区域发展的初期主要依靠的是自身资源禀赋，其自身也制定了大量的规范性文件，在促进海洋开发开放发展方面起到了积极的作用。但是，随着我国法制建设和各项改革的深入，特别是国家海洋强国战略的实施，对政府行为提出了新要求。规范性文件的法律效力仅限于对法律、法规、规章进行实施性的细化，原有创设或增设、管理相对人义务的规范性文件都会失去其合法性。就舟山群岛新区自身制定的政策性文件而言，除了可以转化为地方性法规、地方政府规章的政策以外，对那些还不适宜上升为法规、规章形式的政策性文件，应进行清理、整合、修订。将其限定在实施性的细化规定，对创设管理相对人义务的内容及

时进行调整和修改，确保新区规范性文件的合法性。

(3)探索行政合同方式，弥补规范性文件法律效力不足的缺陷。除转化、清理外，舟山群岛新区还探索将制订规范性文件的政策保障方式转变为行政合同方式，以行政合同的法律效力来保障舟山群岛新区的先行先试，以弥补规范性文件法律效力不足的缺陷。行政合同以政府诚信、政府承诺为担保，若运作得好，对国家和投资者是“双赢”的。事实上，目前舟山群岛新区在某些民生项目上已率先采用了行政合同的方式，如海岛社区渔农民养老项目。此外，在其他领域合作中，原来通过规范性文件对行政相对方做出承诺，现在也可以改为通过签订行政合同的方式予以实现。这是解决规范性文件法律效力缺陷的一种法律途径，值得探索。

4.健全完善群岛新区建设法规体系

(1)制定群岛新区建设的综合法规。专门制定适应舟山群岛新区建设的综合性法规，如《浙江舟山群岛新区基本法》将促进舟山群岛新区建设的各项方针、政策以立法的形式确定下来，这是为舟山群岛新区建设提供一个良好的法律环境的前提条件。建成舟山群岛新区是一项极其复杂的工程，可能需要经过几代人的奋斗才能得以实现。因而，当前在舟山群岛新区的法制建设方面首先要做的是将中共中央、国务院、省政府建设舟山群岛新区的宏观政策上升为立法的形式，由省人大常委会制定《舟山群岛新区建设条例》，以法律形式确保舟山群岛新区建设战略规划的长期性、完整性和连续性。

(2)完善海洋环境资源保护的法律法规体系。我国长三角地区人口多，资源相对不足，经济增长快，产业结构调整幅度缓慢，排污总量大与环境容量小的矛盾突出，而舟山海域承载着长三角乃至长江流域的大部分陆源人海污染。①制定海洋循环经济的法规。应当发展循环经济方面的地方性法规和政府规章，同时制定清洁生产、清洁能源等法规条例，以解决海洋环境与工业污染之间的矛盾。②完善资源可持续利用的法规体系。建立统一的资源管理体制，对海洋资源开发利用与保护进行宏观调控和监管。针对不同的海洋资源，实施生态保护、修复工程建设。③建立海洋环境问题综合决策体系。④完善海洋生态补偿制度。坚持“污染者付费、受益者补偿”的原则，重点在海洋生态保护等方面试行生态受害者区域向生态加害区索求经济补偿的政策。完善行政监察和审计制度，确保补偿资金用于海洋生态环境的修复。⑤海陆污染防治制度。出台海域污染指标交易费政策，引导各类要素资源按市场规则进行配置。

(3)完善海洋生态工业园区法律法规。建立海洋生态工业园区是实现企业之间循环海洋经济的重要途径。生态工业园区是根据循环经济理论和工业生态学原理设计而成的新型的工业组织形式，通过模拟自然生态系统来设计工业园区的物流和能量流。园内企业通过产业链的合理构建，在水产加工、海洋生物制药、船舶修造、海洋工程等行业推行产业循环式组合，使一个企业产生的废料或副产品可以成为另一个企业的原材料，从而实现物质的闭路循环和能量的多级利用，达到物质能量的最大化和废物排放的最小化。因此，在建设工业生态园区时，一方面比照自然生态系统，合理设置生态工业园区中的资源生产者、加工生产者(消费者)和还原生产者(分解者)；另一方面，可以多吸纳具有相同或相近角色的企业进入生态工业园区，从而增强产业链的抗干扰能力。同时，生态工业园区要通过完善组织领导机构、加快政策法规体系建设(如对园区给予一系列优惠政策)以及加强投融资机制建设，保证园区的稳定和可持续发展。

(4)制定促进海洋产业方面的法律法规。逐步对舟山群岛新区建设的产业布局出台相关实施细则，根据《舟山群岛新区规划》将六大海洋产业以差异化的原则，分别制定不同的推进法规制度，在产业准入、企业登记、金融政策、税收政策、用地用海、基础设施、人才政策等方面进行特质性专项分别立法。

制定和完善海洋科技知识产权法律制度，促进海洋科技事业可持续发展。应立足于舟山实际，量身定制知识产权保护战略；推进知识产权融资制度，建立舟山群岛新区知识产权交易平台；拓宽知识产权法律常识宣传的渠道，提高辖区内企业知识产权保护意识和防范能力；建立执行有力的知识产权行政管理机构，建立和完善快捷高效的知产纠纷案件司法审判和仲裁裁决的解决机制；建立和完善知识产权预警和处理机制，严厉打击侵犯知识产权的违法犯罪活动，维护试验区内企业知识产权。

建立和完善支持风险投资的法律政策体系。应支持和引导有前景的风险投资项目，出台相关的优惠政策予以扶持，政策扶持带动大量金融资本流入风险投资领域。在立法过程中，要深入探索，大胆尝试，广泛借鉴其他国家和地区的成功经验，结合舟山的实际情况，坚持金融体系改革创新和资金风险防范并举，扩大投资规模与优化投资结构并重，为新区的企业风险投资提供良好的法制环境。

(5)区域协调法律制度建设。从国家对舟山群岛新区的定位出发，舟山群岛新区和浙江省内舟山毗邻的兄弟城市及整个长三角区域存在着经济协调发展的矛盾，如长三角地区间利益格局多元化，并且各个区域的利益纠纷沟通机制还不完善，法律实施保障的缺乏使得贸易纠纷产生后各方的协调成本比较大，这些无疑在一定程度上影响了舟山乃至整个区域的发展。因此，对待舟山群岛新区与长三角地区区域协调发展的问题，可考虑建立地区行政首长协商解决机制，比如协调跨省区重大基础设施项目的建设、协调产业布局发展、跨区域联合执法监督等重大课题，并且对区域内部所面临的共同问题进行磋商和协调，提出意见和建议，因而加强区域之间的协调发展与沟通合作，使区域协调合作渠道形式以及内容法制化也是加强区域协调发展的重要措施。

5. 加强舟山群岛新区建设的法律监督

实际上，加强舟山群岛新区建设的法律监督，建立健全执法检查监督制度，可保障群岛新区建设法规和政策的有效遵守和实施。法律监督是法制建设中重要的一环。依法进行舟山群岛新区建设必须对权力实行民主监督，建立健全法律监督制度。如果没有切实有效的法律监督，就不可能有效地实施新区建设。这方面的工作应由舟山群岛新区人大牵头，进行分领域、重点项目、重点区块等形式的安排，并联合相关部门进行监督。

总之，舟山群岛新区开发开放先行先试，涉及体制创新、机制改革、政府职能转变、法治保障等多方面。先行先试固然要先走一步、探索创新，但同时也要将积极探索与稳步推进相结合。特别是涉及政治体制与基本法律制度的问题要慎重对待，要开阔视野、多元探索、多方论证，采取多种途径以求制度创新。

第二节　舟山城乡一体化建设中的法治保障

一、如何理解城乡一体化的概念

无论城乡一体化是一个概念，还是作为一个社会全面建设目标，需要我们明确把握其内涵。

1.城乡一体化的概念

英国的埃比泽·霍华德（Ebenezer-Howard，1850－1928）在《明日的田园城市》一书中极力倡导“用城乡一体化的新社会结构形态来取代城乡对立的旧社会结构形态”，第一次比较系统地提出了城乡一体化思想[①]。

城乡一体化从动态的角度看，实际是城乡发展一体化。虽然国内并没有严格意义上的城乡概念，即何谓城，何谓乡，但更多是传统语境下的通俗说法。从中华人民共和国成立以来的实践看，城市与乡村、城市与农村，一直延续着以城市为主、乡村（农村）为辅的行政管理的固定思维，即城乡的二元化格局。这个格局在国家整体快速工业化、城市化面前，已经越来越不符合时代发展要求。而城乡一体化，就是将城乡看作一个发展整体，统筹、协调发展，其内涵包括：经济城镇化，人口城镇化、生活质量城镇化、基础设施城镇化和公共服务城镇化。

按照党国英先生的说法，城乡经济社会一体化本质上是以农业为主的居民区与其他以工商业为主的居民区之间完成居民权利的平等化重构。城乡一体化目标的提出，本意在于消除城乡二元结构，促进中国和谐发展。根据这个内涵，城乡一体化目标必须包括以下内容：

（1）建立城乡统一市场，特别是城乡统一的要素市场，从根本上消除城乡二元结构的体制根源。我国农产品市场发育较好，但涉及土地、劳动和资本

① 陈光庭.城市一体化概念的历史渊源和界定[J].北京城乡一体化发展研究，2004(4).

的农村要素市场未能很好发育，相关制度建设也十分滞后。城市化质量低、农村土地纠纷、“小产权房”困局等皆与城乡要素市场不统一有关。

(2)城乡居民收入基本一致，农民收入甚至超过全国平均水平。农民收入低于城市居民，无从谈起城乡社会经济一体化。按中国共产党第十八次全国代表大会确立的目标，如果到 2020 年我国居民收入在 2010 年基础上翻一番，农民收入必须增长更快才能确保城乡收入差距缩小。

(3)城乡居民公共服务水平基本一致，特别是社会保障的城乡分离体制完全消除。社会保障水平会因全国居民收入不同而形成差异，但不能因为居民身份不同而存在差异。未来中国农业高度现代化以后，农村会有大量小型专业农户居民点，不能要求这些居民点的所有基础设施达到城市水平，但较大的村庄与建制镇应确保水电路气达到城市供应水平。

(4)农业高度发达，农业 GDP 比重下降到 5%以下，全国平均恩格尔系数降到 20%以下，专业农户成为农村的主体居民。恩格尔系数越低，意味着国民吃饭开支比重越低。国民吃饭开支比重降低会引起经济行为变化，如储蓄率降低、职业选择的兴趣偏好增强等，有利于国民经济健康发展。

(5)城市化率达到 70%以上。[①]

2. 城乡一体化战略已经被提升为国家发展战略

中国长期处于城乡二元结构体制的发展状态。从中华人民共和国成立以来，为了获得工业化起步的原始资本积累、实现中国的工业化，加之在苏联的影响下，强调发展重工业和基础设施建设，在农业人口占大多数的情况下，利用计划经济模式，对工农业生产进行计划配置，同时利用户籍制度对城乡进行分割，尤其是限制劳动力从乡村迁移到城市。这种二元制经济社会体制人为地构建了城市与乡村的各种生产要素的分割，在不同人群构造了不平等的政治、经济、社会地位，阻碍了生产力的发展与社会进步，特别是改革开放以来，随着计划经济体制的破产，市场经济体制的确立，分割城乡的二元制体制机制已经越来越不适应经济社会发展的主流和需要，尤其是我国工业化阶段已经处在重化阶段向服务业转型阶段，处在工业反哺农业阶段，处在全面

① 党国英. 在高度城镇化基础上实现城乡一体化[J]. 农村工作通讯，2013(2).

建设小康社会阶段。为了我国经济社会的全面发展，必须对这一阻碍可持续发展的体制机制进行全面深化改革，进行城乡一体化建设，而且这个建设已经成为新一代国家领导人的执政目标。

十六大报告中明确地提出“全面繁荣农村经济，加快城镇化进程”，并进一步论述：农村富余劳动力向非农产业转移，是工业化和现代化的必然趋势。十七大报告中则提出：加强农业基础地位，走中国特色农业现代化道路，建立以工促农，以城带农的长效机制，形成城乡经济社会发展一体化新格局。十八大报告更加鲜明地提出：一是城乡发展一体化是解决“三农”问题的根本途径。要加大统筹城乡发展力度，增强农村发展活力，逐步缩小城乡差距，促进城乡共同繁荣。紧接着中国共产党第十八次全国代表大会之后召开的2012年中央经济工作会议强调：“把解决好‘三农’问题作为全党工作重中之重，必须长期坚持、毫不动摇。”城镇化是我国现代化建设的历史任务，也是扩大内需的最大潜力所在，要围绕提高城镇化质量，因势利导、趋利避害，积极引导城镇化健康发展。中国共产党第十八届中央委员会第三次全体会议更明确提出实现“城乡一体化”，表明新一届中央政府不仅将沉积已久的问题作为自己任内要承担的任务，更是将无法量化的“过程”改为“目标”，并且把实现中国“城乡一体化”的战略目标确定为自己的战略责任和目标，并落实在今后将实施的制度创新与社会进步的综合实践中。

2013年的中共中央城镇化工作会议提出，城镇建设要“让居民望得见山、看得见水、记得住乡愁”。中国的城镇化改革思路已经不排斥乡村，人们或许更能接受一个有着城中村，村中城的城镇化。

促进城乡一体化的基本路径。通过加大对农业投资、建设涉农项目、改革户籍制度、完善农村公共服务和社会保障体系等一系列措施，可以促进城乡一体化进程。城乡一体化是我国经济社会全面转型时期的可持续发展观，是我国加速推进现代化的发展战略，也体现了城乡现代化交汇融合的发展过程。通过城乡一体化建设，可以改变长期形成的城乡二元经济结构，实现城乡在政策上的平等、产业发展上的互补、国民待遇上的一致，让农民享受到与城镇居民同样的文明和实惠，使整个城乡经济社会全面、协调、可持续发展。

二、城乡一体化面临的障碍

国家战略层面上提出和解决中国城镇化的首要任务是基本消除二元结构，消除城乡两元制格局，消除二元结构社会。但是这个过程是一个逐步发展的实现过程，目前还必须面对如下的障碍：

1.城乡要素流动不畅

(1)土地、资金、人力资源等生产性要素难以在城乡间进行合理有效配置。如土地产权方面，由于历史原因，城市的土地产权制度相对完善，城市居民的土地产权得到比较好的保障，但是由于农村土地实行集体所有制，导致农民的土地产权无法界定清楚，农民无法真正行使完整的土地权力，如农民的宅基地不能像城市居民那样行使流转权，也不能直接进入建设用地市场，不能获得二次开发的收入溢价，而且农民拥有的土地承包经营权也无法有效退出、变现，将经营权变成在城市生活的资本。

(2)土地制度不够健全、个人财产权不清晰。一方面土地产权主体模糊，法律在规定农村土地产权时留有模糊空间，没有确定谁是土地产权的代表者，导致农村土地所有权虚置主体。另一方面，针对农民个体而言，农民只是土地的承包者、使用者，并不实际拥有产权，也无法行使处分权，这导致农民的土地收益权被损害。

2.城乡公共服务、公共产品配置不均等、不均衡

在城乡一体化的过程中，城乡公共服务、公共产品配置的均等化是一个重要标志。当前我国基本公共服务、公共产品配置不均衡现象突出。表现为：①基本公共服务立法缺乏细化。基本公共服务范围广泛，一些基本公共服务权益在我国宪法中已经有所规定，比如公民的受教育权、社会救济权等，但是体系不够完整，内容不够全面，如住房保障权就没有写入宪法。在法律法规层面，我国的现有基本公共服务领域只有教育法、义务教育法、劳动法、就业促进法等为数不多的国家正式法律，其他均是政府法规和规章，法律文件位阶低、数量少，行政色彩浓厚，欠缺对相对人权利义务的考虑，监督和反

馈机制也比较匮乏，可能导致行政部门依政策获取利益的结果。[①] ②基本公共服务供给主体责任范围不明确。从公共经济学的原理看，政府是公共服务供给的天然主体，但是在我国五级政府的框架下，公共服务的供给范围、财政投入分层等责任划分方面没有明确规定，尤其是在1994年分税制实施以来，一方面财政收入在向上级政府集中，但是基本公共服务的责任却在向下转移，导致基本公共服务获取的易得性、便利性在弱化。同时政府和其他组织在供给公共服务方面的协调问题也没有明确的规定。③基本公共服务供给质量标准不一，供给配置偏向、侧重于城市。如在基础教育阶段，优质的教育资源集中配置在城市，虽然有一定程度的城乡教师交流、扶持政策，但是这只是部分区域暂时实施的具有救济措施的政策，并非长远之道。由于渔农村基础教育落后，农村中学没有一所重点中学，没有像样体育设施和信息教育设施，导致农村居民的受教育和信息获取能力弱，农村青年人在人生的起跑阶段就处于不利局面，这是当时城乡差别最底线的原因。

3. 城乡发展规划不统一，城乡统筹不够完善

(1)城乡土地规划分为城乡两块，分别进行规划管理。规划范围内外的用地，如乡镇建设用地由街道、乡镇行政机关进行管理，而城市建设用地则由城市建设局通过行政许可的方式进行管理，城乡建设用地许可方式有差别。

(2)城乡规划的法律约束性不强。现有的城乡发展规划随领导思路变化较大，这也是规划调整的侧重点，导致规划的法律约束性虚化。一方面，新区发展规划的定位在变化，而以往的整体区域规划则强调细化，从而产生控规和细化问题。另一方面，城市空间规模扩张边界不清晰，随着做大、做强城市规模的需求增长，城市规模不断扩展，导致空间城市化和人的城市化的矛盾。

(3)城乡规划落后于城乡发展。乡村规划不完善、不科学，乡村规划到底归哪个部门还是需要乡村自身规划，都没有明确规定，导致乡村建设杂乱无章。长期以来，城乡规划分割、建设分设，城郊接合部往往成为“两不管”地带，农村土地先征后规划、后补办手续。

---

① 周柯. 住宅立法研究[M]. 北京：法律出版社，2008.

4.渔农村产权制度不完善

主体不清、权能不全、监督不力的渔农村产权制度,已成为农民分工分业、进城落户、权益保障的最大障碍。土地承包经营权,宅基地使用权等用益物权不完整,使依附于用益物权之上的农民权益受损。村级集体资产主体不明确,权益分配过程中有关"农嫁女""非转农""农转非""返乡大学生""复员退伍军人"的权益保障无法、无规可依。另外,由于征地拆迁、项目开发,部分地方渔农村集体资产收益分配矛盾十分突出,一些地方行政村撤并和中心村建设中,村与队和村与村的资产融合十分困难。

5.渔农村基层管理模式不完善

引入城市社区管理模式在渔农村建立社区,旨在加强对渔农村的服务功能,但在运行过程中,村、社区管理"两张皮"现象依然存在,村委会、社区、经济合作社三者之间的关系也尚未完全理顺,制约了社区功能的发挥,也影响了村级集体经济的发展。另外,进城居住的农民因担心在渔农村产权制度改革、撤村建居过程中权益得不到保障,不愿意将户口迁往城区,情愿留在渔农村,这造成目前普遍的"人户分离"现象,必将对城乡一体化进程带来严重影响。

6.城乡居民一体化的社会保障制度不完善

(1)社会保障水平不够平衡。城乡之间、不同区域之间、不同社会群体之间的社会保障水平、待遇水平差距较大。农村地区保障水平滞后,一些最基本的保障制度覆盖面比较窄,如低保水平城市是100%,而乡村则是60%～90%。基本医疗保险报销比例由各地特别是地级市的公共财政水平所决定。

(2)社会保障项目衔接有待加强。随着城镇化的推进,加强城乡之间的相关社保制度的整合、衔接的要求日益紧迫,但是难度在相应增加。目前在沿海部分经济发达省份各种险种地区内部的转移衔接问题已经基本解决,但是不同层次险种之间的整合衔接还需要加强,尤其是不同省份特别是东部和中西部地区省份之间的社会保障的整合衔接需要加强。

(3)城乡居民存在社会保障方面的明显差异性。城乡劳动力在失业保险、生育保险、工伤保险、社会优抚等社会保险方面存在差异性，如城乡退伍士兵在社保、医保、安置方面存在较大差异。住房保障以城市为主，以城中村改造、近郊改造为主，当城市范围扩大了，涉及棚户区改造、危房改造，当这些区域改造好了，土地的性质也发生变化，政府建设安置房，上交土地出让金，这些改造区域按照城市建设要求变成城区。

7. 户籍制度阻碍农民工变成市民

针对已经在城市拥有稳定工作的农民工及其家属来说，目前在户籍制度方面缺乏将这些产业工人变成职业产业工人的一揽子制度安排，缺乏实现由人口流动家庭变成整体家庭迁移的有效途径。一方面，城市的空间规模在扩大，但是另一方面这些农民工在义务教育、社会保障、平等就业、教育资源获取、自由流动方面并没有真正获得相应的权利和机会。如根据《舟山市人民政府令》第 38 号(2014 年 12 月 23 日发布)的《舟山市最低生活保障实施办法》第二章第五条规定："户籍状况、居住状况、家庭经济状况(指家庭可支配收入状况和家庭财产状况)是认定低保家庭的三个基本条件。持有本市户籍的居民，凡共同生活的家庭成员人均可支配收入低于当地低保标准，且家庭财产状况符合本办法规定条件的，除本办法有特殊规定外，经申请审批后，均可成为舟山市最低生活保障家庭。"

三、通过法治保障来促进城乡一体化的措施

通过城乡一体化来完成当下新型城镇化的历史任务，在依法治国加强国家治理能力的今天，需要以法律的思维，来建构、完善、保障城乡一体化。

1. 完善城乡规划法律制度，实现城乡空间高效一体化

(1)加快推进城乡规划一体化，确立全新的规划理念，摒弃过去城乡分割的规划思路，构建实现城乡一体化的规划全覆盖思路。突破行政乡镇、村庄的界限，合理划分主体功能区，形成以产业带动为核心，以产业园区、生态保护区、特色新型社区、自然村落为载体的城乡空间布局。

(2)严肃规划的执行监督，扩大民众规划参与。建立规划实施监督评估机制，引入城乡规划及其变更的司法审查程序，强化规划实施法律监督、舆论

监督和群众监督，发挥各级人大常委会、专委会的职能。同时，明确城乡规划公众参与的内容程序，建立规划变更的行政听证制度，建立公众意见评价反馈机制。

(3)建立统一的规划管理体制。破除各部门孤立、自成一体的、缺乏相互合作衔接的过时规划体制，将分散于各个部门的职能统一起来，由规划部门统一行使，建立人口、土地、产业规划三位一体的核心规划体系，建立定位清晰、功能互补、协调衔接的现代规划体制。

(4)加强村镇规划。将村镇规划纳入城乡规划体系，加快村庄布点规划，对美丽乡村建设的所在村要求编制完成控制性详细规划。按照"结构升级、集聚发展、分类引导、节约高效"的原则和"改造城中村、整合城郊村、建设中心村、合并弱小村、治理空心村、培育特色村、搬迁不宜居住村"的要求，编制村镇规划，规划好村庄住宅建设用地，经济发展用地(含留用地)，道路、给排水等基础设施用地，文化、教育、医疗卫生、体育、社区服务等公共服务设施用地。

2. 破除户籍管制制度，统一城乡社会保障制度

(1)深化户籍制度改革。国家应当在适当的时机，出台"户籍法"，该部户籍法，应该包括如下内容：重新赋予公民的自由迁徙权，将目前行政管理调控为主调整为经济调控为主，形成法律制度规范、社会经济调控、个人自主选择的迁徙调控新格局；改变目前以户籍登记为主获得居住资格的基本规定，只要居住者拥有稳定的住所或稳定的工作或有直系亲属、监护人需要赡养、抚养、监护的义务即可。摒弃附属在户籍制度上的不合理的社会管理政策，以居住证制度代替户籍制度，将居民的住房购置、求职、受教育、生育、参与公共决策等公民基本权利和户籍脱钩。

(2)统一城乡社会保障制度。通过渐进式的法律法规让城乡居民适用城乡统一的社会保障制度，在住房、养老、医疗、社会保险等方面让外来务工者平等享受这些合法权益。在住房方面，修订相关的城市廉租房、经济适用房管理办法，在城市稳定就业、经济能力较强的外来务工人员，依照城市居民的收入水平，提供廉租房、经济适用房、限价商品房，并在金融贷款方面给予补

贴，通过机制化制度推进农民工市民化。在城乡社保体系对接方面，建立城乡一体的社会养老保障制度，分阶段、分层次地将失地农民、进城务工人员、农村劳动力，纳入城乡职工基本养老保险制度，将城乡分割的养老保险体系统一起来；建立城乡统一的社会基本医疗保险制度，实现覆盖范围、保障项目、待遇标准、医疗救助和管理制度在城乡之间统一；建立城乡统一的社会救助体系。

3.赋予农民真正的财产权，特别是土地使用权制度改革，推动农村资源资本化，通过法律保障农民的土地权益

(1)改革征地制度。首先通过法律法规明确公共利益的范围及其界限。其次，改变增值收益分配机制，给予农村和农民较大比例的土地收益补偿。再次，探索保护耕地和扩大集体建设用地入市的机制，同时统一城乡土地交易市场，为土地生产要素的公开、公正、有序流转创造条件。

(2)加快推进农村土地承包经营权退出机制改革。探索农村农民宅基地退出机制，鼓励在城镇中有稳定职业和住所的农民，自愿退出宅基地，利用市场机制发挥宅基地价值，使这些半市民化的农民真正成为市民，并通过宅基地的流转使宅基地资本化。目前应该在立法层面允许农村宅基地入市进行流转，在政策层面探索流转方式的多元化，在操作层面进行宅基地的确权工作，并且成立专门管理机构强化农村宅基地市场监管。

(3)加快建设城乡一体的建设用地市场。实现城乡建设用地同地同价，通过健全土地统一市场，做到农村建设用地在空间上支持城镇化、在增值上利于农民和农村。

4.加强农民工服务管理政策法规化，进一步引导和加强人口的集聚

以服务政策管理政策法规化是推进农民工权益保障、由农民变成市民势在必行。①加强地方立法。要利用全国人大十二届三次会议修改《中华人民共和国立法法》的契机，以法规形式将农民工在某个区域享有的服务政策提升到法规化的层次，并以地方立法的形式予以确认。②在涉及农民工子女高中阶段的就学、保障性住房及各种社会保险方面，力图在省级乃至国家层面上制定相关的政策法规。③从短期看，应从推行居住证过程中明确“居转户”

的适用对象和办法，建立健全各类居住身份转换的法律通道。这些服务政策可以为那些长期在城市工作学习的农民工以有序、公平、公正的方式通过个人努力完成市民化过程，这一方面体现农民工人口迁移的规范性，另一方面又给迁移人口提供上升的通道。④长远来看，要对农民工社会政策进行顶层设计和制度安排，以应对当下各地农民工权益的立法实践。基于农民工在权利待遇和普通市民的历史性、客观性，在追求一体化、平等化的社会发展趋势下，应该基于现实，对农民工的社会政策进行顶层设计和具体制度安排，建立有差别、分层次、可持续的权利待遇体系。

引导和加强人口的集聚。①引导农民向中心镇、中心村集聚。中心镇、中心村是所在渔农村区域内的经济中心和城乡联动的关节点。要依托各地资源优势和重大基础设施，强化产业依托，建设设施配套、环境优美、各具特色的村镇，积极引导农民向中心镇、中心村集聚。②引导农民向县城集聚。一方面以县城核心区块为重点，推进拆迁改造，改善城市面貌；另一方面合理规划农民集聚公寓，引导农民向县城集聚。严格执行旧房拆除、宅基地复垦政策，优化空间布局，节约集约用地，拓展发展空间。③引导农民向产业集聚区集聚。要利用产业集聚与人口、要素、资源集聚的相关性，将渔农村劳动力供应与产业发展对劳动力需求相结合，在产业区周边配置集聚小区，以产业发展带动农民集聚建设。

5. 进一步深化农村金融体制改革，加大金融支持城镇化建设的力度，进一步拓宽地方政府的融资渠道

金融是现代社会经济运行的中心环节，而城乡一体化建设需要金融的支持。目前我国农村金额发展长期处于弱势地位，严重滞后于城乡一体化发展的步伐。为了促进城乡一体化发展，应该围绕农村金融组织、市场、服务及监管等方面，完善相关法律规章制度。

深化农村金融体制改革。①制定《农业政策性金融法》。通过该法明确农业发展银行的性质与功能，一方面弥补商业性金融机构的经营缺陷、突出农业金融的政策性；另一方面，明确农业发展银行的职能定位、政策性金融的指向。设立农业政策性银行的新市场化融资机制体制，扩大吸收财政性资金

能力，体现国家政策性金融的扶持力度。②制定《合作金融法》。城乡一体化离不开农村内部的内生金融的支持，因此需要通过大力发展农村合作金融组织的产权组织形式、融资渠道、经营机制、管理模式等方面，贯彻对农村合作性金融组织的优惠政策，鼓励和促进其可持续发展，发挥其服务三农，稳定、反哺农村金融市场的作用。③制定《农业保险法》。明确农业保险的范围，明确政府在农业保险中的作用，完善农业保险组织体系，在法定保险和自愿保险相结合的基础上，适当推动强制保险。④出台《期货交易法》。明确农产品期货市场的法律地位、交易组织形式、业务机构的经营范围、从业人员管理等方面内容，加强期货业行业协会的自律功能，明确期货交易所和经纪公司的权利义务关系，完善农产品期货交易和品种上市制度[①]。

加大金融支持城镇化建设的力度。①加大对小城镇产业转型升级和基础设施建设领域的金融支持力度。通过优化信贷存量、有效配置信贷增量等方式，促进信贷资源向符合国家产业政策导向的行业、产业集聚，推动小城镇提升产业发展层次，优化产业布局。同时，积极探索利用银行间市场债务融资工具、吸引民间资本组建小城镇建设投资基金等直接融资方式，改善原有城镇基础设施建设融资过度依赖银行的状况，构建小城镇基础设施建设的可持续融资机制。②支持和引导金融机构加快发展有利于拉动小城镇消费需求的零售业务。按照中央对新型城镇化是“人的城镇化”的定位和要求，支持和引导金融机构加快发展面向小城镇居民的消费类产品和服务创新，充分发挥金融在拉动小城镇消费需求方面的作用。特别是促进商业银行在消费领域内，设计和推出更多介于银行卡和个人消费贷款之间，以及各种个人账户之间的混合性、复合性的消费金融产品。

拓宽地方政府的融资渠道。新型城镇化道路的资金需求巨大，地方政府既要提高基本公共服务的财政支出以满足新增居民的公共需求，又要面对当前较高的政府融资债务，资金不足和地方债务积累成为未来新型城镇化建设的重要风险。因此进一步拓宽地方政府的融资渠道将成为未来新型城镇化建设的有力保障。①地方政府可以通过拓宽融资渠道为基础设施建设项目

① 安徽省法学会.新型城镇化建设的法治保障研究[M].合肥:安徽人民出版社,2014.

融资，摆脱对土地收入和土地抵押贷款的依赖，如将供水、电力、高速公路、保障房等作为资产证券化的标的。②培育政府投资的参与者。不断提高民间投资在政府投资中的参与比例，拓宽民间资本进入城镇化建设的渠道。

总之，城乡一体化非一刀切，城乡一体化并非无差别。无论从城乡公共服务全覆盖，农民享有均等化的公共服务、改革开放的成果、现代城市文明等方面来看，还是通过构建城乡居民社会权利平等来看，城乡一体化并不意味城乡一样化、一刀切。城乡居民生活习惯不一样，生活方式存在差异，城乡一体化应该是一个过程，而在这个过程中，法治保障是推进城乡一体化的重要抓手，是一个经济社会发展的顶层设计，应该从宪法层次、行政政策层次、管理层次等层次上，和其他经济社会发展措施一起，逐步推开，逐步适应。

第九章　创新海洋社会涉海事务综合管理体制机制

第一节　创新群岛新区涉海事务综合管理体制机制基本概念

21世纪将是人类全面开发海洋向海洋拓展生存、发展空间的世纪。舟山群岛新区的成立是我国海洋开发开放战略的重要体现。舟山群岛新区肩负着我国群岛区域海洋开发开放的重任，在这一重任之下如何处理好新区涉海事务管理变得越来越迫切。而涉海管理事务涵盖了国家的政治、经济、军事、外交、科技及社会发展和生态环境健康的方方面面。面对新的形势和新的任务，舟山群岛新区建设的设计者、实践者，需要解放思想，开拓奋进，以提升管理效益为宗旨，先行先试，探讨一条在海洋大开发背景下，既能促进群岛新区发展，又能为我国区域海洋事务的管理提供示范、探索经验的道路。

一、创新群岛新区涉海事务综合管理体制机制的意义

1. 有利于开发好、利用好舟山群岛区域的海洋资源

根据国务院批复、《长江三角洲地区区域规划》、浙江海洋经济发展示范区规划以及省第十三次党代表大会精神，舟山群岛新区战略定位是：成为浙江海洋经济发展的先导区、我国海洋综合开发试验区、长三角地区经济发展的重要增长极。要实现这一目标，必须以海洋经济发展为中心任务，体现舟

山海洋经济发展的特色，利用好舟山近乎垄断的区位优势、海洋资源优势，进行涉海事务综合管理体制机制创新。

2.有利于承担国家赋予新区先行先试的使命

全面推进舟山群岛新区建设，必须加快开发开放，勇于先行先试。开发开放是新区建设的历史使命。开发是坚持科学发展、实施国家海洋发展战略的第一要义，是全面推进新区建设、实现新区功能定位的第一要务。要树立大开发的雄心壮志，以保障国家经济战略安全为核心、以海洋新兴战略产业为主导、以高科技和海洋生态文明理念为支撑，走出一条具有舟山特色的海洋开发路子。开放是全面推进舟山群岛新区建设的突破口。我们必须用大开放的宽广视野，以主动融入经济全球化为特征，以提高我国全球资源配置能力为核心，推进舟山群岛新区的全域开放。先行先试是新区建设的强大动力。在舟山这样一个后发的海岛地区建设以海洋经济为主题的国家级新区，是一项前无古人的事业。我们的制胜法宝和独特优势，就是先行先试。先行，就是要在海洋开发开放的深度、广度等方面走在全国的前列；先试，就是要全力以赴、锲而不舍地争取国家政策支持，坚决破除一切思想禁锢和体制束缚，努力走出一条海洋开发开放的新路。我们要在全球海洋竞争的大格局中把握“开发开放、先行先试”的国家使命，在全国科学发展的大格局中体现“开发开放、先行先试”的战略地位，在长三角区域合作的大格局中形成“开发开放、先行先试”的核心阵地。①

3.探索舟山海洋开发开放的顶层设计

制度经济学先驱诺斯认为：制度是一个社会的游戏规则。更规范地说，它们是决定人们的相互关系而人为设计的一些制约。制度构造了人们在政治、社会或经济方面发生交换的激励结构。制度变迁则决定了社会演进方式。他还认为制度是一种限制，用以把人与人之间的相互作用系统化；制度是一种用于交换的激励结构；制度因环境因素发生变化而变迁，它决定社会的演进方式。因此，对于舟山群岛新区建设来说，如何通过制度建设、制度完

① 中共舟山市委理论学习中心组.先行先试，全面推进舟山群岛建设[N].浙江日报，2012—09—24.

善、制度选择来构建适应海洋开发要求的制度(狭义上讲即所谓法制化轨道),以规范、约束开发开放的实践,已经显得越来越重要。邓小平同志曾经讲过,好的制度比人重要。

利用舟山的地方创新来推动国家涉海事务综合管理的制度创新,设立新区就是设立制度创新的空间。

二、基本概念的诠释

1.涉海事务

关于海洋开发、保护活动进行协调、管理事务的总称,涉海事务是一个类概念。从广义角度看,涉海事务包括海洋政治、海洋经济、海洋文化、海洋社会、海洋科技事务。从狭义角度看,涉海事务包括港口运输、水产养殖、海洋旅游、废弃物处理、生态保护等方面。

2.涉海综合事务管理

“综合”既包括同一等级不同部门间(如渔业、旅游业等海洋部门间)的水平整合,也包括不同级别部门间(包括国家级的部门和地方部门间的)垂直整合。所以,涉海综合事务管理就是以维护国家海洋整体利益为目标,通过发展规划、政策指引、区划、立法、执法等行为对国家管辖的海域空间、资源、环境、权益,进行统一、统筹管理的活动。

3.体制机制

体制是一个静态的概念。“体”是“体系”“整体”“主体”之义,制是“制度”。所以,体制是现有制度构成的一个体系、一个整体,它包括现存的制度、制度形成的主体,由主体相互影响、合作、配合而形成的一系列制度的总称。机制是一个动态的概念,“机”是“机理”“有机”之义,“制”是“制动”“制约”之义(在汽车驾驶中,刹车的科学表达是制动器)。因此,机制是由制度约束、制度鼓励而形成的各种制度相互影响、相互制约关系的机理,它是动态的。

第二节　当前我国及舟山涉海事务综合管理存在的问题

舟山群岛新区是以海洋经济发展为主题的海洋综合开发开放试验区，是环太平洋经济圈的桥头堡，它肩负实现我国群岛区域开发开放、先行先试的国家海洋战略任务。在目前我国现行的海洋管理体制状态下，在涉海事务管理的大陆思维影响下，存在条块分割上下同构、缺乏横向有机联系、法规不健全、队伍分散及力量薄弱等不利条件。

一、部门化管理使涉海管理事务职能交叉

长期以来，受计划经济的影响，我国的政府是全能型政府，我国的涉海事务也由政府全权处理，而且在职能机构上下同构的影响下，目前我国涉海事务管理部门有海警、海事、海救、打捞、渔监、渔政、海监、海关缉私、边防派出所、搜救中心、口岸、农业、环保、旅游等行政管理部门。虽然经过中华人民共和国第十二届全国人民代表大会第一次会议通过的《国务院机构改革和职能转变方案》的调整，将原国家海洋局及其下属中国海监总队、原公安边防海警部队、原农业农村部中国渔政、原海关总署海上缉私警察的队伍和职责整合，重新组建国家海洋局，并以中国海警局名义开展海上维权执法，同时接受公安部业务指导，但是部门化的管理模式并没有彻底改观，而且这个转型还存在滞后效应。

二、管理存在空白、重叠、冲突

由于我国没有专门负责海洋管理事务的综合型职能部门，虽然 2019 年在重组国家海洋局的同时在国务院系列内部组建了国家海洋委员会，这对提升海洋行政执法效率有重要作用，但是在立法、司法方面协调国家整体立场层面，还是缺少一个全局协调机构。因此，对于国家涉海事务，常常出现涉海主管机构众多、职权重叠或冲突等问题，在发生涉海问题时，有关部门间的协调

费时费力,反应迟缓,难以有效应对。有的职责重复,有的职责分散,而设备(船艇飞机)重复购置,人员队伍重复建设。

三、以部门利益为准绳,部门化管理不能形成合力

部门化的管理模式使各个部门各自为政,如海洋渔业部门负责渔业,交通部门负责海上交通安全,海关负责走私打击,口岸部门负责岸线开发,旅游部门负责海洋旅游管理,不能形成对涉海事务进行综合管理的合力。

四、管理各自为政,无法实现管理资源、信息共享

在我国海洋环境监测方面,当前海洋环境监测部门主要有:海洋监察部门、环保部门、水产部门、港口管理部门等。各自监测工作重点为:污染监测、排污口和重点海域监测,渔业环境监测和港口环境监测。各部门除了加入跨部门的全国环境监测网络外,各自还拥有相对独立的监测网,致使数据缺乏对比性。而且,各自监测所获得的数据只能通过各自的渠道反馈到相应的管理部门,造成了各自为政和重复劳动,缺乏技术交流和信息共享。

五、相关的立法滞后且碎片化

很多世界海洋强国纷纷制定了涉海事务法律,从国家战略的角度规范涉海事务中发生的权利义务关系。日本从 2007 年开始相继出台了《海洋基本法》《海洋构筑物安全水域设定法》等法律,2012 年 8 月通过了《海上保安厅法》和《外国船舶航行法》修正案,又在 2012 年通过《海洋基本计划》,该规划对未来 5 年(2013—2017 年)日本海洋发展思路进行战略谋划,旨在强化海洋综合管理体制,维护日本的海洋权益。21 世纪初海洋强国美国也陆续出台《2000 年海洋法案》《21 世纪海洋蓝图》《海洋行动计划》等海洋政策法规,更加积极地参与国际海洋事务和海洋政策的制定,如支持正式加入《联合国海洋法公约》,支持建立全球海洋观测系统(GOOS),确立美国对综合大洋钻探计划(IODP)的领导权,加快开展国际海洋科学研究,以此来维护和巩固其在全球海洋领域的领导地位。韩国早在 2004 年就公开发表了国家海洋战

略——《海洋韩国21》，希望“通过蓝色革命增强国家海洋权利”，其中有3个基础目标：一是提高韩国领海水域的活力；二是开发以知识为基础的海洋产业；三是坚持海洋资源的可持续开发。[①]

我国从20世纪80年代开始陆续出台一些涉及海洋管理、保护的法律法规，如《海洋环境保护法》《海上交通安全法》《渔业法》《海域使用法》及有关石油勘探、船舶污染防治、海岸工程项目污染损害防治、海域使用管理等管理条例。但是从整体上看，这些法规条例大多从涉海行业行政管理的角度出发进行延伸，开始时是部门规章，之后是部门管理法规，经过实践检验后才慢慢变成整个行业法规，对涉海事务综合管理很难起到整体、全局、战略性管理协调作用，一般是应对性、政策性的法规，呈现碎片化趋势。

第三节　构建新型“扁球体”涉海事务综合管理体制机制

在新区建设中需要结合舟山群岛的实际情况，探讨一套能够协调、调整、规范、引导的涉海事务综合管理的体制机制。因此，根据先行先试的原则进行舟山群岛新区涉海事务综合管理体制机制改革，当然这个改革不是革命，而是改良、改善。

一、从体制方面，要构建完善海洋开发利用、保护的制度体系

1. 规划先行

在国内法律体系中宪法是根本大法，而在经济发展中发展规划也是根本大法。在群岛新区建设中，有关涉海管理事务的部门和个人要有效地履行国家海洋管理部门的职责，需要探讨一条可行的途径，探讨构建海洋综合管理规划体系的途径、步骤和方法，通过规划手段和规划体系建立过程实现国家

① 杨海霞. 海洋经济如何释放活力[J]. 中国投资，2012(8).

赋予新区的“管好海、保护好海”的管理职责。因此，需要将舟山群岛海域看作一个整体，根据国家海洋战略的总体要求及长三角总体规划、浙江海洋经济示范区规划、舟山群岛新区发展规划为母本，制订舟山群岛新区综合性海洋规划、产业发展专项规划、海洋功能区域性规划。充分发挥海洋功能区划及规划的整体性、基础性、约束性作用，加强海洋资源统筹利用，实现海洋资源科学合理配置。调整修改《浙江省海洋功能区划(2011—2020年)》与《舟山群岛新区发展规划》不一致部分；与新区发展规划、土地利用总体规划、城市总体规划衔接，开展新一轮市、县海洋功能区划和无居民海岛保护利用规划修编。①

2. 法律与政策相结合

政策一般是鼓励的、超前的、探索的，而法律则是规范性、事后的、确定的。因此，对于舟山群岛新区涉海综合事务管理体制创新来说：首先要政策探索为先，这符合国家海洋战略实施中“先行先试”的要求，为我国涉海事务综合管理体制创新探索出一条新路。其次，法律规范要跟上，要用法律法规的形式将体制、机制创新的成果予以明确化、规范化、制度化。

“先行先试”需要政策鼓励支持。在当下需要根据舟山群岛新区建设规划，出台对涉海事务综合管理进行探索的政策，以保证涉海事务管理创新中的创新主体、创新动力、创新形式有足够的政策支持，而这个政策应该以“法无明文规定就可以尝试”为精髓。

在遵守国家宏观海洋法律法规的基础上，根据舟山群岛新区的实际，出台反映舟山地方特点和涉海事务管理需要的地方法规、补充法规和实施细则，最终形成与国家法律法规相衔接、相配套，兼有实体性和程序性内容、缜密严格的地方性法规体系，为舟山群岛新区涉海事务综合管理和实现海洋产业优化布局提供法律依据。

3. 进行涉海综合管理机构的整合，最终形成“扁球状”核心管理机构

(1)组建舟山群岛新区涉海事务综合管理委员会。该委员会的主要职责是协调各涉海单位及主管部门的关系，指导、监督涉海各部门的工作。涉海

---

① 市海洋与渔业局. 勇担使命，实现海洋经济腾飞发展的舟山“新区梦”[N]. 舟山日报，2013—09—01.

综合事务管理委员会由海上交通、国土、渔业、环保、海关、边防等部门的主要负责人参加，并由新区政府负责人领导该委员会。

(2)建立一个管理层次清晰、权责明确的管理体系。构建群岛新区两级政府、各管理部门、专家、投资机构和公众全方位参与的涉海事务管理体系，改变目前管理机构功能分散、交叉且单打独斗的局面。

(3)在条件成熟时，探索将多数涉海综合管理部门进行合并，形成“扁球状”涉海事务综合管理的机构。该机构对外代表群岛新区对涉海事务进行统一管理，对海洋管理的上级机关来说，这个“扁球”就是海洋、海上交通、海洋国土、海洋农业、海洋渔业、海洋环境保护部门，它是过去的“两套牌子、一个班子”的提升、升华，即“多套牌子、一个班子”，这样就使涉海事务综合管理真正做到统一、整体、综合。

4.加强涉海事务综合管理队伍建设

统一、专业、高效是涉海事务综合管理的重点。在海洋管理专业化、高效化要求下，舟山群岛新区作为首个海洋开发开放先行先试的新区，应充分发挥国家所赋予的权力，加快探索涉海事务管理转型，以体现管理的统一、专业化和高效率。在这个转型过程中，队伍建设是关键。当前推进涉海综合管理队伍建设的重要工作是，加大培育与引进海事服务、海域资源价值评估、海域环境及灾害评估和涉海工程项目论证等方面专业人才的力度，大力培育涉海综合管理事务科研机构，加大与国内涉海研究院合作的力度，滋育本土化的专业人才，进而提高本地涉海事务综合管理的科学化水平。

二、从机制方面，要形成政府、企业与社会互动的开发、保护海洋资源的内在机理、机能

1.广泛的公共参与机制

实现涉海事务综合管理的目标，需要依靠公众和社会团体的参与支持，以扭转过去涉海事务管理自上而下、排斥民众参与的决策管理的旧机制，充分发挥公众参与的积极性，激发民众环保意识、自我约束能力，这个方面我们可以借鉴日本的做法。在日本第二期《海洋基本计划》中第三部分专门明确

规定了民间团体和政府部门在实施《海洋基本计划》中各自应有的角色，应该承担的具体任务和职责。政府部门的身份非常特殊，它既是号召者、组织者，又是执行者。计划明确规定，在海洋能源和矿物资源开发，海洋再生能源利用等海洋产业振兴和创新方面，政府部门和民间团体应该各自发挥自身的优势，政府搭台，民间唱戏。在海洋产业开拓创新和培养人才方面，产、官、学必须联手共同承担责任。这样做的好处是使政府部门摆脱官僚主义、不懂装懂、指手画脚、瞎指挥的陋习。可以使政府官员放下身段，虚心学习，认真请教，与民间团体和产学研机构同甘苦，共患难，一道为实现海洋立国的战略目标奉献聪明才智。

2.要坚持军民融合式发展

舟山的涉海事务综合管理要面对一个独特的问题，那就是处理好国防建设与地方经济发展问题。一方面，舟山是我国东南沿海重要的海防军事要塞，本地驻有大量海军部队、陆军部队（过去在岱山县还有空军部队）及后勤服务机关。另一方面，从经济发展角度看，这些部队占用了优越岸线资源，而且在群岛整个区域零散分布，这对涉海事务综合开发保护管理带来巨大影响，无法进行全局统一规划，且很多军用海区是军事管控区，岸线要对外开放需要军地在国防部多个内部机构层面进行协调，难度大、时滞长。所以，舟山的涉海事务综合管理应该坚持军民融合式发展道路，通过土地、岸线置换，在保障军事设施建设需要的同时兼顾地方海洋管理的实际需要，走军民融合式发展道路。

3.建立群岛新区海域相邻地区的合作机制

从涉海事务管理上看，沪、甬、舟三地共享一片海域，为了解决跨行政区域的公共性议题，需要建立跨地域的双边、多边协商和协调机制。目前舟山群岛区域内沪、甬、舟三地在涉海事务综合管理领域需要全面的对接与合作，特别是海洋环境保护、海洋产业布局、海上联合执法等方面的合作。所以，要突破涉海事务综合管理中的行政区划和管理体制构成的障碍，要避免海洋环境污染的负外部性和海洋产业重复建设、同质竞争，需要利用国务院支持新区建设之机，尽快制定沪、甬、舟三地区域合作、协调发展的原则与规范，设立高规格常设协调机构，并逐步将其发展为区域合作治理运行组织。

4. 探索建立陆上综合行政执法和建立海洋联合执法机制

陆上综合行政执法工作是在城市管理领域开展相对集中行政处罚权工作基础上进行的拓展和延伸，在执法权限上，由行政处罚权、行政强制权向相关的行政监督检查权拓展；在执法区域上，实现由城市向乡镇延伸，实行城乡一体化管理；机构设置更加完善，确保综合行政执法机构的独立性、合法性。陆上综合行政执法职能划转工作，切实做到能放则放、该减则减，把该管的管到位。

海洋联合执法工作将整合海洋与渔业、港航、国土、文化、水利水务等涉海执法职能部门的执法人员及装备，以集中办公的形式，开展紧密型的海上联合执法，逐步建立海域综合行政执法体制。同时要全力支持海上联合执法工作，做好相关工作衔接，完善信息联系制度，建立配合协作机制，创出“舟山经验”，为探索建立海洋综合行政执法体制打下良好基础。

三、从创新方面，舟山群岛新区在涉海事务综合管理创新实践最终要升华为“舟山模式”

探索与舟山群岛新区资源禀赋、资源保护、海洋经济发展相适应的涉海事务综合管理体制机制创新问题，不是为“创新而创新”，而是在实施国家海洋强国战略的过程中，通过舟山群岛新区建设，对涉海事务综合管理创新，探索出一套适合我国群岛地区特点的涉海事务综合管理的模式，不断提高涉海事务管理的绩效。所以从这个意义看，舟山的创新要为国家的海洋强国战略实施做贡献，而这个贡献从终极意义上看，就是舟山群岛新区的涉海事务综合管理体制机制创新能不能真正摸索出涉海事务管理的规律，进而将这个规律作为一种模式，在其他群岛地区乃至沿海地区进行推广，将先行先试的经验变成我国涉海事务综合管理体制机制创新的“舟山模式”。

第十章　舟山海洋渔村发展调查与渔村振兴

第一节　海洋渔村研究的文献综述

21世纪以来，随着党中央对“三农”问题的不断重视及建设社会主义新农(渔)村实践工作的推进，渔村(主要是指海洋渔村)建设及相关问题的研究大幅度增加。2005年以来，我国海洋渔村建设研究主要可以概括为三种较突出范式。

一、“问题—方法”范式

该范式主要关注海洋渔村的问题，其提出的方法是如何解决存在的问题。主要方式有四种：①“三渔”解决法，从“三渔”角度来展开渔村建设面临的问题，针对“三渔”问题一并解决(韩立民，2008)。②“产业政策解决法”，从公共政策的角度分析问题，主张以出台适合海洋渔村建设的公共政策为归宿(杨子江等，2009)，探究转产转业政策给渔村共同体带来的影响和冲击(杨宏云，2017)。③“顶层设计法”，从顶层设计的角度出发，结合多方面的政策及经验构建顶层理念，然后根据各地区特色制定出合理规划，合理开发建设渔村。④“整体解决法”，主张围绕渔村总体，如渔村人口、资源差别、失业现象和渔村的公共设施、卫生、环境和渔民的养老、就医等问题，进行整体解决(刘佳英等，2007)。

二、"优势—资本"范式

该范式的基本假设是海洋渔村可能蕴藏着可以挖掘的某种内在优势和资源,应该集中关注并利用这种可获得的优势、资源和资产,将优势变成发展资本。①在沿海渔村发展以旅游观光和游钓为主的休闲渔业(同春芬,2007),建立休闲渔业的自主监督型运作模式(伍应燕,2011),并以此带动相关产业,认真研究制定休闲渔业发展的新措施,让休闲渔业和新渔村建设相互带动(郭敏,2006)。②挖掘渔村中渔文化内涵,强调要保护和开发渔村文化,并通过科学合理的环境景观规划来保护地方海洋文化特征(吴静,2017),加大对渔民群体的关怀(陈晔,2016)。③从现代化渔村的产业发展出发,以产业经济发展为基础,发展现代化渔业,形成现代产业体系(黎东梅,2008),实现产业化发展(吴厚刚,2008)。

三、"借鉴—模式"范式

该范式的关注点主要有两方面:①关注发达国家与地区建设海洋渔村的经验并借鉴其经验,曾玉荣(2007)梳理了 1990 年以来台湾建设"富丽农渔村"的经验和成效,李炳昨(2011)分析了韩国江原道新渔村建设运动,贾艳飞(2013)分析了意大利北部"五渔村"如何构建滨海地域特色城镇,张雨晨(2014)分析了日本"绿色规划"为主线的成功渔村范例。境外成功案例经验及措施建议的借鉴,期望能为我国渔村建设,尤其是特色美丽新渔村建设提供更丰富的视角。②在关注他山之石的同时,探索本土的模式,提取合适的模式运用于渔村规划发展。

随着生态学、地理学的渗入,近年来特别是"休闲""游憩""绿色生态""智慧建设""城市渔村"等概念的融入,推动了渔村建设研究的发展,开辟了我国渔村建设研究的新研究方向。

四、研究动态

从渔村建设研究的总体进展来看,研究内容的广度和深度确实有不断加强的趋势。尤其是在国家出台了建设“海洋强国”以及“一带一路”倡议后，越来越多的产业转型和强化建设在此发生。在研究实践中，随着包容性发展、协同学、景观生态学等理论被不断引入，渔村建设研究结合相关政策和方式、方法，提出了研究的新思路。

以上研究范式为本课题提供了重要的研究视角和技术路径，但也存在以下不足：①“问题—方法”范式从问题出发，将渔村“问题化”的做法就事论事。②“优势—资本”范式强调“优势”、忽略“问题”的做法似乎又滑向了另一个极端，容易陷入夸大自恃的困境。③“借鉴—模式”范式显然需要考虑我国城乡关系的约束性。三种范式在逻辑假设和工作方法上存在差异，究其原因，关键的问题在于倒因为果，忽视海洋渔村发展的“现代化转型”。

第二节　典型渔村的空间转向与空间冲突

——基于对舟山朱家尖月岙渔村的观察

以典型渔村——舟山朱家尖月岙村为例，分析渔村从改革开放以来发生的社会变迁。利用空间转向作为研究该村社会变迁的切入点，观察渔村在经济社会发展方面的空间转向，展示基于外来渔工这支重要力量对典型渔村带来的变化，分析留守村民与外来渔工所进行的空间重构及空间冲突，揭示一个典型渔村由内外力所塑造的社会变迁。

空间转向主要是指人们生活和生产中的空间具有社会性。所谓空间转向在不同的学科、时间、学派和地域有不同的具体含义。从社会学、地理学和政治学来看，在城市和区域研究中，空间是人们生产和生活的条件与结果，受占据主导地位的市场化和资本化的生产模式的制约。从国外马克思主义社会批判理论的研究看，理解资本主义发展需要加入地理和空间的视角。城市化、不平衡的地理发展等是资本保持正常运行的形式，是资本主义历经危机而幸存的路径。从社会哲学或社会科学哲学的角度看，人们在进行社会和历史的研究与描述的过程中，空间与社会、时间是同样重要的要素或者维度。[①]空间即一个充满着力量对比、负载着新旧时间性或时代性交叠、互动和回应的空间[②]。在很多人看来，“一方水土养一方人”与“空间”这个变量不无关联。显然，一个人的性格特征、生活方式及思想观念等，会受到其出生或成长的地理位置、物候环境等空间因素的影响。就这一层面来说，“空间”理应成为一种解释社会的路径和理论[③]。相对于时间、历史这两个维度，空间维度是压缩的社会关系，包括政治关系、经济关系、文化关系、邻里关系等。

沿海海洋渔村是一种空间关系的存在。它有渔业生产空间的实践、渔民社会生活实践。美国学者索亚在2009年《时代精神到空间精神：空间转向的新纠结》一文中，指出空间转向在当代的突出表现就是空间作为资本出现[④]，这个结论在典型渔村表现得更为明显，在传统渔业向生计渔业、商业渔业转型过程中，资本力量已经成为塑造典型渔村社会变迁的主导力量。因此，研究渔村的空间问题，应该有社会学的关注，尤其是海洋社会学的观察与思考。

一、月岙村的地理位置与渔业发展历史

月岙村是舟山朱家尖岛东北角上的一个偏远渔村，三面环山，北与海天佛国普陀山隔海相望，是一个世代以渔为业的自然村，现隶属朱家尖街道莲花社区。目前只有一条公路直通月岙村，而朱家尖环岛公路月岙段由于资金缺乏还要等十年才能建成，2015年才开通朱6线公交线路，属于朱家尖交通边缘末梢地域。

1949—1978年，该村的经济组织形式经历了“一大二公”的计划经济体制改革，也试行了“三定两奖”“渔船大包干”等形式的生产责任制。其间，月岙人的富裕程度虽与现在不可同日而语，但社会安定和谐，生活温饱有余。在舟山渔业最辉煌的20世纪60年代中期，全村渔船总数约120艘，下海作业的

① 强乃社.空间转向及其意义[J].学习与探索，2011(3).

② 崔继新.如何理解“空间转向”概念？——以阿尔都塞理论为视角[J].黑龙江社会科学，2014(4).

③ 郝日虹.中国社会学的“空间转向”值得期待[N].中国社会科学报，2015—05—15.

④ 强乃社.空间转向与城市难题的解决[N].光明日报，2011—04—26.

渔民达到2400余人。渔业产量曾占普陀区总量的2～3成，与普陀的漳州渔业村平分秋色[①]。

二、月岙村的空间转向

渔村本身作为一个社会空间及人类活动的场域，它集中展现了渔村社会生活随着社会生产力及时代不断变化的空间转向。

1. 渔村子弟的价值观转向

渔民的社会地位比较低，他们希望子女通过受教育提高社会地位。虽然在20世纪90年代及以前，渔民的平均收入比较高(1980年，平均收入284元；1985年，平均收入828元；1995年，平均收入4634元)，但渔民社会地位比较低，海上捕鱼被称为“三K”行业——即“肮脏”“危险”“辛苦”，只有那些在陆上找不到工作的人，才会去捕鱼。所以渔民重视子女升学，在20世纪80年代开始为了让子女获得更好就学条件，村民开始向沈家门东港、大洞岙迁移。

渔民的子女不愿意子承父业，他们中的大部分选择接受教育或从事其他职业，因为出海打渔辛苦，加上风险较高，北部湾地区从事渔业生产的人数已经越来越少，用工荒问题也一年比一年严重。[②]

2. 渔业生产的空间转向

1996年左右，铁船替代木船，动力达到350马力，现在达到900马力。近三十年来的变迁，月岙成了舟山最大梭子蟹捕捞产地，常年从事“蟹流”作业。同时由于资本实力、作业技术水平、经营水平等差异，渔民内部开始分化，大部分渔民弃海上岸，一小部分成了船老板。还有一部分工商资本进入渔业，他们依托雄厚资本实力，修建大马力、设备先进的渔船，以盈利为目的、追求高额利润。现在本地有船老板80人，渔工800人，船108艘，其中辅助船13艘、运油船2艘、生产船93艘，由生计渔业转向商业渔业。

20世纪90年代初，渔区普遍推行股份合作制，月岙人放弃几十年的不变

---

① 胡国跃. 当前舟山市渔区外来“渔工”持续增多现象的思考——以普陀区朱家尖镇莲花社区月岙为例[J]. 舟山社会科学, 2015(1).

② 刘勤等. 浅析当前近海捕捞渔民用工荒现象[J]. 渔业信息与战略, 2014(4).

的“对渔”(俗称“对船”作业),选择了海上劳动强度最大的“蟹流”(单层流刺网)作业。据曾担任村带头船老大的虞信祥介绍,月岙人之所以选择“蟹流”,一是因为该作业时间相对短,每年最多 5～6 个月,二是“蟹流”大多在近洋作业,投入相对低,风险小,三是梭子蟹资源相对稳定,渔民人均年收入稳中有升。[①]

3. 渔民的生活空间转向

部分渔民从传统海洋渔业逐渐退出,由海上捕捞作业转向陆地就业或海上运输行业。渔船机械化以后,一些无力改进生产设备的渔民只好上陆,改做其他行业。一部分渔民由于捕捞业存在巨大风险主动选择退出渔业。在受教育程度、人力资本提高的情况下,传统渔民到城镇就业、定居,从事与渔业生产无关的产业,逐渐转化为市民,这种社会流动带有向上代际流动的特点。目前月岙村全村 474 户村民,已经购买了 200 套商品房,88 户船老板在城区购买了商品房。

4. 集体经济的空间转向

2009 年以前月岙村集体经济收支平衡,现在靠网厂出租、收取渔船服务费,收入只有 50 万元。村集体经济本是村级集体活动的支撑和联系村民的黏合剂,但是由于集体经济衰弱,集体经济已经变成“鸡肋”,其功能已经碎片化。

5. 常住人口的构成空间转向

原来月岙村总人口 3100 多人,其中本地 490 多户,1422 人。由于计划生育带来人口数量刚性减少、本地村民的不断迁出等原因,现在全村人口不到 600 人,而外来渔工家庭包括子女竟达到 1700 人,月岙村变成了典型的“人口倒挂村”。

三、外来渔工的空间转向

外来渔工又称“外来渔业农民工”,大量的农民从大陆农村进入渔村,职

① 胡国跃.当前舟山市渔区外来“渔工”持续增多现象的思考——以普陀区朱家尖镇莲花社区月岙为例[J].舟山社会科学,2015(1).

业上发生了转换，可是他们没有获得在渔村居住和生活的制度性安排，也没有获得具有普惠性的就业、子女教育、公共文化和医疗保障。20世纪90年代初期，外来渔工开始由原来的零星打工转为大量出现在舟山的海洋捕捞渔船上。月岙村对外来渔工来说是一个异地空间，但这个异地空间是他们生产、生活等社会实践的新空间，他们在这里聚散并进行空间创造。

1. 外来渔工的生产空间转向

20世纪80年代，原来捕捞船为6人小船，后来随着渔船马力增大，由木壳船变为钢质船，需要的船员也越来越多。当时正值舟山渔业快速发展时期，先由一部分安徽籍农民工来到月岙村从事捕捞渔业，后来经亲戚朋友相互介绍，逐渐形成了月岙村外来渔工集聚的现状。

捕捞渔业存在较高的比较收益，导致外来渔工在典型渔村集聚。月岙村捕蟹业以张网类、流网生产为主，该作业只需船老大、老轨有一定技术。除此之外，捕蟹作业就是手工作业，进入门槛低，外来劳动力只要能够吃苦耐劳，就能保证一定的产量和收入，这对外来渔工具有较大的吸引力。所以，在当前渔业生产成本大幅度上升的今天，外来渔工成了本地渔业劳动力退出后重要的渔业劳动力支柱。目前，月岙全村1214名下海劳动力中，外来渔工有873人，占71.9%，月岙村已经集聚了来自湖南、安徽、四川、重庆、贵州等全国14个内陆省份的外来渔工。

在农业传统社会背景下，广大农民的生产、生活是随着季节而周而复始进行，并依据差序格局处理各种社会关系。而捕捞渔业具有鲜明季节性和半工业化特点，外来渔工的生产空间转变为按照资本逻辑(船老板主导生产)在单一渔船这一生产单位上展开。如月岙村的捕蟹作业一个生产周期有三个季节，外来渔工一般7月15日左右来，8月1日出海，生产到10月份；第二个季节，从11月至12月份；第三个季节，从来年1月至3月，到东海休渔期结束。生产季节结束后，外来渔工中男劳动力就会另外寻找短期工作，而女劳动力则留下装网、织网。

2. 外来渔工的收入转向

由于沿海地区渔业劳动力短缺，外来渔工工资上涨，一般年收入5万～6

万元，多则达到8万～10万元。舟山一般对渔船渔工采取固定工资制，上半年和下半年分开结算。

外来渔工可以按产值、按岗位获得报酬。朱家尖街道月岙流网渔船股份很集中，生产人员以外地雇工占绝大多数，由于流网作业劳动强度大，活蟹分级处理对产值影响较大，为调动雇工的生产积极性，月岙流网船雇工报酬采取按产值、按岗位计酬的办法，至今已有13年历史。[①] 月岙流网船，一般生产人数12人，其中本地船东老大1～2人；按照分工，外来渔工分为上岗和下岗，上岗按总产值的2.8%～2.9%分配，下岗按总产值的2.5%～2.6%分配，零工(如做饭)按2.0%～2.2%分配。部分外来渔工被邀请拼股，船老板为了留住外来渔业劳动力，特别是熟练外来渔工，往往以入股的形式邀请其加盟，外来渔工的拼股为10%～20%。在捕蟹旺季，基于产量高的背景下，外来渔工的工资上涨，并且可以分红。

3. 外来渔工的生活空间转向

外来渔工一般以家庭为基本单位移居在渔村，完成生活空间转向。外来渔工一般采用租房形式，一方面租金便宜，另一方面可以满足弹性化的生活需求，譬如很多渔工可以忙时出海、闲时在家，过一种简化、压缩的生活。月岙村之所以成为外来渔工集聚地，并不是当地政府的有意安排，而是在渔村中外来渔工居住需求与当地居民出租房屋市场需求自然匹配的产物。

基于共同的地域认知、相互交流信息及获得安全感需要，外来渔工往往按照原来的户籍地域形成小的生活聚集区，如形成以湖南沅江籍渔工为主的湖南街，而其他来自安徽、河南、江西、贵州、河北等省的也是如此。

4. 外来渔工的社会关系转向

外来渔工一般通过朋友或老乡社会关系来月岙打工，他们利用原来户籍地的地缘、亲缘及沾亲带故的裙带关系，抱团谋生，形成基于地缘的社会小团体。同时月岙村对于这些外来渔工是一个异质的空间，他们需要团结起来，创造和改变社会空间，来表达自己的需求，寻找安全感和心理安慰。

---

① 江明方. 关于加强舟山市捕捞外来劳动力管理工作的调查与思考[J]. 舟山渔业，2014(6).

在相同生活习惯、文化认同、行为模式的一个群体中，往往会“人以类聚”地形成地缘认同，同时为了保护群体利益，会形成非正式组织性质的地域性帮派。在月岙村就有湖南帮、安徽帮等，同时这些帮派内部也有不同的小团体。在外来渔工正式组织力量相对缺乏的背景下，帮派成为非正式抵抗、集体抗争的重要组织力量。在月岙村 2013 年 10 月的劳资纠纷中，就有帮会力量参与其中。

5. 外来渔工的子女初级教育转向

外来渔工子女大部分只能上教学质量比较差、师资力量比较薄弱的顺母希望小学（官方称为育才学校希望分校），只有少部分能够上朱家尖镇的公办中心小学。在普陀区有积分入公办小学制度，主要从外来农民工的工作期限、买房、人品等多方面进行考核，符合标准才能入学。而顺母希望小学位于朱家尖顺母社区，现有在校学生 600 多人，全部为外来务工人员子女。

6. 社会话语权的转向

话语权转向是一个基于资本空间、生产技术及生产关系而派生的社会事实。外来渔工群体一开始往往处于弱势。基于人员流动性及不稳定性，他们无论在船上还是陆地上，在经济地位及社会地位上都是处于弱势地位，工资比本地渔工低，要干最脏、最累的工作，在技术职务晋升方面也处于弱势，一般无法做到船长的位置。随着渔船大量依赖外来渔工才能生产和渔船股权过分集中，为了调动外来渔工的生产积极性，部分外来渔工成为渔船股东，这样外来渔工会在生产中获得越来越高的地位和越来越大的话语权。

四、外来渔工与当地村民的空间冲突

渔村是一个社会存在空间，在这个空间里包含了外来渔工之间、外来渔工与本地村民、外来渔工与船东等种种社会关系，即当地村民与外来人口之间建立了相互依赖、相互磨合的复杂分工关系，发生了基于渔村空间的社会互动，这种互动由于地缘、血缘、经济利益、生活习惯等方面的异质性，而形成空间冲突。

1. 劳资纠纷冲突

在渔区，雇主与外来渔工之间的相关事宜一般是口头约定，没有办理雇佣劳务协议或劳动合同等手续，一旦出现分歧，极易引发纠纷，尤为突出的是工薪高低、福利保障、雇用期内突发事故处理等矛盾。在月岙村，不少雇工鱼汛未结束就提前离开，给雇主造成因船员不足而无法生产的损失。

外来渔工由于缺乏契约精神，不愿意和船东签订劳动协议，认为这样会限制他们选择自由，不能随意跳槽，这就导致外来渔工的流动性大与生产不稳定性。但是一旦发生劳资纠纷，在法不责众的心理影响下，外来渔工便采取罢工、闹事等极端维权行为。2013 年 10 月 4—9 日，月岙经济合作社流网船外地雇工 800 多人和船东发生劳资纠纷，导致 88 艘流网渔船停产，44 名船老大集体到市信访局上访。在缺乏统一科学的工资定额标准下，处于强势地位的船老板往往采取扣押渔工有效证件、拖欠工资、拒绝给渔工缴纳保险、随意解雇渔工等极端做法，引发劳资纠纷冲突。

2. 信任冲突

渔获售卖信息不对称导致外来渔工对船东的不信任。渔获售卖信息不对称有两层：船东与水产经销商之间，船东与外来渔工之间。渔获售卖渠道与价格显示的滞后性导致渔获售卖信息的不对称。月岙流网船活蟹鱼货售卖流通渠道如下：生产渔船—渔运辅船—水产码头批发商（船老板指定）—批发出售。渔获价格显示的滞后性：渔获售卖价格是随行就市，批发商先算渔获产量，等下一次渔获销售时，船老板才知晓上次渔获售卖的价格。而外来渔工一般不接触渔获的售卖环节，无法获得销售价格，该信息只有船东知道，而且也是售后才了解，船东并不主动告知外来渔工，而且船老板还利用指定销售商的机会吃回扣，在渔获售卖信息的不对称的条件下导致外来渔工对船东的不信任。

3. 生活习惯冲突

大量外来渔工常年以家庭为单位租住，使得月岙村变成了本地人和外来渔工共同杂居的“异质性”社区。本地人感受到强烈的“异质性”，因为外来渔工已经成为主体人群，带来外地口音、外来生活习惯、外来社会交往方式。外来人口也感受到聚集区中较强的“异质性”，他们从整体上被本地人另眼看待。

在生产季节来临，由于作业网具太多，需要堆在街上，导致大量卫生死角存在。外来渔工延续大陆农村的生产、生活习惯，随意处理生产、生活垃圾。尽管社区每年要花很大财力、人力、物力整治村环境卫生，但是效果不明显。

4. 安全生产意识的冲突

外来渔工对渔业生产时间非常了解，为节约生活成本，一般在开捕生产前几天到达，不愿意参加下海前的基本安全技能培训考证，导致他们缺乏海上求生、船舶消防、急救、应急措施、渔业安全操作等知识，这样不但造成船员技术差、生产效益低，同时也给海上安全生产带来很多隐患。

虽然有一部分外来渔工已下海多年，掌握了一定的作业流程等技术知识，但大部分人员缺少海上求生救助操作技术和安全防范意识，上船后极易引起因操作不慎致残、落海、伤亡等安全生产事故。

五、典型渔村空间转向与空间冲突的内在逻辑与疏解结论

典型渔村是我国沿海地区海洋渔业生产力相对集中的区域，虽然在沿海工业化、城市化的变迁中，大部分渔村在经历生存、发展、停滞乃至衰亡的生命周期，但是这些渔村通过渔业生产关系的变革，特别是吸纳外来渔工这些新生力量，保持了典型渔村的生产力，并由此产生了渔村空间转向与空间冲突等问题。

1. 典型渔村外来渔工空间转向存在着内在逻辑

“由农业到初级工业（捕捞渔业），由生计渔业到商业渔业”这个逻辑在渔业发展上，就是外来渔工不断进行跨区域空间转向的逻辑。它是中国整个区域工业化、广大农民被工业化所吸纳的结果，它结合外来渔工的自身资源禀赋与需求，是中国广大农民工追求自身工业化的过程。

基于保持渔业生产力的客观需要，外来渔工的空间转向就不会停止。虽然国家海洋行政管理机关为了国家海洋公共利益，需要执行“渔船双控”和海洋渔业资源总量管理，但是在本地渔民不断减船转业及市场需要海产品稳定供给的大环境下，外来渔工为了满足自身发展的需要，必然进行跨区域劳动

力的空间转向，这对保持海洋渔区渔业生产力发展和外来渔工自身发展来讲是一个双赢、各取所需的结局。

2. 外来渔工是典型渔村空间再生的重要外部变量

尽管在国内的渔业政策方面，这些外来渔工因为户籍制度不能享有渔业权，也不能充分享有当地的普惠性公共服务，但是他们是"新渔民"，是典型渔村空间再生产的重要外部力量，如何对待他们，比如出台有区别的渔业政策和扶持政策，以便让他们更好地融入当地经济和社会建设，是渔村发展面临的重要问题。在一份对舟山外来渔工的调查中表明：在476人渔业农民工中，初中以下文化程度100人，占总人数21%；初中学历的186人，占总人数38%；高中学历的171人，占总人数36%；受过高中以上教育的19人，占总人数4%；外来渔业农民工相对受过较高的文化教育，整体文化水平比舟山籍渔民略高一筹，更容易接受科技含量高的渔业设备及渔业辅助设备。这些外来渔工通过空间转向，已经成为塑造典型渔村的重要外部力量。

3. 需要深入研究当前典型渔村空间转向、空间冲突的新情况、新问题

在中国描述空间转向的重要度量是户籍制度，户籍制度下工作场所与户籍登记地的分离就是空间转向的重要表征。外来渔工没有本地的户籍，由此在地方治理的户籍主义影响下，外来渔工在就业、公共基础教育、基本医疗、公共文化等公共服务享有方面处于被忽视、被边缘化的境地。

如何稳定渔业生产劳动力、减轻空间冲突，保护渔业基层第一线生产单位和渔工的利益，做到公平合理地使用劳动力，完善渔业外来劳动力入渔管理，保护雇工及外来劳动力的正当权益，保障渔业生产安全，大力推动行业诚信建设，是一个急需要解决的问题。

4. 需要适时制定渔民制度

为了巩固浙江"一打三整治"行动成果，修复振兴浙江渔场，推进传统渔区转型发展，需要关注外来渔工劳动力的空间转移、有序转移问题，基于此，率先在浙江海洋渔区建立渔民制度显得尤为迫切。外来渔工问题是在此背景下的一个新问题，应该重视这个问题，但是不能将这个问题扩大化，以防又建立起新的更大的渔民群体，从而对渔业资源，特别是近海渔业资源形成更

大的冲击,影响我国海洋渔业渔业资源总量管理及海洋渔业供给侧结构性改革进程。

渔民制度即确定哪些人能够成为渔民以及对渔民实施管理的规定和制度的总称。这个制度要解决下面几个问题:这些外来渔工能否成为渔民?能否享有法定的渔业权?是否应该进行分类管理,允许他们入渔?这些问题的解决可以从农民工成为市民的积分制度获得启示。即从入渔时间、职业技能、守法情况、符合优先次序等方面来确定外来渔工能否成为符合法律规范意义上的渔民。

进而建立渔民管理制度。①渔民的动态管理制度。包括信息化、大数据管理制度,进行分类管理。②渔民组织化制度。包括渔民协会制度,以渔民协会为主体来分配国家的捕捞配额,实行自治管理。

第三节　离岛渔村的空间转向与社会变迁

——以舟山普陀葫芦岛村为例

空间转向主要是指人们生活和生产中的空间具有社会性。[①] 在很多人看来,"一方水土养一方人"与"空间"这个变量不无关联。显然,一个人的性格特征、生活方式及思想观念等,都会受到其出生或成长的地理位置、物候环境等空间因素的影响。就这一层面来说,"空间"理应成为一种解释社会的路径和理论。[②] 离岛是指远离主体的孤岛。在台湾地区的《离岛建设条例》中是指"本条例所称之离岛;系指与台湾本岛隔离属我国管辖之岛屿"。在韩国、日本等国及香港地区,离岛也是指和本岛、半岛所隔离的岛屿,有时单指一个岛或者一个岛屿。在我国沿海地区有大量的离岛渔村,这些离岛渔村在沿海地区经济社会发展中呈现了和其他渔村不一样的空间转向。这种转向反映了离岛与本岛、半岛的疏离与连接。从社会空间上看,该转向又具有离岛空间

① 强乃社.空间转向及其意义[J].学习与探索,2011(3).

② 郝日虹.中国社会学的"空间转向"值得期待[N].中国社会科学报,2015—05—15.

的特殊性，而研究离岛渔村的空间转向对于丰富我国沿海地区的社会变迁研究具有补充和完善作用。

一、葫芦岛村的地理空间位置

葫芦岛村旁临普陀山东面，与莲花洋隔海相望，总面积 0.98 平方千米，没有平地。如表 10-1 所示，岛上先民多是自清嘉庆年间从台州、宁波、镇海、舟山本岛等地迁入的渔民，全村共有 4 个自然村，10 个村民小组，系纯渔区。原为一乡一村，后成立葫芦社区，形成一村一社区一经济合作社模式。辖区现有在册总户数为 702 户，户籍人口约 1900 人。

表 10-1　葫芦岛村的行政区划变迁

时间	行政区划
20 世纪 50 年代	属普陀山乡
1950 年	葫芦乡
1956 年	普陀山乡葫芦渔业社
1958 年	普陀山人民公社葫芦渔业大队
1963 年	葫芦人民公社
1984 年	葫芦乡，并将葫芦自然村划分为沙埕、老佃厂、宫沿、小黄沙头 4 个行政村
2001 年	撤乡立村隶属东港街道管辖
2005 年	葫芦社区

二、“小岛迁大岛建”宏观空间转向政策

1.“小岛迁大岛建”政策

20 世纪 80 年代中后期，舟山市委、市政府提出“小岛迁，大岛建”的发展战略，政策项目实施对象为列入规划的生产生活条件较差、发展潜力有限、整村整户迁往城镇和周边经济大岛的悬水小岛渔(农)民。

按照经济社会环境协调发展的生态移民原则，人口迁移与国防建设相兼顾原则，人口迁移规模与财政补助能力相适应原则，采取政府引导与小岛居

民自愿迁移结合、整体迁移与家庭散迁结合、小岛人口迁移与渔农民转产转业结合、小岛人口迁移与大岛基础设施建设结合、小岛人口迁移与小岛开发利用相结合等方法。

2."小岛迁大岛建"方式

"小岛迁大岛建"的主要方式有三种:①家庭自主零星迁移。在"小岛迁,大岛建"战略实施过程中,舟山占90%以上的小岛居民是通过这种方式迁入大岛的。②整体迁移。集中力量加强大岛建设,积极开展整岛、整村、整岙迁移等工作,扩大基础设施共享度,改善自然条件恶劣、人口稀少小岛居民的生活、生产环境。有10多个小岛通过上述方式实施整岛迁移,如定海区的峙中山,普陀区的小双山,岱山县的黄泽山等岛屿。③利用岛屿、港口开发的契机,政府统一组织开发性移民,如对马迹山、外钓山、梁横、薄刀嘴等小岛实施了整岛迁移。

3."小岛迁大岛建"配套政策

浙江省人民政府同意《关于舟山市各县(区)小岛迁大岛建工程项目的批复》,2011年出台《浙江省小岛迁大岛建工程项目与资金管理办法》,将小岛迁大岛建和扶贫工作相结合,和浙江省下山移民及"千村示范、万村整治"工程相结合。

舟山市出台了《关于大力支持"三大岛开发",加快"三大岛"发展的通知》(舟委办〔2003〕73号),在大岛集中安排建设保障性安置住房、建立小岛居民迁移专项补助资金、强化迁移居民的基本公共服务、开发利用小岛资源补偿原居民。同时,市、县(区)两级建立小岛居民迁移专项资金,对迁移居民予以政策扶持。凡规划迁移的小岛居民,在大岛购房落户的,免收或减免城市建设附加费或其他配套费用,并提供一定的迁移资金补助。

4."小岛迁大岛建"政策整体实施效果

"小岛迁大岛建"政策对合理集聚海岛生产要素,促进主要大岛开发,提高海岛居民生活水平,加快推进海洋经济发展具有积极推动作用。

十多年来舟山市相继进行了部分乡镇机构的"撤、扩、并",在促进海洋经济发展、加快机构改革步伐、节约基本建设上的人力、物力、财力等方面起了重要作用。如乡镇撤并机构精简,政府财政开支负担大大减轻;学校合并,提高了教育质量,优质教育资源实现最大限度共享;基础项目建设趋于集中,重复建设项目大大减少;群众迁移促进了城市人口快速集聚,城市化建设进程不断加快,城市规模得以扩大。"小岛迁大岛建"较好地破解了部分渔农村要素离散、岛屿分散、基础设施共享性差等难题。

三、葫芦岛村的微观空间转向

基于当时村民在是否纳入"小岛迁大岛建"项目时没有形成共识,加上当时渔业生产的效益尚好,因此普陀区政府并没有把葫芦岛村纳入"小岛迁大岛建"范围之内,没有要求村民迁移,这样葫芦岛村村民不能享有"小岛迁大岛建"优惠政策,只能自发地零星迁移。随着时代的变迁,小岛居民不断地被外部性因素整合和施加巨大影响,尤其是国家自上而下地对渔农村进行渗透和整合,而以"小岛迁大岛建"为公共政策工具的小岛移民政策则鲜明地体现了这种外部力量的巨大作用,即小岛移民的规划性迁移。[①] 在沿海地区渔业资源衰竭与"小岛迁大岛建"政策规划性的双重影响下,葫芦岛村的微观空间转向就不可逆转地上演了。

1. 渔民子女的就学转向

20 世纪 80 年代随着海洋渔业资源被广泛挖掘,在 1984—1996 年间,伴随着渔业的兴旺发达,葫芦岛村村道完善,人口密集,共有渔船 156 只,户籍人口 2960 人,外来人口 1400 人,有卡拉 OK 厅和舞厅,撤并之前是舟山市近海渔业较为发达的乡,岛上渔民生活富裕,素有"小上海"之称。

在东港大规模围海造地扩展城区吸纳外来人口时,一部分先富裕起来的船老大为了改善子女就学的条件,开始陆续向东港买房迁出户口(当时的政策是只有买房才可以迁户口,否则需要向学校交 3000 元/学期借读费),且当时(1988—1999 年间)渔民买房还无法按揭,只能付全额现金,所以只有少部分渔民能够买房迁出户口。

---

① 王建友,周一新. 对小岛移民政策的分析与思考——以舟山"小岛迁,大岛建"政策为例[J]. 浙江海洋学院学报(人文科学版),2015(5).

在船老大示范效应影响下，越来越多的小学生外出求学，政府为了节约办学成本，于 2003 年撤掉葫芦岛小学，合并到东港小学。

2. 渔业生产的空间转向

渔业资源的衰退、大渔轮生产方式的引进及渔获产品销售方式的改变，导致渔业生产力向沈家门中心渔港转移。20 世纪 90 年代，葫芦岛渔业兴旺时曾经有水产加工厂 8 家，后因资源衰退相继关闭，昔日人来船往的景象一去不复返。在渔民生产活动漂移性影响下，大渔轮生产方式变化特别是钢制渔船（马力大，需要特定码头）普及，渔业生产进一步社会化。一艘 120 马力的渔船至少需要 12 名船员，否则无法开动。加上渔业资源是漂移的，当船长移民沈家门，其他船员基于"业源"也陆续到沈家门东港买房、租房，这使葫芦岛村渔民逐渐向沈家门移民。同时，渔获产品销售方式也由分散生产、分散销售转为分散生产、集中销售、水产品集中批发，水产品产供销管道进一步向中心渔港集中。

3. 公共设施、公共服务的空间转向

公共服务公共设施的退场。2001 年，葫芦乡撤并到东港街道，2005 年葫芦岛村变成葫芦社区。随着岛山居民大量迁出，岛上政府、医院、信用社、粮店等相关行政、服务单位相继撤迁。

公共设施、公共服务撤迁的连带效应。岛上没有了学校，适龄儿童全部到沈家门小学就读，年轻的父母们只能陪读，渔民拢洋（渔船回港）也就很少直接回葫芦岛，青壮劳动力几乎全部迁移到了沈家门城区。岛上仅一名社区医生留守值班，解决岛上居民的小病小灾问题；菜场停业，废弃学校只好改建为托老所。单是学校和医院的停办，就迫使岛上居民不得不外迁，岛上人少了，航班也由原来的一天一班改成两天一班了，现在是一星期四班，进出岛更不方便。

四、葫芦岛村民新的空间转向

目前葫芦岛村有 1696 人左右在沈家门的荷外、东港、校场、外荷口、鲁家峙、平阳浦分散居住，主要集中居住于荷外区域。

1. 葫芦社区机构的新空间转向

2002 年葫芦社区在舟山市普陀区东港街道异地设立。社区办公地点开始是租房子，直到 2013 年，普陀区政府提供了一套位于东港街道永兴村的民房为办公地点。社区目前有正式工作人员 8 名，其中包括大学生村官 2 名、保障员 3 名。葫芦岛村党支部有 68 个党员，包括老年人支部和东港支部，此外葫芦岛村党支部、村委、经济合作社等机构也在社区办公，是三套班子一套人马。

新社区为村民提供相应的公共服务。一般是社区干部打电话联系村民，包括：移民办信息，政策咨询，各种村民证明，矛盾调解，困难救助，渔业培训，安全培训，妇女就业培训。

2. 迁移村民的就业与交往的空间转向

就业空间重构。在过去传统渔村里，多数劳动力从事渔业及其关联产业，一般家庭妇女不就业。现在葫芦岛的迁移村民在就业方面有了如下变化：①男性劳动力由过去的纯海洋捕捞业转型为各行各业。目前，全村有1137名劳动力，从事渔业生产只有 500 人，其中：20 岁以下 2 人，20～30 岁 5 人，30～50 岁 10 人，其余都是 50 岁以上，可见传统渔业已经老龄化。②在1137名劳动力中，就业人员 767 名，其中一线操作工占 58.6%，专业技术人员占 36.4%，管理人员占 5%。初中及以下学历为 478 名，高中及以上学历为 203 名，人均劳动年收入 3.5 万元。在就业人员中仍有超过 60%人员在打零工，没有固定工作单位，这部分人随时会面临失业。③女性劳动力就业充分，但是报酬低。在就业的女性劳动力中极大部分是从事酒店、餐饮等服务行业，但现如今服务产业不景气，工作辛苦且报酬低，随时面临失业危险，失业人员就业意向随之降低。

村民交往空间的异地连接。船长（船老大）、轮机长（老轨）、普通渔民、村民一般以荷外为信息交流地聚集。他们基于业缘和经济条件持续保留原来的社会联系，如船老大们一起吃喝交流信息、感情，如打工者们之间保持联系，只是基于经济条件的社会分化而持续在陌生的新场域重新连接，即所谓保持某个圈子，通过保持圈子，交流各种信息，获得安全感。

3.迁移村民的居住空间转向

村民曾经拥有较好的住房，到现在已经废弃。小葫芦岛是当时乡政府所在地，是政治、经济、文化中心，岛上的居民当时也比较富裕，大多数居民投入上万元，分别于20世纪80年代末—20世纪90年代初在岛上建起了2～3层小楼。1987—1991年的5年中，有70%的住户重建新式楼房，人均居住面积超过35平方米。

迁移村民居住以租房为主，买房为辅。根据葫芦岛社区内部调查，葫芦社区742户中有400户靠租房生活，近200户买房居住。在渔业收入比较高时，渔民没有在沈家门城区买房，现在只能租房。这些已在沈家门等地购买房子的村民，多数是借款购置二手房，生活负担较重。20世纪90年代沈家门的房价每平方米800～1000元，如今的房价是每平方米6000～7000元，但对这些长期以渔业为生的另外400户居民来说，天价的房子几乎成了幻想。

村民的租房房况差、成本高，呈郊区化、分散化趋势。①村民大多租住的是车库、车棚和旧城区至今未改造的相当破旧的居民私房，设施老旧、卫生条件差。②房租费越来越高。近年来随着租房户增多，租房费平均每户每月达450元左右，加上卫生费、有线电视费等其他费用，葫芦岛村村民全年付出的房租费达200万元。③租房郊区化、分散化。随着城区房租的提升，村民不得不向房租更便宜的郊区转移。同时租房户流动性强，居住分散且居无定所，也导致了社区管理上的难度。

4.社区基础教育的空间转向

葫芦社区742户中，有100余名学生定点到东港小学，部分群众在定点学校附近租不到房子，考虑到子女的安全问题，只有到较远地方租房；如要求在其他学校就近入学的，因不符合政策规定不能就读，只能花借读费读书。借读学生未能享受到与其他岛屿同样的每年生活补助2000元及适当减免借读费的政策，甚至出现个别经济困难家庭适龄子女辍学的现象。

五、葫芦岛留守村的社会重构与社会变迁

由于村民的大量迁出，到目前为止留守葫芦岛的常住人口为205人，95%

以上系老年人,基本上为60周岁以上老人。他们的晚年生活和之前相比,无论是自然环境还是社会环境都发生了巨大的变化。

1. 留守村民生活、生产的转变

留守老年村民生产、生活转变。①一部分老年村民无奈留守。在城区租房的葫芦岛村民自己都居无定所,所以根本没有能力带上老人,为了给子女减轻压力,留守老人也只能默默地选择在岛上生活。而已购房的村民,大部分也因为所购房子面积较小,老人只能留在岛上。②留守老年村民只能自给自足。由于交通不便,岛山连日常蔬菜供应都成问题,所以一部分相对年轻一点的老年村民开始自己种蔬菜,自己下海捕捞小海鲜。

留守老年村民的生活质量下降。①老年村民无社保,生活质量低。留守老年村民生活仅靠政府"以奖代补"每月 120 元及子女给予的少数赡养费生活,而他们每月生活费用至少要 450 元,因此老人村民生活入不敷出、举步维艰。②老年村民缺乏医疗保障。在老年人疾病随着年龄不断增加的现实目前,村里没有医院,仅一名社区医生留守值班,只能解决村民的小病问题,加上老年人医药费较高,老年人的医疗费甚至超过生活费,这也导致岛上老年人生活质量下降。

2. 村公共基础设施继续维持投入但费效比低

公共基础设施建设继续进行投入。因为劳动力全部外出,岛上基础设施缺少修护,老化、毁坏严重;又因为岛上有老人和个别特困户居住,必要的基础设施不能缺少。所以近几年来,葫芦岛村并不因为岛上人烟稀少而减少基础设施改造和维护的支出。如 2007 年电网改造投入村级资金 18 万元,广播电视改造投入资金 15 万元;2008 年,除了托老所扩建投入资金 38 万元外,老年活动中心、村级办公楼装修投入资金 28.3 万元,为了给留在岛上的居民创造一个好的生态环境,当年还投资 8 万元用于改建两个生态公共厕所;2009 年,岛上投入资金 160 万元用于整理 160 亩荒草地,为居民新增两套健身器材;2010 年更是投入 61.3 万元用于沙塘建设,投入 63 万元用于生活污水治理、村道混凝土新浇、码头维修,投入 5 万元用于修复因地质灾害影响的村道,投入 2.5 万元用于四处危房维修,投入 5 万元用于山林绿化。

这些基础设施投入变成了沉没成本，费效比低。就是“小岛迁”工程不实施，就是居民不外迁，用于基础设施改造的资金也不过如此。这些资金的投入，从人文上说、从社会效益上说都是必需的，而且现实中只要没有实施整体迁移，这些基础设施的增添、维护都是必需的，也都是当地政府义不容辞的责任，但是费效比低。

3.老人养老方式的重构

渔村和一般农村一样，老人养老主要靠家庭养老。但是葫芦岛村的情况是老人主要依靠自己，部分依靠托老所。葫芦社区2004年筹集资金率先在岛上办起了托老所，颐养年高病弱的孤寡老人，为全市的渔农村集体养老树立了典范，至今葫芦岛上的托老所还是全市规模最大设施最齐全的村级养老机构。低廉的近乎象征意义的收费、优质的服务，更有街道领导无微不至的关心，令岛上老人争着想入住托老所。但由于东港街道经费有限，劳动力外出后村级经济更是捉襟见肘，托老所根本无法满足岛上老人的入住需求。虽然2008年东港街道和葫芦社区多方筹资50多万元扩建了托老所和老年活动中心，但也只能容纳51位老人入住。

六、关于离岛渔村发展的简短结论

在国家发展的特定阶段下，作为沿海经济社会发展的一个场域——离岛渔村呈现出令人深思的变迁过程。从自然—环境—人复杂链接的动态变化看，此类渔村的社会变迁处在如下演进逻辑的支配之下。

1.离岛渔村的空间衰败的逻辑：渔业—渔民—渔村正负反馈链

离岛渔村的生产、生活空间及社会连接高度依赖渔业，是自然资源依赖型乡村。离岛渔村一般交通不便，除了渔业资源几乎就没有其他资源，如葫芦岛缺乏淡水，居民用水主要靠雨水收集，缺乏平地，没有滩涂。

在整个渔村生命周期中，渔村的兴亡和渔业兴亡休戚与共。一旦离岛渔村依赖的渔业资源发生不可逆转的趋势，渔业—渔民—渔村内生的运转逻辑就会发生全局性变化，即“渔兴村兴、渔亡村亡”。

2. 学校是渔村生存的重要空间,撤并学校撤走了渔村的灵魂

学校是渔农村的灵魂,只要有学校存在就有生机和未来。学校是渔村主要的文教设施,地方政府通过建设学校来投资教育,同时学校与所在社区之间展开良性的文化、信息互动。在“小岛迁大岛建”公共政策的实施中,将离岛渔村小学撤并,由此导致地方政府与渔村、渔村社区与学校之间直接连接断裂,社区文化与传承被中断。撤并学校无疑对离岛渔村的空间衰败具有催化剂的作用。

3. “小岛迁大岛建”政策加速了离岛渔村的衰败

一方面,“小岛迁大岛建”政策对于改善渔农村生活条件的意义与作用显而易见,另一方面,实施“小岛迁大岛建”过程中也存在一些问题。如果在捕捞业发展繁荣时,提前对离岛渔村进行政策规划,村民可能就不会将所有收入投入到本村的建房活动中,从而减少空间转向的成本,有效利用资源。同时,有些岛相对较大,经济条件较好,基础设施完备,在“小岛迁”的实施过程中,因为学校和医院的停办而导致青壮劳动力加速出岛,岛上只剩下一些老年人,老龄化突出,加速了离岛渔村的衰败。

4. 离岛渔村的空间衰败是整个沿海地区工业化、城市化发展的结果

工业化、城市化的本质是人口的空间再塑造。从表面上看,离岛渔村的衰落源于“小岛迁”政策,其实离岛资源衰退是主因。随着沿海地区工业化、城市化的发展,特别是工作机会的集聚,在工业和城市的双重引力作用下,人、财、物和产业加速向城镇集中,离岛渔村人才、资金会越来越被城镇裹挟,那些交通不便、公共服务不完备渔村必然走向衰败。

5. 离岛渔村再生的可能性就是新产业吸引年轻人的回归

像葫芦岛这种近期无开发计划的离岛,一旦实现整体异地安置,那么小岛无疑成了“死岛”。如何让年轻人回归是离岛再生的关键。有年轻人存在,离岛渔村就不会真正衰败。但是如何吸引住、留得住年轻人,用什么样的产业让年轻人留得住,过上体面的生活,是离岛渔村再生需要思考的关键问题。

葫芦岛拥有得天独厚的港口、岸线等自然资源。既是作业船停泊之地,又能作为旅游风景区,加上葫芦岛土地是社区集体所有,可以整体进行民宿

休闲旅游规划，在综合考虑民宿旅游的外部成本，保留渔村的风貌、风情及收益前提下，创新出产品、服务及体验相结合的新产业，这是葫芦岛再生的重要途径。

第四节　转型渔村的社会转型与现代化

——对舟山朱家尖镇东荷嘉园发展农家乐的调查

在整个国家现代化的过程中，渔农村如何通过发挥自身优势、实现现代化是广大沿海沿海地区渔农村面对的棘手发展问题。同时，如何处理现代化与渔农村生产、文化共同体之间的平衡，也是当下乡村振兴战略必须面对的问题。按照乡村振兴战略的产业兴旺、生态宜居、乡风文明、治理有效、生活富裕的总要求，发展农家乐是部分渔农村实现乡村振兴的重要途径。本文通过对舟山朱家尖镇东沙村发展农家乐的田野调查，进行个案分析，梳理部分渔农村实现乡村振兴和乡村现代化的道路。

一、东荷嘉园(东沙村)社会转型

东沙村位于朱家尖境内东南端，三面环山，正面东南源临洋鞍渔场。辖区面积 1.6 平方千米，耕地 250 亩，经济地 300 亩，其他面积 200 亩，黑松林 300 亩，山林面积 1350 亩，居民 211 户 633 人，村民以胡、顾、应姓氏为多，于清朝康熙至光绪年间，从宁波、镇海、小港等地移此定居。目前，村民以旅游业为主要经济来源，2011 年 4 月整村搬迁至新居“东荷嘉园”。东荷嘉园依托朱家尖丰富风景资源和成熟的旅游环境，以推动小区村民发展农家乐为目标，实现当地经济社会的和谐发展和旅游文化品质的提升，是朱家尖打造的一个旅游品牌。

1. 渔村的整体转型

东沙村位于舟山普陀区朱家尖岛南部，行政面积约 2.5 平方千米，在进行低效土地再开发前，村里约有村民 212 户，约 620 人。全村原来的宅基地使用分散，土地利用率低，一两层的低矮民房共202幢，处于散乱无序建设的状态。

2008年起，朱家尖街道出于重点发展乡村旅游的目的，对东沙村进行了村镇集聚建设。街道通过合理的规划，将村整体搬迁到村旁的山谷里，命名东荷嘉苑拆迁安置小区，集中安置村民204户。新建安置小区用地面积107亩，新建的小区外观设计统一，都是整齐划一的联排别墅，干净整洁，建设合理有序，环境整洁，绿化优美，配套设施完善，成为农民集中安置建房的典范。建设集聚小区，提高了村庄土地集约使用水平。通过别墅居住区集中建设，使户均土地使用由1亩左右降低至现在的0.5亩左右，节地率高达50%。

利用区位优势，转型成为乡村旅游特色村。东沙村进行整体搬迁后组成的一个现代化小区，小区地理位置优越，交通方便，朱家尖海、陆、空交通方便，还有游艇码头，附近有白山景区、乌石塘景区、大青山景区，是普陀山以及朱家尖最佳的住宿地点；同时，小区丰富风景资源，三面环山，环境幽静，距离朱家尖街道核心景区较近，如距离东沙湾海滨浴场500米，距南沙国际沙雕广场2000米，距大青山景区4000米。从2012年五月份开始，村民最初有四十多户利用靠近面朝千米自然沙滩——东沙的地理优势，利用搬迁后的补偿款，开始经营农家乐。到现在为止，东沙村农家乐蓬勃发展，到现在已经有150多户，全村95%以上经营农家乐，已经形成舟山市最大的农家乐集群。每家利用300多平方米的三层小楼，二层辟出了7间客房，14个床位。

2. 生产方式的转型

乡村旅游业是农村地区的新兴产业，海岛渔村具有优美景观，如海岸、海水、沙滩等自然环境资源，发展乡村旅游业，使渔村主要产业由第一产业向第三产业转型。

2011年前，村民以农、林、渔等作为主要经济收入来源。过去东沙村是一个贫困村，东沙村农民的户口是农业户口，门口有海洋资源，村民一般以种地、打渔、做临时工、外出务工来维持生活，生产方式比较分散，以农业为主。

随着渔村的整体转型，现在已经没有渔船等生产工具。在传统海洋渔村里，渔船是最重要的生产工具，渔船是承载生产方式、生产关系的重要承载物。在20年之前，东沙村有很多单抓小渔船。由于近海渔业资源衰退，东沙村村民从2009年开始将小渔船出售。虽然现在仍有部分人下海捕鱼，但到现在为止，东沙村已经没有一艘渔船。

50～60岁的家庭妇女成为经营农家乐的主力军。在经营乡村旅游—农家乐的过程中，改变了男主外、女主内的传统家庭生活方式，50～60岁的家庭妇女成为农家乐的主要经营者、主力军，其他村里有固定职业者也都是参与者。

村里年轻人基于自己的理想，从事固定工作。在沙滩浴场上班的有20个是正式工，从事管理沙滩车等工作。30个临时工是东沙救护队员，主要从事安全巡逻、下海劝阻、安全救护和保洁工作。

由于从事旅游服务工作的村民越来越多，村民的生产生计方式已经发生了巨变。从以前以农业、渔业为中心转变为以从事旅游服务工作为主，从过去以土地和大海为中心，转向了今天的一切以旅游为中心。

3. 生活方式的转型

在发展乡村旅游的过程中，渔村的居民的生活方式也发生了深刻的变化，由原来的日出而作、日落而息的传统生活方式向具有淡旺季转化的两极生活转型。

在旺季，村民的生活节奏是围绕旅客连轴转。整个村里面所有休息的人都开始上班，人手紧张时，连70岁的老太太都有可能来帮忙。村民每天7:00起床，22:00休息。村民每天的工作内容是准备早餐、中餐、晚餐，买菜、洗菜、烧菜，洗刷碗筷，接待客人，打扫客房卫生，村民也习惯了这种以游客为中心的忙碌生活。

在淡季，村民的生活节奏比较缓慢。秋冬季节，忙活了一个夏天的农村妇女们会选择唱歌、跳舞、表演、打麻将等娱乐活动，或者参加本村农家乐协会组织的服务培训，最常见休闲方式就是聊天，或者全家出去旅游。

4. 基础设施的改善

先后投入500余万元改善村内基础设施。对东荷嘉园经营户周边的道路、供水、卫生、环保、路灯等基础设施进行建设改造美化,停车位进行统一划分规划,河道污水清理及附近的观光带绿化加强保养和清理,卫生保洁定时定点定岗,小区内监控系统集成安装,同时积极鼓励居民配合整村形象整改房屋、统一搭建、美化庭院,为渔农家乐的发展提供了良好的基础设施和外部环境。

2012 年小区又配建了老年人集中居住供养中心,解决了居民的养老难题。

二、现代化对东荷嘉园(东沙村)影响

在乡村旅游中,旅游者与村民之间双向互动,旅游者充当了乡村文化学习者和城市文明传播者。乡村旅游的主要客源是具有后工业意识的群体,旅游者一般来自文化强势地区,其行为方式、思想观念往往成为村民的学习者、示范者,在村民与外来旅游者的相互交往过程中,村民的文明意识、环境意识、社会共同体意识及一些生活习惯也在悄然发生变化。

1. 市场经济意识现代化

农家乐一般是家庭个体经营为主,渔农民参与这个市场当中是一个市场行为,如何将游客吸引过来、让旅游者更多消费,直接关系到经营收益成果的多寡,因此经营者如何体现个体经营特色,如何提供令旅游者满意的服务,是经营者各显神通的过程。在这个过程中,经营者的市场主体意识会越来越清晰,对市场规则的认识会越来越清楚,其经营行为会越来越理性。

成本意识。在传统农业社会,村民许多生活资料是自给自足的,其生产和消耗是不计成本的,由此村民缺乏数字观念,浪费严重。现在东沙村民在经营农家乐的过程中,有了明细的成本意识,如计算水、电、煤成本,对居民用电和商业用电、居民用水和商业用水的差额有了清晰的认知;如计算人工成本,一般算来,一套房子一年的电费要一万多元,雇佣一个阿姨打扫卫生、洗被子需要多少开支,在暑期雇佣一个大学生来帮忙接待需要多少开支。有了清晰的税收减免意识,村民希望地方政府能够以小微企业对农家乐经营进行税收减免。

竞争意识。在一般农村社区,村民墨守成规,安贫守穷,信奉宿命论。东

沙村村民经营农家乐有202户，总收入在1800万～2000万元，条件好的家庭年收入为30万元，经济条件一般的家庭年收入为十几万元，经济条件差的家庭年收入为7万～8万元。在经营收入差距面前，有的村民开始想各种方式招揽客人，增加收入，如重新装修房间，增加卫生设备，购买花草，美化庭院。

服务外包意识。传统农业社会是自给自足的，其社会分工是粗线条的，甚至没有明晰的社会分工。现代化的一个突出表现就是社会分工的深化。在东沙村，经营农家乐需要经常换洗床单，在过去一般由家庭妇女自己换洗，现在一般将床单换洗外包给专门的洗涤公司，质量好，又节约劳动力。在旺季，大部分经营户需要大学生暑期来打工，负责前台接待，自己专门处理餐饮事宜。春天有白蚁的时候也习惯于请专家来处理。

2. 品牌意识、特色意识、服务意识现代化

经营者的竞争意识会日趋提升。在市场经济条件下，有经营主体就有竞争，有竞争就有经营压力。在经营压力的推动下，渔农民的宣传意识、创新意识、服务意识等意识会进一步确立起来，要在竞争下不掉队，要生存，要发展，需要不断探求适合自身特点的经营方式，进而促进农家乐的整体发展水平。

“渔农家乐”要有长久的生命力和吸引力，需要在特色上下功夫。村民在面临其他村庄农家乐竞争时，想着“为什么客人要到我们这里来”，始终坚持深层次地挖掘当地的饮食习惯、居住习惯、渔家服饰、海域建筑、民俗庆典和渔民生产劳作等文化内涵，以“渔文化民俗游”为主线，把渔文化融入“渔农家乐”。“在家吃比大排档里便宜多了。而且现买现烧，保证干净卫生。”

重视品牌，重视客人评价。村里几乎所有的农家乐都上了网，网上的评价成了他们的活招牌。在“携程网”上，一位游客对“踏沙苑”有这样一段评价：“店主一家都非常好。晚上10时我们到达舟山，完全不知方向，店家非常贴心地专门开车来接。怕其他客人吃早餐吵醒宝宝，所以安排我们住2楼的双床房。除了提供早餐，给我们去普陀山的行程建议，店主还非常贴心地帮我们带宝宝，让我们能够安静地享用晚饭。”“真心服务，人家才愿意第二次来，现在回头客越来越多了。”村民还总结了生意经：“吃要实在，房要干净，待客要热情。”

围绕村民经营需要，建设电子商务服务平台。按照政府指导、市场运作的模式，整合现有的所有渔农家乐资源，同时根据实际，以东荷嘉园农家乐协会为主体整合民宿订购系统、支付交易结算系统、会员管理系统、短信发送系统、评价管理系统、特产团购系统、宣传展示系统等。通过"互联网＋旅游"这一项目，加强东荷嘉园旅游电商村品牌的建设，让更多游客了解舟山，了解普陀山，了解朱家尖，利用互联网＋的思维让更多的村民转产转业，实现经济效益新增长。

3. 社区发展与个人素现代化

农村社区的村民个人素质普遍不高。一方面，随着整个国家的工业化、城市化的发展，在城市巨大的虹吸效应影响下，乡村精英加速向城市流动。另一方面，留守在农村社区的群众多数个人素质不高。而东沙村村民在经营农家乐的过程中，为了提升经营水平，紧跟村党支部的脚步。

东沙村从2008年开始经营农家乐，发展速度很快，2017年已经有202家，670人参与经营，经营房间1000间。同时，东沙村农家乐经营也面临严峻形势，舟山市在大力发展本市旅游业，将朱家尖作为核心发展区域，大飞机项目及观音文化苑将在2019年建成。一方面，朱家尖每年游客以10％速度增长，另一方面，朱家尖的农家乐也在飞速发展，2015年300家，2017年1000家，预计2018年达到2000家，朱家尖的农家乐遍地开花。在严峻的局势下，东沙村党支部非常重视经营者个人素质、经营理念、环境提升。

为提高经营者的经营能力和服务水平，村委会每年针对性地多次组织各类技能和素质培训，分别为烹饪技巧、电脑操作、风土人情、茶艺、种花插花、法律法规、英语、普通话、乡村导游以及文明礼仪等知识培训，使经营者不断更新经营理念，提升从业素质，为"渔农家乐"旅游经济的可持续发展打下了坚实的基础。同时为扩大经营者的视野，学习先进的经营理念，先后组织经营者分别到西塘、华西村、南京等地参观考察，进一步增加特色经营服务理念。

4. 成立行业协会，实现组织现代化

东荷嘉园农家乐协会成立于2012年5月份，2013年5月份成立东荷嘉园农家乐协会党支部，目前拥有会员单位154户，其中五星级渔农家乐1户，四星级渔农家乐 3 户，三星级渔农家乐 125 户，特色渔农家乐 16 户，全村 75％的居民参与农家乐经营。自 2012 年发展至今，客房数从最初的 590 间发展至目前的 1200 余间，年接待游客从最初的 4 万人次到现在的 13 万人次，营业收入为 400 万～1800 万元，游客接待方式也从传统地等待客人上门到自主网络预订、网络结算网络一体化服务。近年来，协会获得浙江省 3A 级景区村庄、舟山市“东海人家”渔农家乐民宿特色村、舟山市旅游电子商务村等各项荣誉。

加强协会重要性，协会通过规范化、集群式管理，给经营户在办证、营销、管理等方面提供了服务和规范指导，进一步规范“渔农家乐”经营，提高服务质量，加强监管，经济合作社对农家乐协会进行监督引导，要求他们具备规范经营、合法经营、文明待客、合理收费、诚信服务的理念，最终达到农家乐健康有序地向规范化、精品化发展，争取整村达到三星级以上标准。

三、对渔村转型与现代化的简短结论

渔村的现代化转型是中国广大农村转型的缩影。和数量庞大、区域差异明显、发展水平存在巨大差异的传统农村相比，渔村的现代化转型相对简单。

1. 渔村的现代化是逐次实现的，地方政府的支持是必要的

只有拥有综合资源优势的渔村才能实现整体转型。从渔村的类型学划分来看，海洋渔村可以分为偏远离岛渔村、典型渔村、转型渔村。改革开放 40 多年来，渔村社区的社会变迁是缓慢进行的，很多偏远、离岛渔村已经衰败、灭亡，典型渔村在国家产业政策支持下继续维持海洋渔业生产，转型渔村如东沙村在资源拥有、交通方便及市场需求的背景下实现了现代转型。

地方政府的支持是必要的。一个渔村要实现转型，需要地方政府的规划、资金、政策支持。地方政府在乡村振兴（新农村建设）战略实施的过程中，基于打造样板、示范的政策目标，并结合项目开发、房地产开发等综合产业政策目标，相对集中地投放财政资金，对某些拥有综合资源优势的渔农村进行整体改造，变成具有某种城市化特征的新型社区，如东沙村被改造成东荷嘉园。

2.渔村的第一、二、三产业融合是实现现代化的重要途径

对于传统渔村要实现整体转型，需要拥有区位优势、景观资源、交通方便等优势，或者三者具其一。渔村在拥有此类资源的前提下，通过第一、二、三产业融合，比如水产品加工业、旅游业、物业等融合，特别是发展第三产业，能够在当地创造就业机会，吸纳部分年轻人获得稳定工作、较高收入，逆转了乡村人口大量迁出趋势，实现渔村的整体转型及社区发展。

3.教育是提升渔村社区现代化的关键

渔村社区的现代化不仅仅是硬件的现代化，因为硬件建设在短时间内可以完成，但是软件建设见效慢需要很长时间，特别是提升社区居民的个人素质，需要长期的教育努力。按照台湾社区发展理念，在渔村社区教育需要定位于三大发展理念：生计教育，包括增进科学知识、传授经济智识、推进合作制度；环保教育，包括普及环保智识、养成卫生习惯、建设健康环境；心灵教育，包括启发心灵自觉、训练互助能力、培养法治精神。

4.实现了渔村社区的现代化、村民的市民化

部分渔农民通过在渔农村充分就业，依托发挥当地优势产业以此带动商业、服务业的发展，使渔区的一定区域人口集聚，在这个基础上，进一步消除城乡差别，造就新一代渔农民即实际上的新型市民。从城市的发展历程看，最初的城市实际是农村内生长成的，比如在交通方便或产业发展的情况下发展起来的，在渔农民不改变居住的情况下，只要经济社会发展速度够快，其公共服务职能完备，其扩张、吸纳新人口能力强，有些渔农村就可以依靠渔农民自己的努力就地变成市民，完成就地城市化的历史性任务。

第五节　海洋渔村振兴

——基于政策的视角

海洋渔村振兴关系到沿海地区区域协调发展、强防固边发挥、发挥多方面功能的问题。海洋渔村振兴需要结合国家乡村振兴战略，盘点海洋渔村的

资源优势，结合社会、市场需求，培育适合海洋渔村实际的新业态，出台对海洋渔村社区产业进行整体营造的政策，以促进海洋渔村整体活化。

一、海洋渔村振兴是乡村振兴的重要组成部分

1. 通过海洋渔村振兴贯彻党中央“实施乡村振兴战略”新发展理念

海洋渔村是乡村振兴战略的重要实践地、实施地。实施乡村振兴战略是中国共产党第十九次全国代表大会提出贯彻新发展理念的重要举措，乡村振兴不能遗忘广大海洋渔村，没有中国广大海洋渔村的振兴，实施乡村振兴就不全面、不完整。因此在新时代中国特色社会主义建设进入新阶段之时，研究海洋渔村振兴问题，对于落实 2017 年中央农村工作会议精神，对海疆地区和贫困地区加快发展，促进渔农村实现全面小康社会，无论在理论还是实践方面都具有非常重要的意义。

广大海洋渔村亟待振兴。在沿海工业化、城市化、海洋大规模开发过程中，海洋渔村正处在社会大变迁中，很多海洋渔村面临走向衰败的严峻形势，海洋渔村已经变成沿海农村发展的洼地，海洋渔村面临亟待振兴。

2. 通过海洋渔村振兴促进海洋渔区产业振兴和区域协调发展

海洋渔区区域协调发展研究是被学术界长期忽视的问题，尤其是在海洋渔村的认识上，存在将海洋渔村和一般农村混为一体的倾向，没有认识到沿海渔村尤其是海岛渔村是东部沿海发达地区发展的短板、洼地。

而海洋渔村振兴就是响应中国共产党第十九次全国代表大会实施乡村振兴战略及区域协调发展的号召，“补短板”，弥补海洋渔区产业不振、产业发展缺乏活力、缺乏新业态，缩短沿海地区区域发展不平衡、不协调问题的具体举措，促进沿海渔村发展和稳定，顺应了海洋渔业经济社会发展的要求。

3. 通过海洋渔村振兴发挥强防固边作用

海洋渔村的衰败，特别是海岛渔村的衰败，导致原有的基层边疆防护力量、防护网络、防护作用削弱或消失，政府对边海防的行政控制能力大幅度下降，影响国家海洋安全。

从政治意义上看，海洋渔村振兴就是通过发展海洋渔村经济、振兴海洋

渔业产业，使渔民富裕、军民融合，使海洋渔村成为加强边海防的重要前沿阵地，特别是增强边远海岛行政管控能力，满足国家强防固边的需要。

4. 通过海洋渔村振兴发挥渔村“五生”多方面功能

海洋渔村是承载海洋文化的具有“生态”“生产”“生命”“生活”“生意”的多功能价值载体。它是一个宜居空间，是历史与文化教育的空间，是休闲与娱乐的空间。海洋渔业本身就是海洋文化。水产业、渔村除供给食品、资源外，还具有保护自然环境、促进地区发展、保全生命财产、提供生活和交流的平台等多方面的功能。这些功能只有在水产业、渔村合理地维持发展的基础上才能实现①。海洋渔村可以满足当下人们故乡归属、自然健康、养生理疗、知性学习、时尚流行、户外运动等多方面价值需求。

随着交通和资讯的发达，在多重压力面前，渔村多功能价值遭遇渔村人口高龄化、空间资源不友善、渔民价值显低落、渔业产值效益低等严重挑战。渔村作为地区社会的一部分，通过发挥其功能和作用，维持和追求个性和多样性（在优先重视以成长为主的经济开发的国家产业政策下，渔村的价值并未得到认可，再加上人口减少、收入缩减和居住环境的恶化等原因，渔村面临着种种危机）②。而海洋渔村振兴就是把握海洋渔村的振兴规律，其中就包括挖掘海洋渔村的多功能价值。

二、改革开放以来，关于渔村、渔业的改革政策是简单沿用农村改革的经验

1. 海洋渔村与一般农村有明显区别

一般农村是以血缘关系为基础构建出来的传统社区，以农业为主要产业聚落，是人们集中居住所形成的主要从事农业生产活动的居民聚居地。海洋渔村是典型的资源型社区，海洋渔村一般地处偏僻海岛地区，也是交通约束性社区。按照其地理位置属性，可以分为城郊渔村、海岸渔村、海岛渔村。根

---

① 广吉胜治，佐野雅昭．水产经济学的探究与应用[M]．江春华，曹莉，魏佳宁，韩冰，译．上海：上海译文出版社，2016.

② 丁硕重．海洋旅游学[M]．上海：译文出版社，2016.

据生命发展周期看，渔村可以分为衰败渔村、转型渔村、典型渔村。唐国建认为海洋渔村具有如下特征：村庄的边界比较模糊；人均耕地甚少，生存的资源主要来自海洋；生产工具是家庭生存的主要依靠；海洋渔民的合作意识比较强[①]。

2. 沿用农村改革政策的做法给当下海洋渔村发展遗留了重大发展障碍

(1)忽视海洋渔业生产环境的特殊性，海洋渔业简单套用联产责任制改革措施。实施农村实行联产承包责任制是基于土地资源固定而且可以分割的特性，可以提高以家庭为生产单位农业生产的积极性，解决原来集体化生产无法解决的生产监督问题，提高农业生产效率，解决人民的吃饭问题。而海水是流动的、立体的而且不可分割，况且海域不属于渔民、渔村，所以改革开放初期就不应该全部实行分船入户、单干，生产资料细分给个人，实行所谓渔业联产承包责任制，而应该对规模较大、管理水平较高、经济基础较好的生产单位走规模化发展经营之路。

(2)传统农业和海洋渔业的生产社会化程度不同。一般农业是以家庭为单位进行分散式农业生产，生产决策可以由家庭统一进行，所以一般农业的社会化程度低，尤其是种植业在传统上是自给自足的。而海洋渔业特别是海洋捕捞业是高度社会化的产业，从渔船未开动到渔船返港，海洋渔业生产所需要的生产资料及船员都需要从市场交易中获得。同时渔业生产本身就是高度社会化的生产，需要密切配合、齐心协力、各司其职才能满足生产要求，所以捕捞渔业类似于工业的车间生产，而且捕鱼技术更趋先进，原来渔民依靠海水观测鱼群，靠指南针辨别方向，现在依靠先进的机器、仪器。

三、海洋渔村振兴需要重新审视“小岛迁大岛建”政策的效果

1. 传统渔村衰败是沿海工业化、城市化与“小岛迁大岛建”规划性政策的综合结果

(1)从改革开放以来，我国的沿海渔村就被裹挟在沿海地区工业化、城市

① 唐国建.海洋渔村的终结——海洋开发、资源再配置与渔村的变迁[M].北京：海洋出版社，2012.

化、现代化过程之中，其经济社会发展面临人口减少、资源衰退的困境。虽然从国家层面上看，2005年以后开始了新农村建设，更早时地方政府为了节约渔村的公共行政开支、提升本地城市化水平，出台了“小岛迁大岛建”公共政策，这两个影响渔村建设的公共政策为广大渔村带来了深刻的变化。其结果就是大多数交通不便、海岛偏远渔村，伴随着海洋渔业资源的衰退，出现了人口移出，经济社会发展陷入停滞状态，渔村呈现过疏化趋势。以舟山群岛为例，20世纪80年代因海洋渔业资源衰退部分渔民开始外迁。20世纪90年代初政府实施“大岛建小岛迁”政策，进行了一次行政区划大调整，数十个小岛乡镇被撤并。随着这项政策的深化，服务设施的撤离，和上述其他因素叠加，到21世纪初，大部分小岛居民基本上都转移到了大岛，即使还有人居住，也是以老人为主。

(2)偏远渔村衰落是沿海地区工业化、城市化的连带结果。工业化、城市化的本质是人口的空间再塑造的结果。随着沿海地区工业化、城市化的发展，特别是工作机会的集聚聚焦，在工业和城市的双重引力作用下，在语言、文化、生活习惯相同的条件下，人、财、物和产业加速向城镇集中，渔村人才、资金会越来越被城镇裹挟，加上海洋渔业资源的衰退，那些交通不便、公共服务不完备渔村必然走向衰败。

2.“小岛迁大岛建”政策加速偏僻渔村的衰败

“小岛迁大岛建”举措重要意义与作用显而易见。另一方面筹划和实施“小岛迁大岛建”过程中也存在一些问题，如果在捕捞渔业繁荣时，提前对偏远渔村进行政策规划，偏远渔村渔民可能就不会将所有收入投入到本村的建房活动中，减少空间转向的成本，有效利用资源。同时，有些岛相对较大，经济条件较好，基础设施完备，在“小岛迁”的实施过程中尤其因为学校和医院的停办而导致青壮劳动力加速出岛，岛上只剩下一些老年人，特别是一些偏远离岛，老龄化突出，加速了村庄的衰败。

海岛渔村文化传承面临断裂危险。海岛渔村是海洋文化的核心载体。海岛渔村由于与大陆相对分离，有一定封闭性，岛屿文化呈现表现出与陆域文化相对明显的区隔性和独立性，海洋文化保留完整，特色鲜明。也由于陆岛相对分离状态的长期维持，外来陆域文化干扰力度较小，以及人类开发力度的适度，岛屿的文化系统得以长期稳定，保持了文化生态的平衡。但在今天，随着交通和资讯的发达，尤其是“小岛迁大岛建”公共政策的实施，岛屿相对封闭的状态被打破，岛屿海洋文化被置于陆域文化的巨大影响之下，同时又面临海洋大开发的时代背景，在这两种力量的双重压力面前，海岛渔村海洋文化的生存和传承受到严重挑战。

3.“小岛迁大岛建”政策导致政府对边海防的行政控制能力大幅度下降，影响国家海洋安全

加强对边远海岛的行政管制，对我国巩固国防，强化海洋国土保护有极其重要的意义。但因资源急剧衰退、生存环境恶化、经济的快速发展、城市化的加速推进和政府政策性迁移，边远海岛上的居民大量从世居的岛屿上迁离，有部分岛屿从有人岛变成无人岛，原有的行政设置被撤销或撤并，政府对这些岛屿的行政管控力大大削弱。原有的基层边疆防护力量、防护网络、防护作用削弱或消失。民兵预备役力量也只在少数的几个大岛上存在，原来维持几十年的强大基层民兵国防队伍和网络已不复存在。再加上多数岛屿没有驻军，虽然目前技防手段已非常先进，但与人员日常驻守还是有一定的差距。在我国与部分国家海洋国土争端加剧的今天，这一趋势进一步发展，对国家安全极为不利，不能不引起我们的重视。

四、依托国家乡村振兴战略，出台符合实际的渔村社区整体振兴策略

1. 制定渔村振兴策略

党的十九大报告提出要实施乡村振兴战略。因此，我国广大沿海渔村面临一个巨大发展战略机遇期，需要从满足广大海洋渔村人民的美好生活需要出发，从政策、机制、技术、资金、人才等方面入手，从政治、经济、社会建设等多方面入手，促进这一战略的实施。

不能孤立地看待海洋渔村振兴，应将海洋渔村振兴放在“五渔”联动发展的基础上。即将海洋渔村振兴和“渔业”“渔区”“渔港”“渔村”“渔民”联动发展结合起来，即从“渔业可持续发展”“渔区繁荣”“渔港百业兴旺”“渔村美好”

"渔民幸福"五个发展目标相结合,统筹兼顾,协调发展。

中央政府农业农村部及沿海地方政府需要关注海洋渔村振兴,关注海洋渔村的民生。需要投入专项资金,支持海洋渔村基础设施建设和环境治理。一般海洋渔村是基础设施的末梢,是基础设施和公共服务不平衡、不充分发展的典型社区。当前地方政府需要加大对海洋渔村码头、渔港、公路等交通设施,以及绿化、污水治理、垃圾分类、垃圾集中处理等公共服务的建设力度。

建立健全城乡融合发展与海洋渔村振兴的多元促进机制与政策体系。发挥地方政府的作用,对海洋渔村进行整体规划,针对自然资源条件、旅游资源、交通便利程度对海洋渔村进行分类,制定振兴渔村发展规划。进行制度创新,出台产业支持、金融支持、税收优惠政策。发挥非政府组织的作用,参与渔村环境综合整治;发挥工商企业的作用,利用工商资本下乡,如"联众模式",对海洋渔村进行整体再造。

2.对渔村进行分类,采取差异化发展道路

根据现有渔村的自然资源、历史、人口、产业发展情况,将渔村分成搬迁集聚类、城郊融合类、传统特色类、衰退类。首先,对于搬迁集聚类、城郊融合类渔村需要加速公共服务、基础设施的均等化配置,加快城市化建设,将村民纳入城市居民的公共服务体系,解决村民的就业、就业、养老、社会保障等生产、生活问题。其次,对传统特色类、衰退类渔村,这是海洋渔村振兴的硬骨头,需要全力以赴进行兜底行动,即在提高生存、生活水平的基础上,加强医疗卫生保障体、渔村排水设施和渔村道路建设,将这类渔村区域活化,探索社区产业整体改造的产业转型振兴策略,以产业吸引人从业、吸引人长住。

进行最美渔村建设。响应农业农村部"最美渔村"的倡导,结合渔村渔港改造,引进外资,发展民宿业和休闲渔业。以海岛渔村为依托,结合海洋牧场等建设,利用渔村设施、渔业文化、海岛风光,注重海上、海岛协同发展、错位发展和精细化发展,促进旅游业和渔业的深度融合,建设集文化、生态、生活、和谐之美,休闲配套设施齐全的最美渔村。

走一岛一特色的道路,就要大力支持美丽海岛升级,提供政策、资金扶助,进一步加大岛际交通、旅游基础设施的投入,推动主题岛屿打造、全域景区化建设、美丽海岛示范和区域协同化发展等项目建设。坚持“一岛一主题”,“1+1+N”的发展定位,稳定传统渔业,大力发展特色海岛旅游,推动海岛第一、二、三产业联动发展①。

3. 对渔村资源进行再盘点,深挖传统渔文化资源,对渔村集体资产进行再组织化

对渔村自然资源存量进行摸底,对渔港资源进行整合、优化,盘活资产经营,培育渔港经济区。渔村最重要的资产是渔港,最重要的资源是渔业资源,有些渔村拥有得天独厚的港口、岸线、滩涂、湿地等自然资源。要依港拓渔、依港兴产,注重资源特色,挖掘本地渔业和海洋资源特色,历史、文化、自然景观,发掘港航、船舶修造、水产品加工等工业旅游资源,形成差异化利用格局。

深挖和振兴传统渔业文化。渔村渔业生产生活方式本身就是文化,渔村海洋社会文化是海洋社会文化的基因,渔村的海洋文化能够被保存,传统的海洋社会才能被保护下来。由此需要梳理渔村悠久的海洋渔业文化及遗产,加大相关古籍、传统知识、传统技艺、乡规民约、民俗节庆、民间艺术等非物质遗产以及古村落、古建筑、传统工具等物质文化遗产的保护,推进海洋渔业文化遗产普查与挖掘、文化遗产修复研究、传统渔俗保护、传统遗产保护宣传教育等工作,全面复兴渔村传统渔业文化。

挖掘渔村闲置资源,对渔村集体资产进行再组织化改革。渔村的土地经营承包权、集体土地所有权(滩涂)、集体建设用地使用权、房屋所有权、公共码头产权、农地集体财产权进行确权登记,进行宅基地三权分置改革、三资改革,建设“村社一体”的合作社,协同合作,提高生产效率,通过集约化、再组织化来寻求发展。

4. 探索“产业+”“渔村+”“海岛+”“渔港+”“社区+”,培育渔村发展新业态,以渔业特色小镇建设为契机,发展民宿休闲旅游

产业振兴是海洋渔村振兴的基础,需要将渔村的传统产业向娱乐渔业、旅游渔业转型。海洋休闲渔业是劳动密集型产业,能够提供大量的就业岗

① 庄列毅,汪超群.补齐海上花园城市建设短板让老城区蜕变美丽海岛升级[N].舟山日报,2017—04—10.

位，能够发挥渔民的自身技能优势，并能够带动相关产业发展，休闲渔业产值一般是常规渔业产值的三倍以上[①]。

探索“产业＋”，壮大渔村综合实力。注重传统渔业的三产融合，“虚”“实”结合。将传统渔业特别是沿岸渔业、近海渔业、养殖渔业与二、三产业融合，以“水产品电商”“互联网＋”“渔村好赞 App”为载体培育新业态。注重实体经济与虚拟经济进行融合，将海洋旅游业与传统渔业进行融合，发展新业态，如潜水、冲浪、帆船、海钓等。

探索“渔村＋”，对一般渔村进行渔村旅游化改造，为发展民宿旅游业创造条件。以“特色渔村”、渔家乐、休闲渔业基地等渔村休闲新业态，作为一般渔村新的经济增长点。渔村休闲新业态是渔村利用本地的渔港、渔船、海水、沙滩等自然人文景观、自然生态及环境资源，将渔村生产、生活、生态融合，并结合水产品营销及休闲等第一、二、三产业于一体的产业形态。设计休闲渔业素材，包含渔村小区、体验游程、海洋知识教育等。

探索“海岛＋”，以特色渔业小镇建设为样板，转变渔业发展模式。特色渔业小镇建设就是集海洋特色和渔业文化、旅游观光、休闲养生为一体，结合渔港、渔村一体化地域特色建设，推进渔业资源修复、海洋资源的综合治理，坚持人与海洋和谐共生，走绿色发展之路的区域发展模式。特色渔业小镇建设将成为海洋渔村振兴发展和提升“小岛迁大岛建”政策重要的着力点和支撑点。

探索“渔港＋”，将典型渔村渔港进行游艇化改造，激活发展潜力。中国沿海地区的游艇经济和邮轮经济方兴未艾，由此对具有交通可达性及区位优势的典型渔村进行游艇港改造。一方面是对渔村基础设施进行改造，另一方面，将渔港进行改造利用，培育成渔村发展平台和产业载体，培育渔村发展的业态、生态、实施、文化，实现传统渔民和传统渔业的双转型升级。

探索“社区＋”，充分挖掘整合周边村庄的旅游资源。海洋渔村旅游产业发展需要整体营造。海洋渔村振兴需要产业振兴，需要共同利用海洋、渔村、渔业共同体的公共资源，特别是旅游产业的整体发展，单靠一家一户的个体

① 王国红. 南海经略中的渔民政策：激励与保障[M]. 北京：人民出版社，2018.

发展，旅游产业不能发挥旅游产业集聚效应，需要抱团发展、优势互补。渔村居民可以在维持共同体资源使用权的基础上，将其综合应用于旅游开发中，以提高地区附属资源的使用效率。在沿海地区海洋渔村往往和周边农村混杂散居，形成各自拥有不同的旅游资源的渔农村社区。“社区＋”就是基于社区资源，社区根据每个渔农村根据自身特点，进行统筹规划、整体设计、系统包装，“一村一品”，形成有合力地将周边的特色元素串珠成带的旅游集群，创造社区最大化价值。

5. 以党建为抓手，培育新型渔民队伍，引领海洋渔村社会治理

渔村振兴的关键是引领—人才—产业—资源振兴链的打造，而以党建引领渔村振兴人才培育是关键的关键。

以党建为引领，培育新型渔民队伍。吸引大中专毕业生扎根传统渔村创新创业，增加对知识青年、渔船主、种养殖大户等的渔业技能和绿色渔业发展理念培训，营造大学生创业环境，专门培育对海洋、海洋渔业、渔村有感情、有理想、爱渔村的本地精英，建设一支认同绿色理念，与传统渔村本土文化、生态本底、原住渔民等充分融合的有文化、懂技术、会经营的新型渔民队伍。

将外来渔工改造成职业渔民。基于本土渔民不断(占 1/3)减少外来渔工不断增加(占 2/3)的现实，为了解决外来渔工流动性大、安全培训教育及用工规范问题，需要将外来渔工组织起来，将外来渔工培养成有专业水平、懂政策、热爱海洋、热爱生活、遵纪守法的新型渔业劳动者。通过社会保障全覆盖、义务教育平等化、公司化规范用工及保险、事故渔民家庭帮扶、休渔期渔民再组织等措施，将外来渔工改造成融入当地的居民，以维持海洋渔村的海洋渔业的现实生产力。

发挥“党建＋旅游”的优势，促进海洋渔村社区旅游产业再造。党建是海洋渔村有效振兴的基层基础工作，可以发挥党组织的示范作用，可以巩固海洋渔村产业振兴的效果。以党建作为第一生产力要素，统一社区发展旅游产业思想，形成双赢模式的横向系列开发。以党建为第一生产力，动员基层党员先行先试，进行危旧房拆除、土地房屋整理、环境整治、诚信规范经营，引导村民建立渔家乐、农家乐，形成渔村社区整体营造旅游产业的产业气氛，共享

产业发展成果，使因渔业共同体公共资源使用产生的矛盾最小化，提高旅游开发的认可度。

6.重视具有海洋权益基线、国防等价值的海岛渔村保护与开发

要进一步强化国土安全意识，加大边远海岛国防投入。增加边远海岛的国防人员驻留和防卫及监控设施，保证边远海岛的国防安全，特别是一些领海基点性或是有可能被人觊觎的岛屿，应该派军人驻守。

停止一切削弱边远海岛行政管控政策的实施。慎重实施边远海岛行政区划的调整和基层政府的撤并，恢复或重设部分边远海岛的行政区划和基层政府，恢复和完善医疗、教育等基础设施，制定对边远海岛基层政府和居民的补助政策，特别是将部分边远海岛渔村渔民纳入民兵序列，发给工资和津贴，使他们能安心留岛，安心守岛。

加大对边远海岛的投资开发力度。发展远海岛屿旅游业，以发展带人气，以发展促国防安全。尽快完善无人岛投资开发政策，如互联网＋联众模式，吸引民间力量加入对边远海岛的开发，提升边远海岛的利用价值和国防作用。

解决当下偏远海岛渔村问题的最好办法就是把渔村振兴和强边固防两个目标统一起来，一方面，让渔民一边保护海洋环境、维护国家海防安全利益，另一方面也能让渔村村民安居乐业，通过发展民宿旅游业获得稳定体面收入。

第十一章　舟山海上花园城市建设

第一节　海上花园城市建设

建设海上花园城市是舟山群岛新区发展过程中的重大战略决策。该决策彰显自然(海洋)—花园—城市之间生态健全、环境优美关系的再塑造,符合当今世界现代城市发展的普遍需求。舟山群岛新区海上花园城市建设要基于舟山的实际,根据自身山海特色,符合自身发展阶段和发展需求,统一规划空间,奋力推进城乡一体化,实践海岛特色发展模式,建设绿色环保和谐环境,打造智慧新区,加强法治监督保障,着力建立健全全民参与建设机制。

《中共舟山市委、舟山市人民政府关于建设海上花园城市的指导意见》的出台,为舟山群岛新区加快提升城市综合功能,推进舟山市群岛型、国际化、高品质海上花园城市建设,提供了原则性、纲领性的战略指导。市委七届二次全会提出建设“创新舟山、开放舟山、品质舟山、幸福舟山”的目标,其中“品质舟山”即全方位提升城市的经济生活品质、文化生活品质、社会生活品质、环境生活品质,精当规划、精致建设、精细管理,把舟山建设成为功能完善、环境宜人、宜业宜居宜游、最干净最美丽的品质之城。而花园城市建设就是建设“品质舟山”重要软硬载体。为了更好领会该重大战略决策,需要把握“花园城市”建设的理论源头和实践发展,进而在建设实践中理论联系实际,提升群岛新区海上花园城市建设水平,为打造“幸福舟山”而奋斗。

一、花园城市理念的演进与本质

城市是人类文明发展的时代标志，体现人类文明的最高程度。人民为了更好的未来来到城市，而更好的城市又促使人民留恋、居留城市。可以说一部人类经济社会发展史就是一部城市发展史。随着西方工业文明而产生的工业城市出现了一系列问题，为了解决问题，花园城市理论由此产生。

1. 花园城市理念

花园城市(garden city)理念源于1898年英国人霍华德，它最初是城市规划的概念。花园城市提出的背景，是英国当时面临已有的基础设施和公共服务资源难以支撑城市人口急剧增加，而引发经济发展所带来的社会膨胀问题。由此，花园城市作为一种理念，其初衷是为了解决英国城市环境恶劣和社会问题的现实需求，缓解传统城市日益严重的环境问题和人口压力，建设一种可以自给自足的新型城镇。“garden city”将城乡结合，发挥各自优点。霍华德设想的“花园城市”总面积约24平方千米，其中4平方千米用于城市建设，3万居民；其余用作农业和疗养，2000居民。城市中心是个大花园，周围呈环状一圈圈地布置公共建筑区和商业区。最外是工业区，有铁路环绕，用绿地把居民区和四周的农田相隔离。有六条林荫大道从中心广场辐射出去，整个绿地组成完整系统。①

2. 花园城市理念的继承与发展

霍华德提出的具有理想色彩的花园城市理论，综合城乡优势，对世界城市发展和城市规划发展起了重要思想启蒙的作用。由此，实践或者发展花园城市的理念在世界范围内得到推广。

花园城市理念出现后，在世界范围内一些城市开始尝试建设。如表11-1所示，新加坡从20世纪60年代将“花园城市”建设上升到国家发展战略的高度，实现了经济发展与环境保护的协调，并通过花园城市建设提升了国家治理水平，将新加坡打造成一个生态城市、宜居城市。新西兰基督城也号称世

① 王绍增.关于花园式城市的若干理论问题[J].广东园林,1992(4).

界第一流的花园城市。在我国，1997年，环保部授予珠海、厦门、威海、深圳、大连、张家港为“国家环保模范城市”，而这些城市后来被称为花园城市。其实当时这些城市是以园林城市的面目出现的，而后园林城市成为改革开放后我国城市建设的一股潮流，强调建设公园和道路绿化。这股潮流是在当地经济社会发展的初始阶段，伴随经济发展而产生的对自然生态特别是市民对生活环境改善需求而产生的，具有阶段性和学习性。

表11-1　新城市建设理念

新城市建设理念	倡导者	理　念
森林城市	科乔金森(1969)	提倡“城市”与“森林”相结合：用森林包围城市，将森林引入城市，实现“城在林内，林在城中”
生态城市	联合国教科文组织(1971)	按生态学原理建立起来的一种社会、经济、自然协调发展，物质、能量、信息高效利用，生态良性循环的人类聚居地
园林城市	建设部(1992)	园林城市是以一定量的绿化作为基本的有机纽带，艺术化地组织和构造城市空间的各个基本要素，使城市形体环境有最佳的美学和生态学效果。而在实际操作中，主要是以绿化指标作为园林城市评判指标
山水城市	钱学森(1992)	在现代城市理论和建设实践发展的基础上，以民族文化为内涵，以高科技为手段，以特定的城市地理环境为条件，创造人与自然、人与人相和谐的，具有地方特色和中国风格的，最佳人居环境的中国城市艺术空间
花园中的城市	新加坡(1996)	在“花园城市”基础上，使城市与自然完整融为一体，让“花园”从城市的点缀变为城市的轮廓。注重自然生态遗产和生物多样性的保护，将之延续扩展至已有自然保护区之外，融入城市的人居生活空间

在我国沿海或海岛地区，打造海上花园。有舟山市定海区要打造生态定海、海上花园，温州的洞头区、台州市玉环市、山东长岛县也要建设海上花园。尤其是厦门市，根据厦门市处在海岛的自然特点及丰富人文资源，如海岛、礁石、寺庙、花草、树木，尤其强调要打造厦门的鼓浪屿成为海上花园。

通过以上关于花园城市的概念和描述可以看出，花园城市理论旨在解决现代社会城市生活与乡村美好环境之间矛盾的同时，实现城市公共服务资源分布的均衡性。花园城市规划理论希望城市的公共服务资源可以最大限度地让不同社区的人们共享,并且人们可以尽可能地通过低碳交通前往公共服务设施。[①]

3. 花园城市建设的本质是建设"社会城市"

霍华德针对当时英国大城市所面临的问题,提出用逐步实现土地社区所有制和建设田园城市的办法来逐步消灭土地私有制和大城市,建立城乡一体化的社会城市。根据1919年英国田园城市和城市规划协会的定义,"田园城市是为了安排健康的生活和工业而设计的城镇;其规模要有可能满足各种社会生活,但不能太大;被乡村带包围;全部土地归公众所有"。而所谓社会城市就是由一个中心田园城市和若干个周边田园城市所组成的中小城市集群,城市群内以包括地铁在内的各种快速交通网络紧密联系在一起,从而既可以实现与大城市一样的高效率,又可以避免大城市所固有的弊病。[②]

花园城市理论强调城市建设要科学规划,是突出园林绿化的绿化城市理论。建设"花园城市"的目标不是把城市变成"花园",而是把花园看成是自然(乡村)与城市联结的纽带,把花园看成是城市与乡村交融环境的公共空间,彰显城市与乡村的自然过渡秩序安排。同时花园城市建设也不是只强调城市的发展而割裂城市与乡村的关系。将花园和城市建设融合在一起,以生态科学为指导把有一定绿化基础的城市建设成为的"花园式城市",则是彰显自然—花园—城市之间生态健全、环境优美关系的再塑造,符合当今世界现代城市发展的普遍需求。

二、花园城市的评选标准与原则

花园城市建设作为一种理念,在建设的实践中逐渐形成了关于花园城市的评选标准和原则。

1. 花园城市的评选标准

根据国际公园与康乐设施管理协会IFPRA所制定的国际花园城市评选

① 任登峰,郑林.关于和谐花园城市建设的理论探讨[J].国土与自然资源研究,2005(4).

② 金经元.明日的田园城市[M].北京:商务印书馆,2000.

标准有5条:园林景观的美化,改善园林景观的设计,合理应用适合客观环境和城市文化的植物及美化城市的其他方式;遗产管理,指对现存的建筑和园林景观遗产的保护;环境保护措施,指通过制定和实施公众环境保护活动,公众环境保护意识提高的状况及环境保护的程度;公众参与,指志愿者、企业和社会对园林景观美化承诺的实证;未来规划,确保园林景观保持发展的创造性规划指标。

2. 花园城市的原则

英国城乡规划协会指出一个典型的花园城市具有以下几个原则:①居住区的规划采用邻里单元的方法,社区服务设施处于步行范围之内。②大量的公共绿地和居民休闲娱乐设施。③社区的规模和公共设施的布局具有较好的可达性,人们可以在居住地点、工作地点和公共服务设施之间方便来往。④一个综合的立体的城市绿化体系,包括公共绿地、私人庭院,以及道路绿化网络。⑤一个综合立体的交通体系,尤其是非机动车交通网络。[①]

花园城市发展运行的核心是环境、社会、经济三位一体的全面协调。花园城市建设,需要吸纳人本主义、小城市群、城市时空理念,利用现代城市规划方法,形成多中心、组团式、网络化的城市空间布局和人性化、生活化的城市空间结构,在满足城市功能的前提下,达到环境效益的最大化,实现城市的经济性、合理性、生态型、可持续性的统一。它既有优美的田园风光,也有强大的现代化功能,并能够体现丰富的历史文化内涵,是体现"自然之美、社会公正、城乡一体"核心思想的新型城市。

花园城市追求人地和谐、人人和谐、古今和谐、城乡和谐的四大和谐。①花园城市以人为本,花园城市建设的目的是为生活在这个区域的居民,提供更好生活质量、生活环境的平台和载体。同时,将山、水、天、林、路等自然因素融为一体,保护较大规模的农地,发展现代景观、立体农业,利用花园植物构建景观,把城市生活的便利性与乡村的优美生态环境结合在一起,使人与自然和谐相处。②花园城市是兼有城、乡的有利条件,搭建一个新城市群,一个社会城市,将农村的发展纳入城市的发展轨道,将乡村田园生活和城市生活

① 杜赫.基于花园城市和城市化理论的英国新城公共服务设施规划探讨[J].建筑与文化,2016(8).

的优点有机结合，兼具城乡优点的真正的城乡一体化。③花园城市注重保护本地的历史文化遗产和工业遗产，注重乡土生态及人文景观保护，体现古今和谐。

三、对舟山群岛新区海上花园城市建设的思考

舟山群岛新区海山花园城市建设是基于舟山的实际，在国家整个城市化进入稳定发展时期，根据自身山、海特点，突出海洋、海岛、海岸特色，符合自身发展阶段和发展需求的战略选择。

1. 统一规划空间

将城乡作为一个统一空间进行规划。在城乡布局方面，形成城市—卫星城—乡村的同心圆圈层，城市居中，四周为农业、渔业用地，包括耕地、农庄、果园、森林、沙滩等，配有学校、医院、健身中心等基础设施，外围设有工厂、仓库、码头、市场等。要在舟山本岛区域内，建立若干卫星城，呈现多中心组团式城镇聚合。在目前已经形成的定海—临城—沈家门—东港中心城市城区的基础上，培育金塘、马岙、白泉、朱家尖等卫星城。同时，按照中国(浙江)自由贸易区规划，打造绿色石化、油品、航空产业、国际海事服务四个产业小镇，这些新城建城面积在10～30平方千米，居住人口保持在5万人左右。

城市的规划基于综合分散式布局，交通和公共服务设施均衡分布。城市中心以综合式集中分布为主，提供集中式商业服务设施、集中式公园绿地、文化休闲设施。在以城带乡、城乡一体化发展的大背景下，结合舟山群岛新区发展规划及"十三五"规划，结合产业结构、城镇布局、人口居住及基础设施等因素综合考虑，各个组团城市及卫星城之间通过快速通道连接，以花园生态带、绿化带相区隔。

在城市交通规划上，城市的道路体系主要是网格式布局，以给不同地区的居民提供多元的公共服务设施。城市中心以320米×150米的网格进行划分，不同网格之间有着绿色公共交通大道和立体人行交通。城市公共交通便利，每个交通网格的中点分布着公共汽车站点，居民可以从社区中任何地点6分钟之内步行抵达。在社区公共服务设施集中地区和社区交界处布局规划人行天桥和人行地桥。

2.奋力推进城乡一体化

认真落实浙江省十四次党代会报告关于“健全城乡一体化体制机制，促进城乡在规划布局、要素配置、产业发展、基础设施、公共服务、生态环境保护等方面相互融合共同发展，深化‘三权到人(户)，权跟人(户)走’改革，加快实现城乡公共服务均等化、居民收入均衡化、产业发展融合化”的工作要求，以城乡一体化发展为核心，树立“城市花园化，乡村城市化”理念，推进舟山“全域统筹，一体发展”。

城乡交通一体化，从市区公交扩展到全域公交。利用本岛三纵东西公路，即北向疏港公路、定沈快速通道(329国道延伸段)与南部沿海快速通道之间形成南北贯通的公共交通“鱼骨架”，建设以定海—新城—沈家门作为核心节点的大容量快速公交线路，初步建成以东西方向为主、南北方向为辅的地面公交快速通勤系统，接驳周边离岛的水上航线，提高城乡公共交通的便捷度，实现海岛公交服务多样化、多层次、精准化。未来以铁路舟山白泉站为中心，搭建面向定海城区—临城城区—沈家门城区的扇形城乡公共交通网络，在火车站附近新建舟山长途汽车站。

深化舟山渔农村产权制度改革。建立适应舟山渔农村发展的“村社一体、合股经营”的合作社，盘活农村集体资产，建立渔农村集体资产公共所有制，在城乡统一规划下，有条件地放开渔农村产权交易，实现城乡市场因素的一体化配置。

构建覆盖式社区公共服务。城乡一体化本质是城市财政向农村倾斜，公共财政向事关民生的教育、医疗、住房和养老倾斜。城乡统筹设置生产和服务用地，以居民社区为依托，保障城市中大部分人就近就业，居民可以方便快捷享受充满人情味的教育、医疗服务。

3.实践海上、海岛特色发展模式

因地制宜，创建海洋、海岛、海域特色宜居环境。舟山经济和社会可持续发展的必备的基础和支撑是环境。舟山具有阳光、蓝天、岛屿、海水、洁净空气的天然环境优势，要把这些优势放在优质环境资产的位置，把优良美好环境资产看成舟山发展环境最具竞争力的因素、要素，同时把海上花园城市建设看成最重要的环境基础设施。根据舟山处在海上、海岛的自然状态，按照全域绿化—色彩化要求，引进植物—鸟类，绿化—色彩—香味，因地制宜地选择适合当地食用、药用、具有观赏价值的植物品种进行引进、培育，保护本地名木古树。利用绿色网络规划与绿色廊道，建设均匀分布的城市公园、居住区公园，营造不同层次片、带、面及立体绿色空间，通过廊道系统，将这些绿色空间并联起来，提升市民与绿色空间连接的通达性。在舟山河道短小、狭窄、流域面积小的不利条件下，利用雨水、污水搜集，维持绿色植物、河道清洁之需。

注重绿化与基础设施一体化设计施工。桥梁是舟山重要的基础设施，目前舟山就有大大小小的跨海大桥几十座。舟山群岛有1390多个海岛，其中有人居住的海岛100多个。而有岛就有桥，尤其是在舟山本岛周边就有很多桥梁，岛多桥多也是舟山的特色，因此海上花园城市建设也不能忽视这一人造景观。要从桥梁是单纯交通设施的理念中超越出来，在桥体设计施工中，有预设地考虑绿化栽植的设备与管道，将桥梁变成一座座有生态、绿化功能的环境基础设施。

打造舟山美丽海岛景观带，提升千岛之城魅力。发挥舟山蓝天白云、海鲜鲜美、空气清新的自然优势，在舟山本岛南部打造两个横向组团式海岛景观带，即长峙“海洋教育岛”、岙山“石油储运岛”、摘箬山“科技岛”、盘峙“养老休闲岛”、凤凰岛休闲岛，普陀海岛景观带包括白沙精品示范岛、“海天佛国”普陀山、“沙雕故乡”朱家尖、“金庸笔下”桃花岛、“东海极地”东极岛，通过跨海大桥或航线将这些主题海岛串联成一条海上美丽景观带。在舟山本岛北部，打造纵向海岛景观珍珠链，即长白休闲岛、秀山滩涂休闲岛、长涂工业旅游岛、衢山休闲岛、嵊泗海山风情列岛。并依托美丽乡村、美丽海岛建设工程，加快打造舟山海岛、渔村游为代表的旅游业态，串联休闲渔农业、乡村旅游景点、渔家民宿建设，形成“一村一景”“一户一特”的海岛乡村旅游特色品牌。

发展具有海岛特色的都市农业。花园城市建设的本意是城乡融合，使乡村融入城市，而发展都市农业是乡村迅速融入城市的理性选择，其实花园代表绿色、田园、农业，花园不仅种植花卉，也有各种农作物，可以成为城市和整个区域的绿色屏障和市民的休闲场所。都市农业具有生产、生活、生态、旅游、教育、辐射等多种功能。舟山群岛新区应该利用岛屿分散分布及农地零散化的特点，发展农业公园、观光农园、市民农园、休闲农场、教育农园、高科技农园、森林公园、民俗农园，将城乡有效经济、生态、生活联结，将花园城市生态化、农业化、生活化。

注重海上、海岛协同发展、错位发展和精细化发展。从群岛新区海岛众多的实际出发，走海岛特色发展道路。走一岛一特色的道路，就要大力支持美丽海岛升级，提供政策、资金扶助，进一步加大岛际交通、旅游基础设施的投入，推动主题岛屿打造、全域景区化建设、美丽海岛示范和区域协同化发展等项目建设。坚持“一岛一主题”，“1+1+N”的发展定位，稳定传统渔业，大力发展特色海岛旅游，推动海岛第一、二、三产业联动发展。

4. 打造绿色环保和谐环境

在低碳和生态成为当今城市发展的世界潮流之时，发展绿色环保、倡导绿色文明、推广低碳绿色生活方式、营造低碳绿色城市环境已经成为每个城市的首要选择。

扩充城市绿地面积，全视域绿化。花园城市建设要求绿地占城市面积1/2以上，重视墙面、阳台和天台的绿化。定海、沈家门等老城区需要通过大量密集的旧城改造，降低住宅密度，向周边新城区转移人口，要多腾挪出一些空间，在原址增加绿地面积、景观空间或公共基础设施（如街头公园、广场、景观绿地、停车场、充电站、健身广场等），打造一批特色景观街或特色公园，丰富城市色彩，营造唯美氛围。

城乡环境综合整治。以建设管理城市的大格局，实施城乡环境大整治，建立“五水共治”“三改一拆”长效治理机制。在城市，主要以整治秩序为主，聚焦城乡环境综合整治中的热点难点问题，聚焦交通秩序、市容市貌，加大城中村、旧城区治理和改造力度。在农村，以环境治理为主，主要治理水污染、生活垃圾、固体废弃物、村容村貌。

5. 打造绿色智慧新区

智慧城市是舟山海上花园城市建设的应有之义。城市的智慧化是城市未来发展的必然趋势。舟山需要结合本地工业化、信息化发展水平，利用舟山“网格化管理，组团时服务”成熟的经验，以物联网、智能海上电网、智慧水网建设为基础，社会关系联结与物理联结相结合，联结城市系统中的物理基础设施、信息基础设施、社会基础设施，提高城市整体以及各个系统的运行效率。大力发展智能装备、智能物流、智能港口、智慧海洋金融，发展智慧通航产业和小飞机维修业。

加快电子政务平台整合。整合银行、计生、民政、发改委系统，探索建立“政府并联审批”，建设区域性便民服务平台，提升政府工作效率、决策水平，打造良好自由贸易区营商环境。

营造智慧生活。建设智慧教育系统，完善教育网络，改善教育条件。实施“数字化医院”，构建智慧医疗体系，建设覆盖全舟山的医疗、保健和公共卫生信息网，让人民享受智慧医疗。建设智慧食品供应链，建立食品安全的全程监管。

6. 加强法治监督保障

科学建设海上花园城市，需要优质的法律服务、全社会认同的法治文化、国际化和法治化的营商环境、有效的法制文明，从而保证海上花园城市健康发展。

以健全法律保障作为基础。在绿色、低碳成为世界潮流的今天，要保障花园城市建设有法可依、有法必依，可以学习新加坡的法治保障经验。在“花园城市”建设方面，新加坡政府的立法体系始于 1975 年出台和生效的《公园和树木法案》(Parks & Trees Act)。此后经过历次重大修改，特别是 2005 年的修改法案，并辅之以其他配套法案，如 1996 年《国家公园法案》修改后重新实施的 2005 年《国家公园委员会法案》等，形成了新加坡城市环境绿化保护的专门法律制度，既赋予相应政府机构(也就是历经发展的国家公园局)法律效力，又为政策推行提供了法律依据，起到了维护生态自然和保持与扩大绿化成果不可或缺的作用。2005 年经整体性修改，该法案再次明确种植、维持和保护国家公园、自然保护区、遗产道路防护绿地、树木保存区域和其他特殊区域的树木与植物以及负责其他相关事务是法律赋予相应机构和人员的权力。[①] 目前，在花园城市建设中，已有的法律规范主要有《环境保护法》及浙江

① 王君，刘宏. 从“花园城市”到“花园中的城市”——新加坡环境政策的理念与实践及其对中国的启示[J]. 城市观察，2015(2).

省《城市绿化条例》和《浙江省城市绿化管理办法》，在舟山群岛新区获得省级立法权之后，可以出台类似新加坡的《公园和树木法案》，以规范花园城市建设涉及的重要法律关系。

以法律制裁为后盾。除了通过法律法规界定花园城市建设的责任机关、职能及相关权力外，必要的手段也是必需的，只有在政策、法律引导下，配套相应制裁措施，花园城市建设才能走上正轨。如新加坡就有对于破坏绿化行为的行政处罚以及恢复原状规定。新加坡对于破坏绿化的行为活动以罚款和监禁为主要处罚方式。《公园和树木法令》中对于破坏绿化和树木的行为做出了具体和详细的处罚规定，同时也是明确要求当事者履行对遭到其破坏的绿地或景观进行修复至恢复原状的义务。①

7. 建立健全全民参与建设机制

发挥政府、市民、企业及社会组织的作用。政府、市民、企业及社会组织是花园城市建设利益相关者、行动主体，通过这些行动主体实质性参与，在较高协同性、创新性影响下，在地方政府主导下，超越地方政府的意志及理想，形成一股建设花园城市的合力。

政府的主导之用。政府可以通过政策引导和规划、法律法规和宏观调控对花园城市建设进行引导。尤其是通过城乡规划确定花园城市发展的战略方向、基本原则、总体目标及阶段性分解目标，鼓励市民积极参与城乡规划，通过项目招标、设立智慧城市关键技术研发专项基金，推进产学研合作创新体制建立，加快成果转化与应用。

建立舟山海上花园管理局。超越城市绿化委员会的非常设及咨询作用，把绿化委员会办公室从市农林与渔农村委员会整体划转，移交其绿化造林、全民义务植树等功能，把市政公用、市容环卫和园林绿化等城市管理职能从住建系统成建制划转，建立统筹整个舟山群岛新区花园城市建设并赋予法律责任的独立机构——海上花园管理局。通过整合，将园林绿化的行业管理、绿化养护、运行安全和应急管理等职能都纳入海上花园管理局。在保持独立性、灵活性下，与市国土资源局配合，进行全域公园、绿化、自然保护区、雨污搜集

① 吴安格，林广思. 新加坡园林绿化政策法规及经验借鉴[J]. 中国园林，2017(2).

利用、珍贵彩色健康森林、绿色游步道连道系统和开放空间的统一规划管理。

个人(市民)的积极响应。市民是花园城市建设的参与者、建设者、享用者。市民积极参与花园城市建设是花园城市建设成功的最关键力量,每一个建设环节都需要市民参与。国外成功的建设范例都刻意鼓励市民参与。无论是城乡规划方案的制订、项目的实施,还是建设的监督、监控都应该鼓励市民广泛地参与,如个人绿地认建认养认种,并且出台具体措施,赋予市民参与的权利,拓宽参与的渠道,并通过广泛积极的参与来提升市民生态保护意识、观念与能力。提倡家庭绿化,即在家庭私人庭院、住宅阳台、窗台、墙体等区域,搭建立体绿化,在自己的私人领域建设小花园。

企业和其他机构(如基金、志愿者、赞助商、合作者)的协同参与和讨论。企业要改变过去环境破坏者的形象,承担花园城市建设的社会责任,利用企业的人财物优势,开发低碳、可持续发展新能源、新材料、新技术,以身作则,进行环保、生态生产活动。而基金、志愿者、赞助商、合作者可以发挥各自长处与功能优势,利用专有资金、技术、人才、专业知识、理念优势和有效率组织能力,创新社会资本 PPP 建设运营模式,为花园城市建设提供资金、咨询、监督服务。

第二节　以铁路舟山(白泉)站为中心重构舟山公共交通体系

随着甬舟铁路建设提上议事议程,基于铁路运输运量大、速度快、成本低的特点,铁路舟山(白泉)站将成为舟山本岛公共交通的中心枢纽。由此,需要对舟山本岛乃至整个舟山区域的公共交通体系进行前期全域、多层次、多种交通方式融合的重新构建,打造以舟山(白泉)站为中心三个圈层集江、海、铁路、公路、航空等五位一体的多式联运综合体系。

舟山甬舟铁路建设领导小组成立、甬舟铁路接轨方案基本明确 2018 年年底前开工先行段建设,甬舟铁路建设已经提上议事议程,尤其确定甬舟铁路在舟山本岛的终点站在白泉。白泉是舟山本岛的地理中心,在白泉建设甬舟铁路中心站实至名归,同时整个舟山的公共交通运行与管理面临新的挑战。

由此，以铁路舟山(白泉)站为中心的公共交通建设，就是一个助力“交通大会战”“四个舟山”的重大交通战略，必须提前谋划。

一、铁路舟山(白泉)站将成为舟山公共交通的综合中心

(1)在理论上，铁路登岛将使铁路运输方式成为舟山物流、人流进出、海陆统筹的最重要运输方式。

铁路运输具有其他运输方式不可比拟的优势。铁路运输由于受气候和自然条件影响较小，且运输能力及单车装载量大，在运输的经常性和低成本性占据了优势，再加上有多种类型的车辆，使它几乎能承运任何商品，几乎可以不受重量和容积的限制，而这些都是公路和航空运输方式所不能比拟的。

铁路上岛已经成为舟山经济社会发展的必然。舟山发展受自然条件制约没有享受铁路运输的便利，在区域发展中一度被边缘化。舟山群岛是孤悬在杭州湾以东东海的海外海岛，由于建设成本高、运营效率低及技术不足，舟山本岛作为我国第四大海岛一直没有开通铁路。“要想富，先修路”这个区域发展中交通先行的道理在舟山发展中越来越凸显，从 2011 年起基于舟山优越的区位资源优势，国家赋予了舟山跨越式发展的多重战略，但是舟山限于缺乏铁路交通落后的现实，致使国家的战略决策红利并没有真正落地。在新的一轮浙江大开放中特别是义、甬、舟开放大通道建设、杭州湾建设，铁路上岛已经成为舟山经济社会发展的必然要求。

(2)在实践上，铁路上岛将改变舟山以公路和水路交通为主的二元交通格局，也将深刻改变舟山组团式多中心的运输格局，铁路舟山(白泉)站将成为舟山公共交通的综合中心。

由于舟山自身的群岛自然条件，舟山群岛内部的公共交通以水路链接岛内公路交通为主，形成舟山本岛定海—普陀中心、岱山高亭中心、嵊泗菜园中心的多中心运输格局。

从 2009 年开始舟山跨海大桥开通以后，舟山本岛的公共交通变成以公路为主、水路为辅的双轨交通格局，其他小岛仍旧以水路为主、公路为辅。

铁路舟山(白泉)站将成为舟山新的公共交通枢纽。而铁路上岛将给舟

山群岛的公共交通带来根本性的变化，将深刻改变舟山现有的以公路和水路交通为主的双轨交通格局。根据浙江舟山群岛新区发展规划及舟山本岛的自然条件，铁路舟山（白泉）站将成为舟山新的公共交通中心，将成为舟山本岛连接铁路、公路、航空、水运的舟山公共交通枢纽。同时，舟山的公共交通将形成以舟山铁路（白泉）站为中心、辐射东西南北的核心—外围—边缘的大公共交通圈层，进而重构舟山公共交通体系，形成南联宁波、北接上海的区域公共交通枢纽。

二、要做好舟山交通方式融合的前期规划和综合规划

1.学习半岛型城市的经验，做好公共交通前期规划工作

发达半岛型城市公共交通的治理经验值得借鉴。舟山跨海大桥的开通使舟山成为一个半岛型城市，而未来铁路上岛必将使舟山成为一个真正的半岛型城市。作为半岛型城市的厦门、青岛、大连等先行城市，它们拥有高效利用地下空间、运用人工智能与大数据提高公共交通安全、交通治理、城市治理的经验，这将是舟山发展公共交通事业的学习典范。

舟山公共交通规划的前期规划目标：①基于海岛区域土地资源相对稀缺的现实约束，公共交通布局要集约、降低能耗；②公共交通路网要便捷高效；③公共交通的方式要低碳，符合“品质舟山”建设要求；④公共交通要促进海上花园城市、自由贸易港建设，符合“四个舟山”建设要求。

2.做好宏观、中观、微观综合公共交通规划

（1）在宏观层面，重点展开白泉、临城、定海城区三地的区域同城绿色道路与交通规划。交通骨架引导都市区用地空间的拓展布局，形成高可达和低需求的土地利用交通系统模式，根本上引导合理的出行需求，以高快速路网保障同城的道路供给，明确以公共交通、慢行交通为主导的绿色交通方式，促进城市道路与交通低碳高效。

（2）在中观层面，重点在于各城区间与城区内的绿色道路与交通规划。以交通枢纽和廊道引导公共服务功能多中心布局，以科学的道路来组织必要快速的跨城区交通和便捷可达的城区内部交通。跨城区交通高效低碳：提供

多条通廊快速到达，形成中长距离出行以快速公交和普通公交为主体的绿色交通方式，加强道路和交通的快捷衔接。城区内交通便捷低碳，根据不同功能城区差异化布局城区内部路网，形成中短距离出行以常规公交和慢行交通为主体的绿色交通方式。

(3)在微观层面，公共交通规划要以人为本，以绿色、低碳、友善为指导。在具体公共交通规划上，重视重要绿色慢行空间，对主干道路、桥梁进行绿色设计，充分考虑乘客的出行需求，将海绵城市、园林景观、湿地公园、雨水循环系统、绿色交通软环境管理、绿色交通硬技术实施设计综合起来，为人们提供舒适人性化的交通空间和城市环境。

三、搭建舟山本岛内部公共交通核心圈层

1. 需要将舟山原有的公共交通网络进行重新谋划

公交枢纽一般结合铁路、公路、航空和水运等交通方式综合设置。通过公交枢纽可以有效地组织客流，方便乘客换乘各种交通工具，构成一体化交通网络。

根据舟山群岛新区“南生活、北生产”的总体布局、传统的生产生活产业布局并结合舟山公共交通的大数据分析，可以看出舟山本岛的公共交通需求主要存在于定海城区—朱家尖一线。因此，当舟山(白泉)火车站成为新的交通枢纽时，需要对舟山内部公共交通体系进行重新谋划。

2. 准确把握舟山(白泉)火车站定位，在舟山(白泉)火车站建设舟山长途客运中心，实现长途公路运输和铁路运输广场换乘

舟山(白泉)火车站应定位于小型高铁枢纽。基于舟山本岛交通的现实情况，即上岛客流具有淡旺季节性和本岛交通的弱集疏性，舟山(白泉)火车站应定位于小型高铁枢纽。

设计铁路交通与舟山长途客运的广场换乘。广场换乘是一种兼顾进站客流、出站客流最常见的换乘方式。同时，这种换乘方式建设成本低、适合舟山市情。因为进入舟山群岛本岛的长途公路客流与铁路客流具有替代性，加上舟山(白泉)铁路站的定位，舟山铁路交通与长途客运应该采用广场换乘方

式。公路乘客在广场上的落客点下车，进入高铁站房候车；铁路乘客从地下一层出站后，可以先到达地面层，从室外的站前广场上到达长途客运的售票及候车大厅。

将处在盐仓启用不久的舟山长途客运中心调整为公交定海西站。

3. 利用 TOD 开发模式探索铁路舟山（白泉）枢纽站综合开发，打造白泉高铁新城

随着铁路舟山（白泉）站建设的日益临近，铁路舟山（白泉）站必将成为舟山本岛发展的核心区块，成为定海新的交通中心，而如何把交通中心融合发展成白泉城区的商业中心，提升白泉城区的吸引力，从而带动周边商业、房地产、旅游业的发展，就是值得思考的大问题。

TOD 开发模式是一种强调公共交通优先发展为导向的开发模式。它以交通人流促进所在地商业发展、以商业多元化经济发展提高公共交通的运行效率，在一个以公交站点为中心的区域，形成以 400～800 米或步行 5～10 分钟路程为半径的开放性包容性的集居住、工作、娱乐、文教为一体的现代化社区。在该社区，人们可以选用多种便捷的出行方式，使商业中心和交通中心合二为一，通过组团式的土地高效利用和协调各种交通方式配置，缓解交通拥堵问题，提高土地综合开发水平。

发挥 TOD 模式融合商业中心与交通中心的优势资源，打造白泉站高铁新城。以铁路舟山（白泉）站为中心，落实“公交优先”政策，将白泉城区打造成集铁路、长途客车、公交、出租、租赁、共享汽车、私家车等交通方式于一体，交通集散、商贸办公、商业金融、酒店会议、休闲娱乐等功能于一身的现代化、立体化、综合性高铁枢纽综合区，使白泉城区获得区域经济效益、交通效益、社会效益的协调发展。

四、打造舟山本岛外围公共交通支持圈层

1. 加强铁路与公共交通接驳，构建无缝接驳体系

在“绿色换乘”理念下，以“常规公交为骨干，快速公交为主体，出租车为辅助，社会车辆为补充的”多模式一体化铁路枢纽交通接驳体系的建构原则，

按照不同交通方式的优先等级，构建铁路枢纽与常规公交、出租、社会车辆一体化衔接布局和换乘组织模式。

以舟山(白泉)站与其他公共交通一体化衔接和换乘模式，构建立体化、综合化、绿色化的无缝接驳体系。该体系包括：与舟山长途客运站衔接和换乘、与普陀山机场联运、与公交车衔接与换乘、与慢行交通(步行、自行车等)衔接和换乘等，也包括：共享单车管理、公共自行车配套、公交服务水平、公交场站配套建设、换乘价格调节及私家车、巡游车、网约车接驳等。

在舟山(白泉)站周边设置巡游出租车、网约出租车停靠站。在现有接驳配套设计中，需要统一设计巡游车、网约车、私家车等泊车设施，充分利用长途汽车站、火车站点周边公交站点，设置出租车专用泊客港湾、通道，或由交警部门设置临时停车点。

2. 调整现有公交线路

原来舟山公交线路是根据舟山本岛的地形，以西北—东南鱼骨架的布局展开，以沈家门—定海两大中心展开。当白泉铁路站成为新的物流、人流中心后，需要对舟山本岛公交线路进行全局调整，即80%左右的公交线路要以舟山(白泉)火车站为中心进行调整。

3. 港城互动，建设环岛公交，开通舟山(白泉)火车站到水路交通枢纽、重点区域、景点、酒店的公交(客运)专线

客运专线。委托第三方进行客流调查和预测，考虑在原有公交线路的基础上，开设或改造白泉—普陀山机场、白泉—定海港码头、白泉—三江客运码头、白泉—蜈蚣峙码头、白泉—半生洞码头、白泉—墩头民间码头、白泉—新城长峙岛客运站码头等水路公共交通枢纽的客运专线，逐步完善、新开相关专线，服务市民和国内外游客。

客运环线。利用新的公交线路链接舟山的铁路、公路枢纽、航空站点，在原来公交25路的基础上，新设一路公交将普陀山机场—普陀山蜈蚣峙码头—普陀长途客运站—舟山(白泉)火车站—定海长途客运站连接起来。

4. 以舟山(白泉)火车站为中心搭建舟山本岛北部BRT系统

建设定海城区—白泉城区—东港的舟山本岛北部BRT。目前舟山本岛

只有定海—东港一路 BRT。随着白泉铁路中心站建成，来舟山的多数旅客要通过铁路中转，因此需要建设一条连接定海城区—白泉城区—东港的舟山本岛北部 BRT 系统，以便快速疏导铁路客流，方便白泉城区、舟山本岛北部产城融合带及舟山海洋产业集聚区居民出行。

长远规划，在岱山岛连接舟山本岛通道秀山段完成时，在定海城区—白泉城区—临城城区—东港城区—朱家尖城区建设轻轨。

拓宽本岛北部疏港公路。由现在 4 车道拓宽为 8 车道，同时提升道路的通行等级。

5. 打造面向普陀（沈家门—朱家尖）、临城、定海三大城区中心扇形公共交通枢纽

从舟山城区人口聚集情况看，形成了临城、定海、沈家门三大城区中心，所以当下的本岛公共交通路网建设要以铁路舟山（白泉）站为中心，向东、南延伸，依托 329 国道、岑白快速通道、沈白线，形成以白泉为中心的“二横四纵”面向普陀（沈家门—朱家尖）、临城、定海三大城区的扇形公共交通枢纽。

拓宽白泉—三官堂一线，对接定海城区环城南路隧道工程，并对接新城大道和弘生大道，为白泉连接临城西部城区乃至规划中的甬东至长峙岛大桥创造一条便捷通道，长峙车客渡码头南部诸岛。

加快实施定海双拥路至白泉公路工程，将定海城区、白泉城区、无缝对接，形成定海—白泉一体化城区。

五、构建舟山公共交通的外围边缘圈层

1. 北上上海

利用高铁从马岙至白泉隧道施工的机会，并行建设马岙至白泉的快速道路。串联白泉金山社区和新建社区，打造本岛西北部马目地区至白泉的通道。

短期目标：加快建设宁波舟山港主通道。依托宁波舟山港主通道项目，以对接岱山、嵊泗方向的高铁客流，为舟山至上海的北上大通道做准备。谋划秀山—舟山本岛工程，将岱山港客运中心前置到兰山客运中心，对接三江码头。

长远目标：建设舟沪直连通道，沟通浙东北、浙东、上海浦东和南通地区。

谋划连接岱山本岛至大小洋山的跨海大桥。在铁路上舟山本岛的基础上，用高铁或城际铁路方式连接规划中的上海高铁东站，发挥沪舟同城效应，形成沪舟高质量发展的陆海统筹一体化，为舟山利用上海浦东进而连接南通及苏北创造条件，最终使铁路舟山（白泉）站成为国家沿海高铁线的重要节点。

2.南下宁波

在现有甬舟高速公路的基础上，加快建设宁波舟山港主通道。

短期目标：使铁路舟山（白泉）站成为义、甬、舟开放大通道的重要桥头堡。加快甬舟公交一体化建设，在甬舟铁路规划、建设过程中谋划甬舟同城化设计，使原来宁波站始发的高铁移至舟山（白泉）站。

长远目标：谋划甬舟第四通道。在甬舟交通对接的甬舟高速、甬舟铁路及白峰—鸭蛋山轮渡的三线基础上，谋划甬舟第四通道，即铁路舟山（白泉）站—长峙岛—郭巨一线或舟山南部诸岛连接跨海大桥。

3.西连环杭州湾区核心区

为了顺应国家提出大湾区城市群发展的号召，在2017年浙江省第十四次党代会上，浙江省委提出实施“大湾区”建设行动纲要谋划，首次明确提出重点建设杭州湾经济区、发展湾区经济的“大湾区”建设构想。2018年，浙江出台实施“大湾区”建设行动纲要，努力把杭州湾经济区建成世界级大湾区，并亮出了大湾区建设的时间表和路线图。作为环杭州湾的重要节点区域，舟山需要抓住浙江环杭州湾大湾区的战略时机，首先在公共交通上提前谋划互联互通，缩短与杭州盛会城市的空间距离，将上海、杭州、宁波三个环杭州湾区重点城市精密连接，将环杭州湾区变成一个交通闭合的公共交通圈层。

短期目标：在宁波舟山港主通道（鱼山石化疏港公路）支线鱼山大桥建成的基础上，建设大、小长涂之间的跨海大桥及连接岱山本岛的大桥，结合岱山连岛工程，将舟山本岛和岱山本岛形成“Ⅱ”形的公共交通的闭合圈。

长远目标：延长鱼山大桥西出，建设直连宁波杭州湾新区，连接杭州湾跨海大桥余慈中心，未来和杭州湾跨海大桥二通道、杭甬高速复线连接，将舟山的公共交通直连环杭州湾的核心区块，缩短与杭州、绍兴的距离，将舟山公共交通融入杭绍甬舟一体化进程。

从更长远发展看，要以铁路舟山（白泉）站为中心，着力建成集江、海、铁路、公路、航空等五位一体的多式联运综合枢纽，形成内畅外联、便捷高效的大交通体系，充分彰显大通道的综合优势。

第三节　培育临城建设管理复合主体 加快临城开发建设

定海，承载舟山灿烂历史文化，而临城在新世纪又承载着舟山明天的辉煌。市委、市政府总结历史、展望未来，从应对全球化挑战及地区之间竞争、实现现代化的高度，做出了建设临城新区的战略决策。新城的开发建设不仅拓宽了舟山城市发展空间，更是舟山未来的经济中心，也是未来舟山海洋经济增长极、中央商务区。

一、建设临城新区对当代舟山人来说，既是一种机遇，也是一种挑战

从目前的开发建设的条件看，临城的基础设施已大体完备，这为临城的进一步开发建设提供了必备条件。但是也面临一系列难题：如临城的经济功能薄弱、常住人口少、关系民生的软设施配套不足，其中最主要的是临城的人气不旺。而要改变现状，促进临城新区快步开发建设，就需要创新发展理念、创新体制机制，培育新城建设管理复合运作主体，群策群力，共同推进临城开发建设。以往在新城开发建设中，靠政府行政包办，单打独斗，单兵推进，大包大揽，倾注了大量人力物力，可效果不明显。同时在社会分层、社会结构、社会利益发生重大变化时，政府需要动员和组织大众参与共建共享新城建设开发，发挥政府和市场、社会的力量，优势互补，有效集聚社会力量，所以必须培育新城建设管理复合主体。

新城建设管理复合运作主体是以实施对城市整体发展具有重大意义、社会效益、文化属性显著，又需要经营运作、持续管理的项目建设为目的，既是

项目建设的协调管理者，又是开发经营者。该主体的运作强调，社会效益与经营运作相统一，由党政界、知识界、行业界、媒体界等不同身份的人员共同参与、主动关联而形成的多层架构、网状联结、功能融合、优势互补的社会复合主体，对推进重大社会项目、发展文化事业等方面发挥了重要作用，是共建共享临城新区的重要主体。

二、如何培育新城建设管理复合主体

1. 赋予临城建设管理主体的双重职能

一方面，它要履行政府职能，发挥好规划、管理和服务功能，组织协调重大建设工程。如负责临城范围内规划、征地拆迁、市政基础设施建设和经营管理工作；另一方面，它要履行企业职能，负责资金筹集，承担重大基础设施和公共项目建设任务，扮演好自主经营的角色。如新城的土地出让、招商引资，负责资金运作、基础设施建设的经营实体，通过经营土地、筹集资金、招商引资。

2. 主体机构人员可以交叉兼职于一体

在领导机构里面，市里成立临城建设领导小组，协调有关重大事项；设立新城建设指挥部，负责对外关系；指挥部与定海区、普陀区领导实行交叉任职，以充分发挥两个城区在新城建设中的作用。市建委、规划局各派一名领导兼任临城新区管委会主任，以加强规划和建设的协调；在业务层面，相关部门以各种形式为临城新区提供高效服务，如召开联席会议解决建设协调问题；同时成立由纪检、监察等多个部门人员组成的效能监察领导小组，对所有在建项目进行监督；在主体架构方面，可以分成紧密层、半紧密层。其中紧密层是由政府有关部门的人员组成，其搭建社会民主参与的平台。半紧密层由专家学者、新闻媒体、市民群众及民间研究机构组成，其发挥应有积极性。

3. 准省级开发区的管理体制

可以赋予临城新区开发区管理权限，遵照“办事不出临城，资金自求平衡”的原则赋予临城建设管理主体从事城市经营，代表政府行使政府职能，而市直部门和有关城区按照“能授权则授权，不能授权则以派驻等形式落实职责”的原则，全力支持和服务于临城新区建设，实现项目审批专项服务。在一定条件下，可以筹备推动“临城公司”上市，使临城管委会掌握的大量国有资产实现保值增值，优化现有的管理体制，真正做到政府主导力、企业主体力、市场配置力“三力合一”，从而促进临城开发建设。

4.以经营规划推动经营城市的经营模式

临城的功能定位是舟山的政治、经济、文化、服务中心，特别是在经济上是舟山的中央商务区，是舟山乃至长三角的人流、物流、资本流、信息流的积聚地。而要实现这一目标，关键是解决“钱从哪里来”问题。一个良性互动的经营模式就是“政府主导、企业主体、市场化运作”的以经营规划推动经营城市的经营模式。该模式强调：①高起点规划，使规划具有系统性、超前性和可操作性，具有时代特征、舟山特点、临城特色；②坚持高强度投入，抓住基础设施这个生命线、做好招商引资这个命根子，借助连岛大桥开通的半岛效应，把临城新区搭建成招商引资的大平台，通过市场化运作，多渠道、多样化筹措资金。

5.临城新区和浙江海洋大学实现战略合作

临城要打造海洋经济的CBD，浙江海洋大学可以贡献自己的力量。浙江海洋大学根在舟山，发展在舟山，前途在舟山。因此浙江海洋大学要发展必须立足舟山，为舟山的经济社会发展服务，而临城的开发建设为浙江海洋大学提供了历史契机。临城新区应该加强和浙江海洋大学的合作，发挥浙江海洋大学在海洋开发中的竞争优势，“以本地和尚也会念经”的理念，以课题、项目、区块、产业和教育为合作载体，建立互动提升、优势互补的合作机制，形成学院、研究所、公司企业、工作室和专家咨询多层次参与、全方位联合的社会复合主体。

第十二章　深化海洋渔业供给侧结构改革

第一节　现阶段我国海洋渔业政策、管理制度存在的问题

我国是海洋大国，海洋经济已经成为我国经济新的增长点和战略转型的重要突破口。作为海洋经济重要组成部分和国计民生重要行业的海洋渔业，也面临发展不平衡、不充分的问题，需要渔业转型发展，需要供给侧结构性改革。从公共政策角度看，就是需要政府提供有效、符合海洋渔业产业发展规律、满足人民日益增长的美好生活的需要的公共政策、制度，以促进海洋渔业产业结构改革顺利进行。

现有的海洋渔业政策、管理制度是简单农业管理思维的结果，存在政策、制度供给相对过剩和相对不足问题。我国现有的海洋渔业政策和管理制度，主要包括捕捞许可制度、柴油补贴、休渔制度及转产转业政策，存在对物化管理的相对过剩和对“人”管理相对不足问题。

一、捕捞许可管理制度中还没有对人（渔民）的管理制度

(1)捕捞许可制度更强调对“物”的管理且执行力度远远不够。我国的捕捞许可强调分级管理，主要对水域、作业类型、品种、渔船马力进行审批管理，是典型的“物”化管理，缺乏对人的进入限制。我国虽然名义上实行捕捞许可证制度，但执行力度远远不够。如大机小标现象、违规网具的使用，大量三无

船舶的存在，导致大量非渔业劳动力不断进入海洋捕捞行业，和传统渔民竞争处于衰退的渔业资源。

(2)渔民法律主体缺失问题。在《渔业法》中，渔民不是法律主体。在《海域使用法》中，渔民的传统海洋使用权属没有被充分体现，渔民的生存需求被忽视。而传统渔民不但没有(或者拥有少量)土地，而且其天然捕鱼权也没有得到相应的法律保障。当海域被征收或占用，渔民无法主张自己的权益，变成了没有权益保障的利害关系人，更没有相关的法律保障渔民的用海权益损害补偿。

(3)在我国《渔业法》中没有对捕鱼主体的限制，没有对入渔权进行详细规定。《渔业法》规定“公民、法人和其他组织”都可成为捕鱼主体，加之长期来海洋渔业比较效益相对较高，导致大量农民和工商资本进入海洋渔业领域，这是中国海洋渔业捕捞秩序失控的主要原因。

二、海洋渔业柴油补贴政策对整体海洋资源管理带来逆向选择困境

(1)产业政策目的偏差。农用柴油补贴是为了保证种粮(棉)农民的利益和农机作业户的利益，不因国内外柴油价格上涨而损失，从而保证农业机械化和农业生产的发展，达到稳定和促进粮食生产的目的。这项政策是鼓励性政策，即保持农民开展农业机械化的积极性。而海洋渔业的机械化水平远远超过一般农业，不需要鼓励。一般渔船带有探鱼雷达、卫星导航、卫星电话等设备，尤其是远洋捕捞早就是工业化、机械化的天下。海洋捕捞渔业不是生产力不足的问题，而是生产力过剩的问题，特别是近海渔业船多鱼少、渔业生产力过密化问题。

(2)补贴政策目标偏差。柴油补贴政策的目标是希望帮助生计渔民稳定收入水平，实现生计渔民的平滑转产转业。在我国海洋渔民中存在基于经营规模的阶层分化，即改革开放以来分化成70％渔工和30％股东。柴油补贴实际造成渔民群体内部的贫富差距的扩大化，补贴的主要获益者是船东(渔业资本家)，而非需要收入补贴的生计渔民，使得这项政策执行出现较大的政策

偏差，与我国渔业可持续发展的目标和方向大相径庭。

(3)政策绩效偏差。柴油补贴属于减少生产成本补贴，国家出台渔船燃料油补贴的导向是保护海洋资源生态、消减捕捞能力、促进渔民减船转业、鼓励发展养殖渔业。但是实际的结果是产生了逆向选择问题。一方面，渔船船主因为有补贴可以在渔业资源极度衰退、生产效率极低的情况保持不亏损生产，不愿意减船转业；另一方面，由于以往按照用油量，2015 年后按作业类型和大小(船长和功率均以《渔业捕捞许可证》中载明的公约船长和标定功率为准)分档核算油价补贴，导致渔船功率配额指标市场交易价格飙升，柴油消耗越多补贴越多，渔民更不愿意退出捕捞渔业，使捕捞船数和功率减少、结构优化、有效控制捕捞强度、保护海洋生态资源的政策绩效大打折扣。同时，纳入机动船补贴范围的养殖船只功率小，补贴门槛高，海洋养殖渔业没有获得实质鼓励。

三、减船转产政策没有充分考量渔民的适应性

(1)中日、中韩渔业协定签署使海洋渔民突然丧失大量生产空间和经济利益。如《中韩渔业协定》实施后，浙江省传统外海作业渔场中有 30%全部丧失，有 25%受到了严格的限制，常年在传统水域生产的近 12000 艘捕捞渔船中，90%被迫退出生产，每年直接损失约 45 万吨的捕捞产量和 25 亿元的捕捞产值，大批渔船和捕捞渔民将陷入困境①。

(2)国家转产转业政策具有应急性、规划性。2003 年，农业农村部为了减轻因中日、中韩、中越双边渔业协定签署给近海渔业资源带来的巨大压力、保护海洋渔业资源的可持续发展，出台了海洋捕捞渔船控制制度，并正式推行海洋渔民转产转业政策。农业农村部计划在 5 年之内将 3 万艘海洋渔船撤出渔场，30 万渔业劳动力实行转产，以此来配合农业部提出的海洋捕捞总产量稳中有降的目标。国家为了履行渔业协定规定义务及保护近海渔业资源，在短时间内实现 30 万名渔民转产转业，使 100 万涉渔人口受到影响，从政策推进的难度、动作、力度来看，世所罕见。

---

① 浙江省海洋与渔业局.堵疏结合积极推进捕捞渔民转产转业[J].中国渔业经济,2002(6).

四、伏季休渔制度没有从根本上改变船多鱼少的状况，非真正生产关系的调节

(1)制度实施有一定效果，但没有从根本上改变渔业资源过度利用的问题。1995年，农业农村部正式宣布对黄海和东海海域实施伏季休渔制度。该制度从休渔时间、作业类型、海域范围三方面做出规范。20年间，虽然进行延长休渔时间、不断增加作业类型、细化休渔海域范围等多次微调，设立永久禁渔区、特殊鱼类禁渔期，甚至将捕捞辅助船也纳入休渔范围，这对于我国养护海洋生物资源、建设海洋生态文明、促进海洋渔业可持续发展，发挥了重要作用。但是，该制度并没有从根本上改变我国近海捕捞强度过度、总捕捞率居高不下的局面，在局部海域、某一固定生产作业期间，甚至出现更强掠夺式、反弹式、集中式过度开发海洋资源的局面。

(2)属于技术措施，非对人管理制度。该制度从本质上看，非真正生产关系调整措施，属于治标不治本的措施。比如跨区域规避问题，现行的休渔政策，以35°00′N和26°30′N为界，北、中、南3个海域休渔开始和结束时间不同，导致暂不休渔海域的渔船经常越线违规作业，特别是26°30′N为界南北开捕期差一个半月，产生了巨大的利益差，休渔区渔业从业者心态不平衡，增加了渔政海上执法的难度，对现行伏季休渔政策造成很大的冲击[①]。

五、政府制定的相关渔业政策目标具有多重性，导致目标之间相互矛盾

(1)“双控政策”与燃油补贴政策、支持渔船现代化改造政策的不协调。为了保护海洋环境，中国政府对渔船和马力实行“双控”，取缔涉渔“三无”船舶，希望通过减船减产降低近海渔业资源压力，压低渔业生产能力。传统的双控政策是着眼于资源保护，而燃油补贴则为了保证渔民增收。国家又出台支持渔船提升渔船及装备的现代化水平的更新改造政策，以安全、资源保护、

① 卢昌彩，赵景辉.东海伏季休渔制度回顾与展望[J].渔业信息与战略，2015(3).

节能减排、适居为目标，积极推进新技术“机器、技术换人”在渔船的应用，以保持海洋渔业的生产力水平。一个政策是限制、压缩，一个政策是鼓励，让地方政府海洋渔业管理者和海洋渔业经营者产生困惑，客观上导致海洋近海捕捞能力的过密化。

(2)船用燃油政策出现补贴依赖，形成了逆向选择。政策本意是为了保障渔民增收，但渔民基于经济理性，为获得燃油补贴而拆小建大，建造新渔船，扩大收益预期，形成补贴依赖症。燃油补贴政策设计目标是在海洋渔业资源总量控制基础上，给予以捕捞业为生计的渔民补贴，然而政策执行后补贴对象更多集中在渔船所有者，同时反向激励了海洋渔业资源的过度利用。

第二节　海洋渔业政策、制度的供给转向

海洋渔业尤其是捕捞渔业需要从投入、产出控制转向对渔民进行准入限制，增加对“人”管理的政策、制度供给。从海洋渔业政策、制度供给方面看，我国渔业制度近20年没有进展，渔民转产转业之后没有延续政策，捕捞许可证、休渔制度存在较大改进空间，柴油补贴政策是将一般农业政策向海洋渔业机械延伸、覆盖。同时，在于以前所有的渔业管理制度都是立足于技术的手段，是对物的管理，无论是“双控制度”、休渔制度、保护区、网具管理等制度都属这一类型。

一、我国海洋渔业政策要分清类型，采取不同的政策措施

养殖渔业由养殖区域的资源约束不具有公共池塘性质。养殖渔业由于受到可养殖区域有限的限制，使得养殖渔业实际上属于俱乐部产品，不具有公共池塘性质。养殖渔业的生产场所相对固定，其公共政策可以依照陆地承包经营即将养殖海域确权给公司，由公司+渔民分包做法，重视水质污染问题，倡导循环渔业和生态渔业。

捕捞渔业面临的问题是海洋渔业资源是公共资源，是无主财，产生生产

拥挤问题。即表面是船大、船多、空间被压缩，实际上是渔业生产力的过密化，即人多鱼少，尤其是近海渔业（即出小海）方面，而远洋渔业是高投入、高风险行业，是资本密集型产业，是对国际公共渔业资源的获取，而且还有较大的国际政治风险。

由此，渔业公共政策及制度制定需要对不同的渔业类型进行区别。即对近海渔业和远洋渔业、生计渔业与商业渔业，采取不同的政策措施。比如养殖渔业接近陆地上的种养业，其政策制定要与之看齐。

二、政府海洋管理要由过去的"物化"管理转型为对"渔民"人的管理

中国在国家海洋渔业开发与养护方面，先后制定了渔业法，实施了渔船数量控制与功率控制的"双控政策"，以及渔船登记与备案、装备与网具最小尺寸管理、"禁渔区"与"禁渔期"等一系列渔业资源开发与养护并举的管理措施。近年来，捕捞渔船数量得到有效控制，但实际捕捞能力、渔船功率一直在增加，捕捞总量呈现逐年增长态势，近海渔业资源逐年衰退、海洋渔业环境恶化，渔业资源开发与养护等一系列管理措施没有取得良好效果。究其原因是以往的政府渔业管理是见物不见人、管物不管人，从行政机关提高行政效率层面看，这样做有一定的合理性，但是治标不治本。需要从整个海洋渔业管理的顶层设计入手，由过去的"物化管理"转型为对"人的管理"。

三、需要建立对外来渔业劳动力的进入限制制度，提高外省非渔劳力的入渔门槛

以浙江省为例，近几年来随着本地下海劳力逐步减少，外省非渔劳力逐步增多。据统计，外省劳力已占作业下海总劳力的55%，造成雇工工资连年攀升，安全隐患不断增大，捕捞强度难以下降，已成为名副其实的"帮扶"产业。同时，也削弱生计渔民减船转产的政策效果。一方面，外来渔业劳动力的存在对于保持渔业生产力，满足市场水产品需求有补充作用。另一方面，对于外来渔业劳动力的使用必须在总量控制、有一定进入门槛的基础上进

行，以保障渔业劳动力的有序供给和合理流动。

四、改变单纯依靠命令式、投入控制的做法，选择和其他管理措施配套使用的政策工具箱

我国以往的海洋渔业管理制度是命令式、直接控制型管理，以堵代疏，使整个渔业经营规模阶层处于被动局面和从属状况，形成了管理阶层与渔民阶层的二元对立格局，致使海洋渔业管理制度难以达到预期效果。渔船的生产经营体制由承包经营到股份制变迁，渔民由渔村管理向乡镇、专业主管部门转移，导致集中管理和分散经营的管理空洞，更是提高了管理成本，而管理效果有限。同时，投入控制（捕捞许可证、休渔制度）是过去几十年我国渔业管理制度的主要措施，即严格控制捕捞渔船的数量和吨位，这种只依靠投入控制的方法被实践证明无法保证资源的合理有序利用。

国外较成熟的海洋渔业管理制度通常将许可证制度、休渔制度和总可获量配额管理制度、渔具限制、定点卸货制度、上岸规格、IQ、ITQ、许可证回购、渔业资源费制度等措施综合使用，强化间接管理，弱化直接干预职能，形成海洋渔业公共政策的工具箱①。

第三节　建立以资源养护、高质量发展为中心的渔业管理体系

从促进渔业供给侧结构改革方面看，需要治理和修复海洋生态环境，加强海洋牧场建设与管理，保持渔业的生产力，优化渔业产品供给结构，促进休闲渔业组织化经营。

① 操建华.中国渔业公共管理的比较研究[M].北京：中国社会科学出版社，2016.

一、出台更为严格具有操作性的渔业资源养护政策

从以海洋捕捞为主的西方发达国家渔业补贴的发展趋势看，其补贴着重于可持续利用渔业资源，通过渔船回购计划、捕捞许可证回购计划、收入补贴等形式，关注渔区民生、渔民安置、渔民社会保障等问题，达到削减捕捞能力，实现海洋渔业可持续发展的目的。

(1)确立投入和产出双向控制制度框架。2017 年农业农村部《关于进一步加强国内渔船管控实施海洋渔业资源总量管理的通知》(农渔发〔2017〕2号)，从以单向的投入控制(渔船数量和功率总量“双控”)转为渔船投入和渔获产出的双向控制，对捕捞渔民减船转产，渔船源头管控、分级分区管理制度，渔船属地管理、加强捕捞总量额度分配和生产监测、幼鱼保护健全、完善渔业资源保护制度、探索渔业资源管理新模式、开展试点限额捕捞，构建起渔业资源养护制度的制度框架①。

(2)充分发挥渔业补贴政策引导作用，加快推进减船转产。①调整渔业补贴政策的政策目标，补贴数额要和资源养护挂钩。②改善渔业补贴结构，要和渔业资源的可持续发展整合。配合渔民转产转业再就业政策，压缩近海捕捞渔业油价补贴，加大对远洋捕捞渔业补贴力度，鼓励新能源创新及新能源应用②。③由过去的间接补贴到直接补贴到渔民个人。④从长期发展趋势看，渔业补贴将倾向于渔民收入稳定与失业保障方面，即将燃油补贴转型为渔民个人收入补贴，如对伏休渔民进行收入补贴，尤其是补助渔民社会保障资金不足问题。

(3)以渔港经济区建设为抓手，实施渔获物定点卸货、集中投售政策，探索海洋渔业综合执法、管理新制度。在当前海洋渔业由安全走向环保保护海洋资源的大背景下，海洋管理正在走向安全管理与资源管理并重、休伏管理和平时管理并重、严格执法与综合管理，需要以渔港经济区建设为抓手，超越

---

① 于康震.落实渔船双控和总量管理制度责任保护海洋渔业资源[N].农民日报，2017－03－29.

② 王国红.南海经略中的渔民政策：激励与保障[M].北京：人民出版社，2018.

传统的渔港基础建设模式，建设安全渔港、绿色渔港、智慧渔港、美丽渔港，探索渔港定点卸货、集中投售政策，为定量管理总捕获量和IQ、ITQ制度、信息化质控追溯奠定基础。

二、延长渔业产业链，提升渔业价值链，进行六次产业化改造

渔业供给侧结构改革，一方面要调结构，从海洋渔业全产业链入手，提高产业附加值；另一方面要培育新结构，发展新动能，走高质量发展道路，实现海洋渔业复兴。

(1)促进渔业一、二、三产融合，实现海洋渔业六次产业化的结构优化。三产融合可以帮助海洋渔业有效提高优质、安全、绿色水产品和涉海涉渔休闲、观光体验等服务的供给水平，使信息化与绿色渔业融合发展，再造绿色渔业全产业链的流程。

(2)以水产品加工业为关键节点，培育海洋渔业一体化产业新结构。促进海洋渔业三产融合的关键在于水产加工业。渔业是弱势产业，虽然经过几十年的发展，但渔业产业化程度仍然较低，还处于“一产强、三产弱、二产短”的发展阶段，传统的产加销体系还没打破，创新的销、加、产理念尚未成熟发展，特别是水产加工业发展缓慢，这已成为制约现代渔业发展的短板。渔业产业化要在销，即以大数据、精准营销为手段在市场销售上下功夫，以“销得好”倒逼“养得好”。按照市场需求组织养殖生产和水产品加工，延伸产业链和增值链，形成销加产一体化产业体系。政府支持渔业生产者转变营销方式，延长壮大产业链条，支持区域新品牌建设。要深入实施水产品“三品一标”(无公害、绿色有机产品和地理标志产品)为主要载体，大力推进健康养殖、精深加主和冷链物流，开展优质水产品推荐展销活动，支持地域化、多品类、全产业链的区域公用品牌建设，培育一批名企名牌名家，拓展水产品全产业链和全价值链[①]。

(3)发展休闲渔业，培育海洋渔业发展新动能。休闲渔业是渔业产业发展的新业态，它可以有效整合渔业、渔村、渔民三者关系，进行海洋渔业六产

① 黄志平.在全省海洋与渔业工作会议上的发言[J].浙江海洋与渔业，2017(3).

融合，以渔村(渔港)休闲化、休闲渔业“互联网＋”为渔业发展提供新空间，促进供给侧渔业新业态发展。但是发展休闲渔业需要创设休闲渔业发展、利益合理分配的制度环境。沿海地方政府需要为休闲渔业发展提供优良制度环境，坚持“提升质量、规范管理”的原则，通过休闲渔业规划，引导休闲渔业示范点、示范基地建设，出台有关休闲渔业自治管理组织的制度，制定规范休闲渔业的相关行业标准，创新财政资金投入方式和投入领域，积极引导各类社会资本投入休闲渔业产业。

三、设计好“海洋牧场”管理制度

海洋牧场是超越传统渔业生产方式，克服局部区域过度利用海洋资源导致资源枯竭弊端，采用人工干预进行区域生态系统重建，综合效益突出，能够缓解当下“三渔”问题尤其是渔民就地转产转业，具有重要推广价值的一种生态渔业模式。一方面，沿岸渔民同行转业，可以减少跨行转业所需的时间和成本；另一方面，在附近海域实施生态保护和资源养护，便于管理和利用，特别是可以与海岛经济的发展转型相结合，与解决海岛渔民就业和生计相结合。①

但是对我国来说，海洋牧场还是新生事物，尤其海洋牧场建设是一个投资巨大、建设周期长的工程，需要沿海各级沿海地方政府予以政策、制度支持。

首先，进行海洋牧场的全国性统筹规划。以国家海洋生态保护法和渔业法为依据，海洋渔业主管部门出台全国沿海海洋牧场的整体规划和宏观布局，统一全国海洋牧场建设标准。其次，地方海洋渔业主管部门根据本海域海洋地质情况、功能区属性进行海洋牧场科学选址和出台实施办法，加强配套设施、基础设施建设规划与建设。同时，政府还将探索建立多渠道、多层次、多元化长效投入机制，鼓励和引导个人、企业、社会团体等投资海洋牧场建设，广泛调动社会积极性，推动海洋牧场建设规模化。再次，出台海洋牧场后续管理政策。鼓励探索海洋牧场的管理与运行模式，创新海洋牧场建设与营运的投融资机制及产学研融合机制。

① 舟山群岛新区决策咨询委员会课题组.关于舟山沿岸渔场创建现代化海洋牧场的构想[J].决策咨询，2017(5).

四、以“一带一路”倡议为契机，出台支持发展海洋渔业“走出去”新动能政策

习近平总书记提出的“一带一路”倡议，同样也涵盖了世界主要渔业国家，这些国家水产品产量占世界总产量的80%以上。推进中国与“一带一路”国家的渔业合作，推广中国渔业成功经验，引导海洋渔业走出去，不但能提升“一带一路”国家渔业发展水平，同时也将国内生产要素，尤其是优质的产能输出去，让沿“带”和沿“路”的发展中国家和地区更好地共享发展成果，互利共赢。

远洋渔业是战略性产业，是建设“海洋强国”、实施“走出去”和“一带一路”倡议的重要组成部分，对保障国内优质水产品供应、保障国家食物安全、促进双多边渔业合作、维护国家海洋权益等具有重要意义。

结合“一带一路”倡议，加快推进渔业“走出去”，在国际产能合作方面拓展新的空间。为了提升我国全球渔业资源的掌控权、远洋产品市场配置的话语权，在稳定公海大洋捕捞，巩固提高过洋性渔业的基础上，根据省委一号文件的部署，出台促进远洋渔业健康发展的政策；同时，重点要做好引导支持企业兼并重组、发展过洋性渔业、渔船更新。

五、出台鼓励深化海洋渔业产业化改革、建立现代渔业企业制度的公共政策

深化海洋渔业产业化改革。渔业产业化就是将渔业生产、加工、销售等环节有机结合起来。与发达国家不同的是，我国渔民规模小、相对分散，市场经营风险相对较大[①]。基于渔船股份分散、以单个渔船作为经营单位的现实，需要抱团闯大海、闯市场，应该将现在以合伙形式的股份合作制向公司化、组织化的渔船法人渔业制转型。同时调整现行的法人税收政策，给予渔船法人特殊的税收政策，给予船东、船主保险和税收减免和贷款优惠政策。

---

① 操建华.中国渔业公共管理的比较研究[M].北京：中国社会科学出版社，2016.

鼓励海洋渔业经营者以紧密利益纽带联系，实现产供销纵向联合、横向联合。以洋地运销船为载体将船老大组织起来统购统销，集团、集中采购柴油、冰、网具、保险等生产生活资料、社会服务，降低生产成本，扩大利润空间。减少流通环节，构建渔业资源“捕—运—储—销”全产业链的新型利用模式，对渔获物进行分类、分解、保真保鲜和高效联动加工，突破水产城的价格垄断和投售封锁，打通电商、大型超市营销环节，实行水产品优质优价。

第四节　构建以渔民制度为核心的供给侧制度改革工具箱

在渔民制度上，乘生计渔民转产转业、代际更替之际，建立与“社区自治”相适应的渔民制度。

一、建立健全生计渔民退出机制

生计渔民的退出制度和相关促进减船转业政策相衔接。将三无船舶、老旧渔船拆解和船用油补贴资金发放、转产培训政策相配合，和生计渔民的社保、就业、医保、安居相配合，形成政策合力，促进更多生计渔民减船转业。

对减船转业渔民进行精准帮扶，设立生计渔民退出的缓冲期。筹措转产财政资金，对生计渔民转岗培训进行补贴。对中年年富力强渔民进行技术帮扶，为生计渔民设立 3～5 年的缓冲期，推进职业技能培训，使其掌握一技之长，提高再就业能力。引导支持有职业技能的渔民向航运业、自主创业、休闲渔业转产转业，鼓励国内海洋捕捞渔民积极转产从事远洋渔业、水产养殖加工营销及其他非渔产业。

加强渔民社会保障正规化建设。区别对待传统、非传统渔民，整合用足现有政策资源，因地制宜、分类解决存量和增量渔民养老保障问题，并根据不同情况分类解决资金筹措问题。进行属地管理，落实相关税收优惠政策，各地要对属地渔民养老保障工作进行统筹，一方面要全面落实参保补助资金的筹集与管理，另一方面要合理把握不同制度、政策和不同参保群体的整体平衡。

二、制定以资源管理为核心的捕捞渔民准入制度

按照国家渔业“十三五”发展规划的优化捕捞空间布局、严格控制捕捞强度要求，严格限制沿岸、近海捕捞渔业，对捕捞渔业进行分类管理，压缩近海、拓展外海、发展远洋渔业。

出台沿岸、近海渔业劳动力雇佣专门政策，严格限制外来农民工入渔。对雇佣人数、条件等严格进行控制和规定。从 2017 年起，实行人渔劳力持证上岗，成立劳务中介机构，签订劳务三方协议，进一步提高外来非渔劳力的入渔门槛，逐步减少外省非渔劳力，保障捕捞渔船减船转产有效性。

增加渔民收入。构建以稳定渔民收入为核心的经济、社会政策体系，包括工资性收入、资本性收入、地方财政的转移支付(补贴)及征收海域使用费的返还等制度。为稳定渔业生产建立沿岸、近海捕捞渔业所得补贴制度，未来渔民的主要工作是保育海洋、渔业资源管理，没有做资源管理不能获得所得补贴。

三、建立渔民制度，使各类渔民变成职业化的产业工人

确定谁可以成为渔民。基于历史性权利，为保障传统渔民的合法权益，在现阶段只有生计渔民才可以成为渔民，赋予生计渔民地域渔业权。在将来条件成熟的基础上，可以采用申请制，将一部分外来渔工改造成生计渔民，但是应有作业最低年限、专业技能职称、守法等进入条件，以保障渔业生产力的维持与发展。

规定谁可以成为渔民。基于渔业发展的现实性，随着生计渔民自然的退出及渔业内部的分化，一部分生计渔民转型为商业性渔民，加上一部分工商资本共同进入公海从事远洋渔业，这部分从业者是新兴渔民，这些新兴渔民可以获得许可渔业权。

建立渔民管理制度，将渔民进行社群化改造。①对渔民进行信息化、动态管理。建立渔民的大数据库，对不同渔民的身份、专业进行信息化、动态管理。②对渔民进行组织化建设。建立类似于日本、中国台湾地区的渔民协会制度，一方面把渔民进行再组织，以改善国家渔业管理制度，使渔民协会变成渔业权的权利主体和实体，享有渔业权和承担国家海洋养护义务。另一方面，将国家规定的渔业生产配额、养殖许可海域授予渔民协会，让渔民协会成为一个进行统一区域精准渔业管理、分配区域渔业生产配额的群众性自我管理的自治组织，统一渔业生产的社会化服务，成为和政府沟通对话的平台和机制，以增强渔民集体谈判能力。

第十三章　群岛海洋开发的“舟山模式”

第一节　海岛及群岛开发

海岛是一个独立的地理单元和生态系统，也是一个相对独立的开发区域。中国拥有众多的海岛，科学利用海岛资源，加快海洋经济发展和沿海地区综合开发，充分利用海洋国土资源，加快经济发展方式转变，促进东部沿海地区率先发展，对实现全面建设小康社会的战略目标具有重大意义。

一、海岛与群岛开发的意义

海岛是海洋资源中的核心资源，也是开发海洋的支撑点。海岛及其周围的海域，蕴藏着丰富的海洋资源等，而群岛又是海岛资源和区位优势的聚合体。海岛是开发海洋的第二基地和“节点”，海岛不仅可以成为海洋开发的重要基地，同时也是走向外海和远洋的桥梁[①]。

群岛是一个国家海洋国土的重要组成部分。群岛可以分为大陆沿岸岛和大洋群岛。我国的主要群岛有长山群岛（又称长山列岛）、舟山群岛、庙岛群岛、澎湖列岛，以及南海海域中的东沙、西沙、中沙、南沙四大群岛，其中舟山群岛面积最大。

---

① 徐质斌.海洋国土论[M].北京：人民出版社，2008(276).

二、海岛及群岛开发的文献综述

王文静等(2010)从海岛的经济价值及保护策略入手,充分利用海岛经济价值,逐岛规划,分类开发,依靠科技,保护与开发并重①。韩秋影等(2005)对我国海岛资源开发利用在环境、管理和经济等方面存在诸多问题进行分析②。赵奎襄对海岛的水资源利用现状及开发路径进行研究,认为由于我国海岛蓄水能力差,绿化程度低,水土流失严重,普遍存在水资源不足的问题,需要从多方面、多渠道,通过多种途径进行开源节流③。

目前无人岛的开发与保护是岛屿开发研究的热点。其中王琪(2011)对我国无居民海岛开发的历史进程进行了归纳和总结,认为我国无居民海岛存在开发对象的扩展、开发主体的转变及开发方式的提升等发展趋势,需要采用加强政策支持、促进技术革新、进一步完善组织管理等完善开发措施,促进我国无居民海岛的开发④。

目前关于我国海岛的研究,侧重于资源开发、产业结构的演进及县域经济等层面。孙冰等(2005)认为海岛的开发方式,根据开发产业的多寡,可以分为综合开发和专业开发。综合开发又分为完全综合和重点综合两种方式。根据开发的区域使用方式,可分为陆岛联合、岛岛联合和自由岛方式⑤。

总体上说,虽然现有的文献从不同的角度探讨了我国的海岛开发的理论和实践问题,但是对群岛开发规律的研究重视不够,仅仅从开发的经验总结入手。群岛是海洋开发的重要地理单元,拥有相对集中的海洋开发资源,因此探索我国群岛海洋开发规律,实现向海洋获取发展空间和资源,具有迫切的理论和实践需要。

---

① 王文静,任伟海.我国海岛经济价值分析及其开发保护策略[J].浙江海洋学院学报,2010(4).

② 韩秋影.我国海岛开发存在的问题及对策研究[J].湛江海洋大学学报,2005(5).

③ 赵奎襄.我国海岛水资源现状及开发途径[J].海洋与海岸带开发,1993(2).

④ 王琪,许文燕.中国无居民海岛开发的历史进程与趋势研究[J].海洋经济,2011(5).

⑤ 孙冰,李颖.海洋经济学[M].哈尔滨:哈尔滨工程大学出版社,2005.

第二节 舟山群岛新区建设是探索群岛开发模式的契机

随着以舟山跨海大桥为代表的海洋开发硬公共产品的有效供给，加上中央政府及浙江省对开发舟山群岛的重大战略决策实施，舟山的海洋开发软硬条件已经齐备，舟山的区域发展条件已经发生了重大的、根本性的变化，探索具有舟山特色的群岛开发模式的条件已经基本成熟。

一、探索群岛开发新模式，建设我国海洋综合开发基地

舟山群岛新区建设成为国家战略是舟山海洋开发的一个契机，使舟山战略发展空间大大拓展，有利于探索群岛开发新模式，建设我国海洋综合开发基地。建设舟山海洋综合开发试验区有利于探索我国群岛开发新模式，为我国其他地区海岛开发提供经验。同时选择一条既切合舟山实际又适应海洋开发的科学发展道路，既是势在必行的时代抉择，也是无可回避的历史责任。

二、创新海洋综合开发体制、“先行先试”

国家给予了舟山群岛开发“先行先试”的权利，这使舟山的海洋开发迎来了重要战略机遇期，使海洋开发超越原来单纯经济性提升到海洋综合开发利用。综合开发突出开发的整体性、系统性、全局性，舟山需要根据实际情况的变化和需要，适时尝试经济制度创新、经济体制创新，更好地发挥舟山海洋资源比较优势，形成集聚效应，培育浙江海洋经济新的增长极。先行先试，意味在一张白纸上作画，有广阔的空间来谋划舟山海洋开发的未来蓝图，在创新发展的同时，为示范区的发展创造良好政策环境、摸索经验，为中国海岛开发及发展海洋经济寻找一条可持续发展的又好又快道路。

三、与其他沿海区域发展相呼应、建设浙江海上产业群

从北到南，中国沿海省市基本都有国家级沿海开发战略，唯独海岸线资

源丰富的浙江省没有。浙江省陆域面积狭小，海域面积却达26万平方千米，海岸线全国最长，海岛数量占全国四分之一。在这种优势资源下，海洋经济却是GDP大省浙江的短板。2016年，全省实现海洋生产总值3500亿元人民币，占GDP比重约13%。建设好浙江海洋经济发展示范区，关系到中国实施海洋发展战略和完善区域发展总体战略的全局。[①]

四、探索新时期区域发展的新模式，为舟山区域发展打造软实力

当今地区间发展的竞争，是发展模式的竞争。舟山群岛地处长三角重要位置，海洋资源禀赋优良，经济发展特色鲜明。舟山群岛区域总面积2.22万平方千米，包括1390个岛。开发这些岛屿，对于促进浙江沿海经济带发展，加快长三角地区海洋开发，完善我国沿海经济布局，特别是探索沿海偏僻海岛区域发展，促进东部沿海地区区域协调发展，扩大对外，具有重要战略意义。

如表13-1所示，舟山群岛新区和其他国家级新区相比存在较大的差距，经济社会发展总体水平低，知名度不高。这种差距表现在经济发展上，特别是在思想观念上，这需要继续解放思想，从国情、市情出发，确立切合实际的发展路径，发挥自己的比较优势，提升区域发展的软实力。

表13-1　舟山群岛新区与其他部分国家级新区的综合比较

地区	成立时间	区域面积/平方千米	人口/万	2017年GDP/亿元	人均GDP/万元
浦东	1992.10	1210	570(2017)	9651	16.93
滨海	2008.03	2270	299(2016)	7000	23.41
两江	2010.06	1200	256(2018)	2533	9.89
舟山	2011.03	1440	117(2017)	1219	10.41

数据来源：来源于各个新区的网站介绍资料并汇总。

① 陈素萍.浙江补上中国沿海发展缺失的“门牙”[N].青年时报，2011—04—02.

第三节　舟山群岛开发有丰富实践但需提炼和升华

舟山群岛是中国第一大群岛，位于中国海岸线的中段，南北海运与长江河运的"T"字形交汇处，由大小1390个岛屿组成，面积1440平方千米。

改革以前，舟山群岛开发基本处于徘徊停滞状态。改革以来，舟山群岛迎来了良好的外部环境，其区位优势逐渐凸显。

一、改革开放40多年以来舟山群岛开发的演变轨迹大致经历了三个阶段

第一阶段(1978—1991)：起步阶段。1978年改革开放后，舟山的海岛开发开始起步，当时渔业成为海洋开发最主要的产业。到1987年1月舟山撤地建市，1988年4月国务院批准舟山市列入沿海经济开发区，舟山初步确立"渔、港、景"三位一体的海岛开发的战略差序格局。但是该阶段的开发是表层的、粗放式的。因受制于人才、资本、技术、体制等，除了渔业资源得到较充分开发以外，舟山海岛开发的战略位置资源、深水岸线资源、交通枢纽资源、新能源优势能源(潮流能、风能、波浪能、太阳能)及海岛文化历史资源没有被充分利用，而且原有开发利用不利于可持续发展。

第二阶段(1991—2010)：大跨步前进阶段。1991年江泽民视察舟山时鼓励"开发海洋、振兴舟山"，开启舟山海洋大开发的序幕。这期间，舟山发展走上了快车道。到2003年海洋开发产业结构调整，舟山海洋开发的产业结构由第三产业为主转型为以第二产业为主阶段，是舟山海洋开发的加速阶段。这期间，舟山群岛工业化开始加速发展，以船舶修造业为支撑的海洋开发加速发展，舟山成为全国海洋经济比重最高的城市，舟山海岛开发战略重点转变为"港、景、渔"的差序格局，经济结构初步实现了由单一的传统渔业经济向综合的现代海洋经济的转变。但是该阶段产业结构单一、应对经济波动缓冲力不足。长期以渔业、船舶制造、旅游业为主，经济增长靠传统制造业，如船舶

修造业主要依托岸线、土地来支撑，抗风险能力弱；新兴产业特别是高新技术发展较慢，战略性新兴产业亟须培育，产业结构急需优化升级；空间结构不合理，产业的群落覆盖面窄，海洋开发主要集中在几个经济大岛。

第三阶段(2010—2019)：跨越式发展阶段。2010 年 3 月，国务院批准了《长江三角洲地区区域规划》及《国务院关于同意设立浙江舟山群岛新区的批复》，舟山的海洋海岛开发进入了一个跨越式发展阶段。在《长江三角洲地区区域规划》规划中，明确列入了“舟山海洋综合开发试验区”，舟山城市定位为沿海港口城市，将发挥海洋和沿海港口资源优势，建设以临港工业、港口物流、海洋渔业等为重点的海洋产业发展基地，与上海、宁波等城市相关功能配套的沿海港口城市。而浙江舟山群岛新区的战略定位是：成为浙江海洋经济发展的先导区、我国海洋综合开发试验区、长江三角洲地区经济发展的重要增长极。发展目标是：通过若干年的努力，逐步把浙江舟山群岛新区建设成为我国大宗商品储运中转加工交易中心，打造国际物流岛；成为我国东部地区重要的海上门户，打造自由贸易岛；成为我国重要的现代海洋产业基地，打造海洋产业岛；成为我国海洋海岛综合保护开发示范区，打造国际休闲岛；成为我国陆海统筹发展先行区，打造海上花园城。

二、舟山海岛开发经验需要升华

在我国沿海群岛开发方面面临一个非常重要的任务，就是在理论上把舟山海洋海岛开发的实践经验做一个系统、高层次的提炼，使之理性升华。

目前中国的海岛开发处于低层次阶段，需要探索一条新路。长期以来，在海岛开发尤其是无居民海岛开发过程中，由于保护意识薄弱，随意围海造田、乱砍滥伐岛上森林、乱采岛礁生物、采砂、炸山取石、无序捕捞与养殖、肆意开发等行为频发，海岛及其周边海域生态系统受到破坏，这些过度、掠夺性及毁灭性的开发给中国海岛区域带来难以弥合的破坏。而当下建设舟山群岛新区，为探索海岛开发的经验而进行先行先试，这有助于我国探索一条海洋可持续发展、陆海统筹、人海和谐发展的道路，为海岛开发提供有益经验。

同时，舟山群岛开发也需要总结经验、提升理论高度。由于一个地区的发展具有相对的特质，需要根据本地的资源禀赋及其合理组合并结合地区发展的阶段进行选择，往往这个选择具有探讨、探求、探索性，加上群岛开发的难度远远超过陆地，所以从整体看舟山群岛开发，其总体特征是有开发实践但需要总结经验。

第四节 群岛开发“舟山模式”的本质特征是组团开发

模式，在区域经济学的概念里一般是指发展道路。模式作为一个政治经济学概念，形成并被广泛使用可以追溯到20世纪中期，第一次世界大战结束后，世界上一系列国家取得了独立。这些新独立的国家如何发展？是按照西方国家的现代化道路，还是苏联的现代化道路，或按照自己的独特的道路，就产生了发展模式的重大问题[①]。发展模式是指“在一定地区，一定的历史条件，具有特色的经济发展的路子”。在党的十六大报告中就使用了“发展模式”的概念[②]。一个地区发展所沿袭的道路，与其所处的发展阶段及外部环境相关，又往往受制于本区域特殊资源政策条件。“舟山模式”的典型特征就是组团式发展，组团式发展能够发挥群岛海洋资源的比较优势与区位优势，抱团发展，汇聚发展优势，形成复合规模效应。

一、群岛经济发展：差序格局式组团

海洋为舟山提供了难以替代的港口资源、景观资源、渔业资源，这些资源优势为探索海岛特色开发新模式的研究与实践提供了独有的条件。经济发展是发展的基础，在经济发展方面，舟山紧紧抓住群岛发展的关键，突出海洋特色、海岛特色，形成了群岛特色的组团格局。

如图13-1所示，“港、景、渔”是舟山最大的海洋资源禀赋。在海洋开发的差序格局方面，突出“港、景、渔”协调发展。从20世纪80年代开始，渔业作为

① 徐贵相．通向大国之路的中国模式[M]．北京：人民出版社，2009.

② 费孝通．中国城镇化道路[M]．呼和浩特：内蒙古人民出版社，2010.

舟山海洋开发的主导力量为舟山经济社会发展做出了巨大贡献。舟山在上一轮海洋开发中抓住日韩船舶产业转移契机，实现了临港工业、船舶工业的大发展。随着舟山工业化的提速，旅游业及服务业等第三产业实现了跨越式发展，到21世纪初以船舶工业、港口物流为龙头的海洋船舶制造业异军突起，成为海洋开发的新的经济增长点。纵观舟山改革开放以来的海洋开发，表现为“渔”“景”“港”交替领先、齐头并进、各领风骚数十年，实现了“以港兴市、工业强市，服务富市、渔业稳市”下“港、景、渔”的“三位一体”的协调发展。

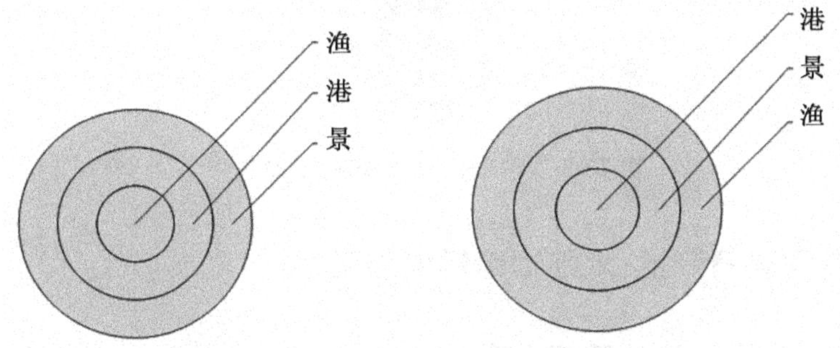

图 13-1　舟山“渔”“港”“景”差序格局组团

二、群岛区域开发：海岛开发“点轴环绕”式组团

如图13-2所示，舟山群岛因受地域因素限制、居住人口分散、交通不便等因素制约，导致开发具有鲜明“据点式”分布特征，逐岛定位、特色发展，功能分区是据点式、散布式的，具有相对独立性。在舟山已经成长了几个具有特色的经济岛，如金塘的港口物流、螺杆产业，长涂岛的船舶修造，六横岛的船舶修造，朱家尖及桃花岛的海洋旅游业等。随着舟山跨海大桥的开通及交通的改善，这些“据点式”开发重点被跨海大桥连成一线，通过核心岛的开发，带动周围海岛的开发，进而在岛群或群岛内形成相互依存、共同发展的群岛经济区。跨海大桥则是连接这些开发点的轴。而大桥开通已经将舟山本岛及周围小岛形成“岛岛连带”的规模效应，发挥了舟山本岛及相近岛的整体连接优势、规模优势，生产力布局要以大桥为线，岛屿为节点，为以中心岛为据点、进行“条带状”开发、进而发展成舟山的海洋开发的“经济走廊带”创造了先决条件。各岛屿的发展在体现差异化、合理配置、优化自身资源优势同时，主要

依托块状优势，向既注重块状优势，更注重集聚优势转变，以桥为纽带，“岛桥”互动形成合力、抱团发展。

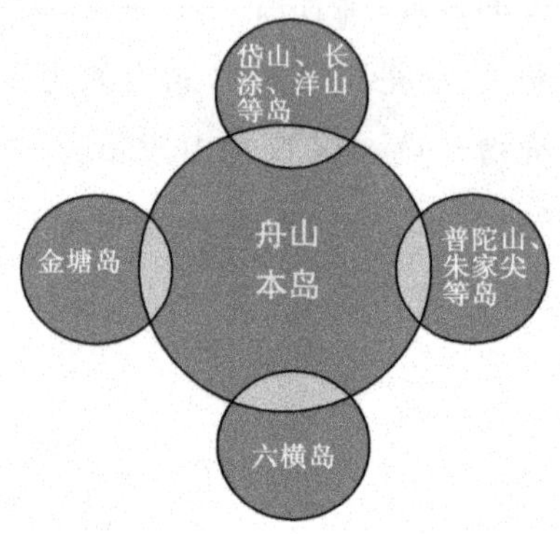

图 13-2　群岛开发“点轴环绕”组团

三、陆岛联合开发：大陆边缘辐射组团

如图 13-3 所示，群岛开发不仅依赖中心岛、核心岛的经济发展，而且也依赖于大陆的发展，一方面需要从大陆源源不断地输入资源、人财物等，另一方面海岛生产的产品需要输出到大陆，纳入大陆发展的循环体系内。舟山群岛是一个南北狭长的群岛散布带，位于上海和宁波两大沿海经济发展带中间，所以舟山群岛的开发又具有陆岛联合的组团发展的特征，特别是处在群岛边缘和大陆隔海相望的外围岛，如六横岛、大小洋山岛，这些岛已经或通过跨海大桥和大陆联通，并深度接受大陆发展的辐射，形成以陆域为依托的陆岛联合开发的态势。

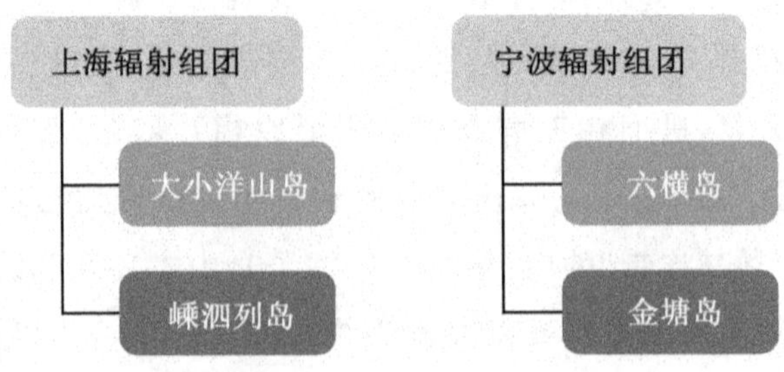

图 13-3　大陆边缘辐射组团

四、岛屿海洋文化培育:“多位一体”式海洋文化组团

文化对经济发展和技术创新起重要作用,区域经济文化越活跃越有利于区域发展与技术创新。文化建设是经济社会发展的方向及不竭动力,舟山重视海洋文化的继承与发展,把海洋文化精神作为舟山经济发展和社会和谐的内在动因,弘扬“勇立潮头、海纳百川、同舟共济、求真务实”的舟山精神①。

如图 13-4 所示,舟山的海洋文化在结构上存在三个部分,以舟山历史古迹为主的海洋历史文化,以海岛特色为主海洋旅游文化,以渔民生产、生存为主体的海洋民俗文化。舟山地方政府和社会各界通过举办研讨会、海洋运动会及富有海洋特色的节日庆祝活动,挖掘富有地方特色的民俗,彰显与经济社会发展相适应、具有鲜明海洋气息和强烈时代气息的新海洋文化观,为舟山的海岛开发提供了源源不断的动力、精神支持和发展方向。

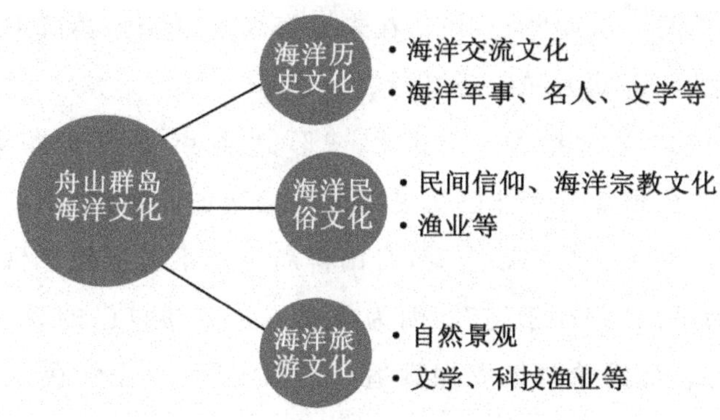

图 13-4　海洋文化“多位一体”组团

综上所述,群岛开发的舟山模式所体现的组团式发展,是由于我国的大多数群岛或环绕大陆或在内部形成开发的级差。由于群岛地理位置的天然分布,这些群岛一般都有一个或几个面积较大的核心岛,已经进行了初步开发利用,这些核心岛的基础设施比较完善,经济发展水平也比较高,形成向周围辐射之势。

群岛开发的“舟山模式”就是舟山海岛开发所构成的特定类型,是舟山的

① 张伟奇,王文洪.构筑浙江舟山群岛新区的精神坐标[N].舟山日报,2011—03—24.

气派、性格、气象，也是“舟山速度”“舟山精神”“舟山形象”的高度浓缩，也是群岛开发的“软实力”体现。同时，它来源于舟山的实践，又能指导舟山进一步进行海岛开发实践，并对其他沿海地区、群岛地区的实践具有一定的参考价值。

五、需要继续探讨的问题

海岛开发是海洋开发的重要支点，而群岛又是海岛资源高度聚居的区域。在目前海岛开发实践中，舟山已经展现了独特的海洋经济、区域发展、陆岛联合、海洋文化培育等组团式模式特征。但为实现舟山群岛新区建设的总体发展目标，舟山群岛开发还必须继续解放思想，与时俱进，使群岛开发的“舟山模式”实至名归。

在群岛开发舟山模式的探讨中，本章梳理了海岛开发舟山模式的发展路径与鲜明特征，总结舟山发展的经验，揭示其演进的逻辑与海岛开发规律性，“向后看，更向前看”，以期抛砖引玉，在未来海岛开发探索尝试中使舟山模式获得持续发展的不竭动力和话语权。

有时一讲模式，容易给人一个固化、成形、受约束、刻板的印象，本文仅仅是从学理上对舟山群岛开发业已初见成效的经验加以总结，不一定完全吻合舟山群岛开发的实际。从实践上看，舟山群岛开发不能受制于目前所谓的模式之束缚，即所谓的“路径锁定”。因为模式不是束缚自己的教条，天下没有完美无缺的模式，而是希望继续探索适合舟山实际、舟山特色及能够发挥资源禀赋的发展道路，没有固定模式、预设前提和参照系，以大海的气魄，一切从实际出发，海阔天空的探索，体现舟山速度、舟山精神和舟山形象，使舟山模式向区域外拓展，为浙江乃至中国的群岛海洋开发提供一个鲜活的样本，乃至可以演变为一般意义上的“扩展秩序”模式[①]。

① 史晋川，金祥荣，赵伟，等.制度变迁与经济发展：温州模式研究[M].杭州：浙江大学出版社，2004.

第十四章　舟山海洋事业发展的舟山样本

第一节　舟山发展海洋事业的绩效

舟山市委、市政府继续以“八八战略”为指引，认真践行五大发展理念，勇于担当海洋强国战略的排头兵，着力推动舟山加快发展。“十二五”期间，全市 GDP 年均增长 9.9%，增速居全省首位。

一、海洋开发综合实力显著增强

如图 14-1 所示，海洋总产值不断跃升。2016 年舟山全年海洋生产总值2959多亿元，比上年增长 12.3%，高于全省生产总值增速近 5 个百分点，海洋经济增加值 862 亿元，增长 11.9%，占舟山市 GDP 生产总值的 70.2%。海洋经济增加值占全市 GDP 比重从 2007 年的 64.5%提升到 2016 年的 70.2%。

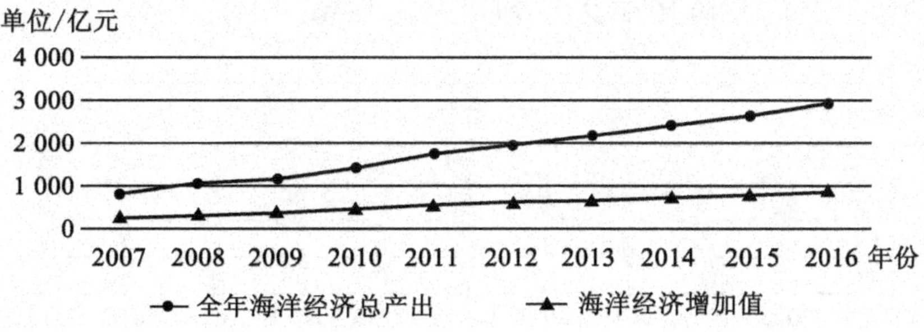

图 14-1　舟山市 2007—2016 年海洋经济总产出与增加值

数据来源：根据舟山年鉴及舟山市国民经济和社会发展统计公报整理。

获批成为国家"十三五"首批8个海洋经济创新发展示范城市。在全国22个申报城市中脱颖而出，成为浙江省唯一的海洋经济创新发展示范城市，并获中央奖补资金3亿元。

二、宁波舟山港口一体化逐步推进，整合优势凸显

宁波舟山港口实现实质一体化、协同化。2015年，省委、省政府做出组建省海港委和省海港集团的重大决策，整合全省沿海港口及有关资源和平台，以推进海洋开发战略的宏观管理和运营，推进宁波舟山港实质性一体化。2015年底，省海港委机构获得国家批准设立。2016年原舟山港集团注销，宁波港股份收购舟山港股份，两港实质性整合。随后，省海港集团与宁波舟山港集团一体运营，省交投和省铁投集团合并重组，试点质监系统事企分离改革。整合后的宁波舟山港是我国大陆重要的集装箱远洋干线港、国内最大的铁矿石中转基地和原油转运基地、重要的液体化工储运基地，是我国的主枢纽港之一。

如图14-2所示，宁波舟山港货物吞吐量再创新高。作为浙江海洋战略的重要支撑点—宁波舟山港，连续8年蝉联全球第一；集装箱吞吐量增速居全球五大港口之首。作为水水中转为主要功能的深水良港宁波舟山港，再次入围2016年世界十大港口。宁波舟山港2017年度实现10亿吨大港目标，完成货物吞吐量10.1亿吨，同比增长9.5%，以绝对优势稳居中国乃至全球第一大港口宝座，并继2016年成为全球第一个年货物吞吐量超9亿吨的大港后，又成为世界上首个超"10亿吨"大港，再次刷新世界纪录。

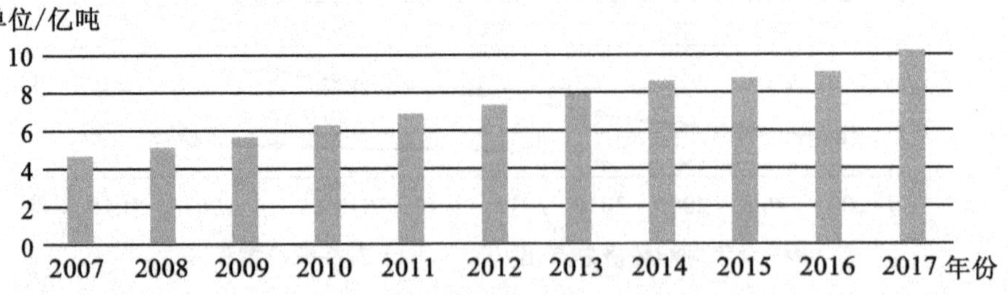

图14-2　宁波舟山港2007—2016年货物吞吐量变化单位

数据来源：根据宁波舟山港网站资料整理。

如图 14-3 所示，宁波舟山港 2017 年度集装箱吞吐量 2461 万标箱，同比增长 14.1%，继续领跑全球港口。宁波舟山港的总航线已经达 241 条，其中远洋干线 117 条。

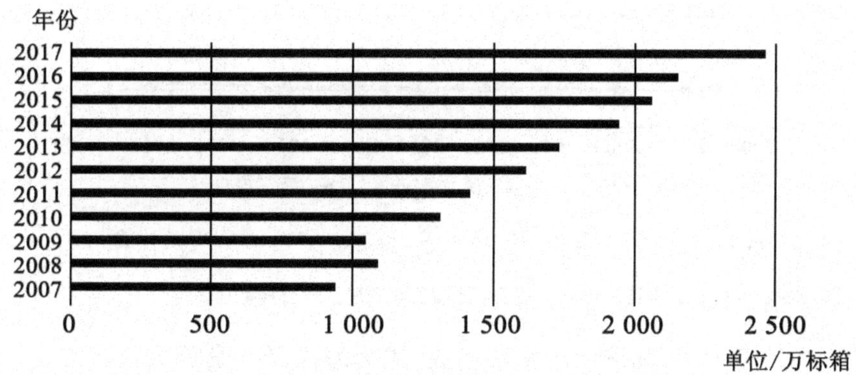

图 14-3　宁波舟山港 2007—2016 年集装箱吞吐量

数据来源：根据宁波舟山港网站资料整理。

三、海洋产业结构与布局明显优化

如图 14-4 所示，海洋产业结构趋于优化。从 2008 年开始，舟山的第二产业超越第三产业，三次产业的比例为 10 ∶ 46.2 ∶ 43.8，这表明以船舶修造、石油化工、水产品加工为主导的临港工业已经成为海洋经济发展的发动机；2013 年，三次产业的比例变成：10.3 ∶ 44.2 ∶ 45.5，海洋第三产业变成了舟山海洋经济发展的重要动力，产业结构向高级层次“三、二、一”转型。2016 年三次产业结构比例为 10.6 ∶ 39.8 ∶ 49.6，与上年相比，第三产业占比提高 0.9 个百分点，第二产业下降 0.3 个百分点。第一产业增加值 130 亿元，增长 7.9%。第二产业增加值 489.34 亿元，增长 11.2%。第三产业增加值 609.17 亿元，增长 12.1%。

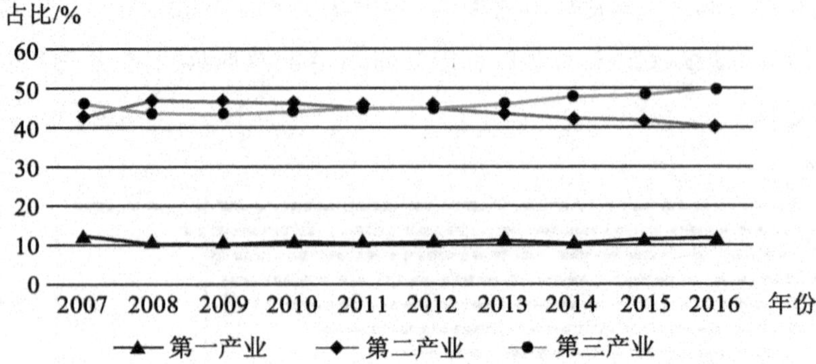

图 14-4　舟山市 2007—2016 年第一、二、三产业占 GDP 的比重

数据来源：根据舟山年鉴及舟山市国民经济和社会发展统计公报整理。

如图 14-5 所示，临港产业发展迅速，成为海洋经济发展的重要支柱。港口资源是舟山市得天独厚的优势，2003 年习总书记第一次视察舟山时就强调舟山有发展临港工业的潜力，要发挥港口的辐射带动作用，舟山发展海洋经济要以临港大工业作为突破口，大力发展修造船业，发展水产品精深加工。从 2004 开始，舟山通过一系列措施，大力发展临港先进制造业、海工装备与高端船舶制造业、港航物流服务业。2005—2016 年，临港工业的产值不断攀升，实现总产值 1655.75 亿元，形成了以船舶修造为主干，水产品精深加工和石油储运、化工为两翼的临港工业发展格局。

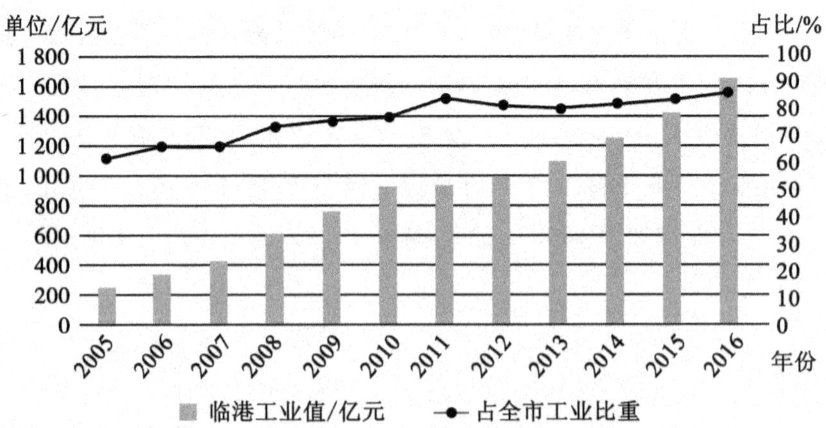

图 14-5　舟山市 2005—2016 年舟山市临港工业总产值(亿元)与占全市工业比重

数据来源：根据舟山年鉴及舟山市国民经济和社会发展统计公报整理。

如图 14-6 所示，传统海洋渔业产业深度调整，产值迈上新台阶。海洋渔业是舟山海洋产业的传统特色，目前传统海洋渔业正在实现六次产业转型，由运输—仓储—加工融合延长传统产业链，同时舟山正在打造国家远洋渔业基地。2001—2009 年，在近海渔业资源几乎枯竭的背景下，舟山传统渔业总产量一直徘徊在 120 万吨左右。在海水养殖面积下降，海水养殖产量不稳定的情况下，舟山海洋渔业"跳出舟山看舟山""走出去"，利用公海渔业资源，积极开拓远洋渔业。从 2010 年开始，舟山远洋渔业产量不断创造新高，2016 年达到 53.88 万吨，增长 15.8%，成为传统海洋渔业经济的新增长点。舟山市 2016 年全年水产品总产量 190.25 万吨，增长 7.8%，总产值 148 亿元，渔业经济总产出 470 亿元。远洋渔业成为海洋渔业结构调整的重要升级动力。

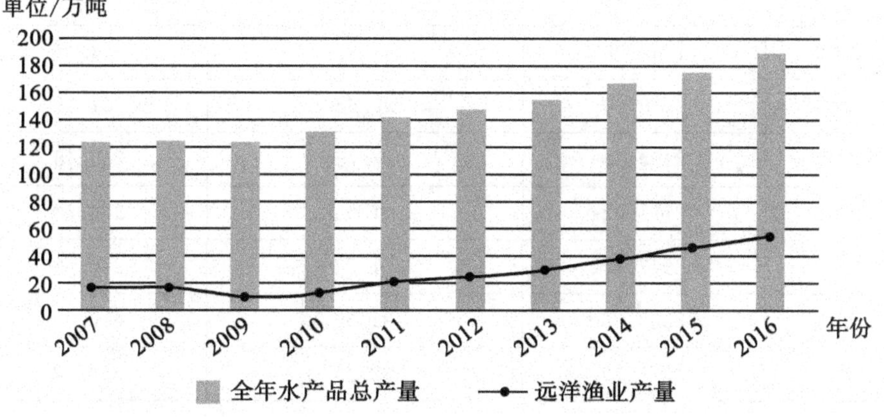

图 14-6 舟山市 2007—2016 全年水产品总产量和渔业产量

数据来源：根据舟山年鉴及舟山市国民经济和社会发展统计公报整理。

如表 14-1 所示，海洋旅游驶入快车道，新业态旅游成长步伐加快，"全域化"格局初步显现。①海洋旅游产业作为舟山海洋经济四大战略性支柱产业之一，已经初步形成"一核、一轴、两圈、多岛、连线"的格局。目前拥有普陀山、嵊泗列岛 2 处国家级风景名胜区，岱山、桃花 2 处省级风景名胜区，定海、普陀 2 个省级旅游度假区，已建成 A 级旅游景区 15 家。2016 年，全市接待游客 4610.61 万人次，同比增长 18.95%，其中接待境外游客 33.92 万人次，同比增长 5.23%；实现旅游收入 661.62 亿元，同比增长 19.82%。2017 年 1—7 月，全市共接待境内外游客 3084.16 万人次，同比增长 16.32%，实现旅游收入 450.83 亿元。②新业态旅游成长步伐加快,“全域化”格局初步显现。在完善传统景区质量、提升新兴旅游景区景点水平的同时,旅游特色小镇、旅游风情小镇建设加速进行,以“旅游+”结构调整、“+旅游”产业升级为海洋旅游新发展战略,培育新的增长极,并在肩负国家旅游综合试点改革和全省发展全域旅游的试点之一的双重使命下,全力推动从单一的“景点旅游”向全地域、全产业、全资源的“全域旅游”转型。

表 14-1　舟山 2007—2016 年全市接待游客和旅游收入统计

年份	接待人数/万人次	其中境外游客/万人次	旅游收入/亿元
2007	1305.00	19.93	108.18
2008	1516.48	21.20	131.90
2009	1752.93	22.35	154.87
2010	2139.00	25.68	201.21
2011	2460.53	27.75	235.48
2012	2771.02	31.05	266.76
2013	3067.47	31.54	300.12
2014	3397.96	31.58	447.20
2015	3876.22	32.24	552.18
2016	4610.61	33.92	661.62

数据来源:根据舟山年鉴及舟山市国民经济和社会发展统计公报整理。

四、重大海洋开发基础设施不断完善

登陆交通基础设施不断完善。推进交通基础设施建设与联结是抚平区域发展不平衡的重要内容。在习近平总书记的关怀和支持下,2009 年舟山跨海大桥等一批重大基础设施项目建成。2017 年,宁波舟山港主通道项目开工,义甬舟大通道舟山段—甬舟铁路项目开始实施,力争 2018 年 12 月前先行段开工建设,与上海相连接的舟山东方大通道正在谋划。

港航基础设施建设加速进行。“十二五”期间,舟山建成六横凉潭矿石中转码头、鼠浪湖矿石中转码头、大浦口集装箱码头等一批码头项目。建成了笤帚门15万吨级航道、虾峙门30万吨级航道、东霍山锚地等一批公共航道锚地工程，进行蛇移门航道整治工程。

水资源保障能力在不断提高。秉持舟山发展水资源发展为先的理念，舟山围绕省委、省政府“五水共治”重大战略决策，坚持本地水资源开发、大陆引水和海洋淡化并重，实施大陆引水工程二、三期工程、本岛北部输水、岛际引水工程等重大“资源水利”工程，建成8处海水淡化工程，保障水资源供应。

五、海洋科技实力不断增强，海洋科教事业蓬勃发展

一批高技术、高附加值项目成功完成。全国首艘2万吨级江海联运直达散货船在舟山完成设计并开始建造。超低温金枪鱼冷藏运输船在岱山下水，填补了国内金枪鱼海上运输的空白，对于加快现代渔业发展具有重大意义和示范效应。“金枪鱼质量保真与精深加工关键技术及产业化”获得2016年国家科技进步二等奖。世界首台3.4兆瓦LHD模块化大型海洋潮流能首套发电机组在舟山海域成功发电，该技术对开发利用浙江丰富的潮流能资源、发展绿色能源、优化能源结构和改善环境等具有重要的意义，可以有效破解我国外海岛屿开发中电力供应之难题。

打造“一城、一园、一岛、一院”海洋科技创新服务体系。以舟山省级高新区、舟山船舶装备高新园区以及海洋科学城为核心，打造高新技术产业发展大平台。重点建设中国(舟山)海洋科学城科技创意研发园、浙江省海洋开发研究院、舟山海洋科技示范岛、舟山省级高新技术产业园区。重点围绕海洋生物和海洋高端装备两大产业，推进产业链协同创新和产业孵化集聚创新。

海洋科教事业战略大调整、大组合。2012年6月，浙江大学与舟山市签署协议，共建以海洋教学与科研为鲜明特色的浙江大学海洋学院，打造高水平海洋科教基地和人才高地，服务国家海洋战略。2015年9月浙江大学舟山校区正式启用。2016年3月教育部同意浙江海洋学院更名为浙江海洋大学。2016年12月国家海洋局和浙江省政府共建浙江海洋大学，努力把浙江海洋大学建设成为我国重要的海洋人才培养基地、海洋科技研发平台、海洋高新

技术孵化园区、海洋科技引智载体和海洋人文社科研究中心。

六、海洋生态文明建设成效显著

海洋生态文明常态化建设项目加速推进。2007 年实施普陀中街山列岛及嵊泗马鞍列岛海洋特别保护区项目。启动海洋系统修复工程，增殖放流。2008 年开展无居民岛保护与利用规划。2009 年进行海洋牧场规划。2014 年嵊泗开始创建国家级海洋公园项目。2016 年启动中街山列岛、马鞍列岛国家级海洋牧场示范区建设。对舟山普陀山岛开展了环境整治、生态修复和保护，并组织实施了海湾湿地保护与修复和海岸带生态修复等一大批项目。嵊泗县已获批成为国家级海洋生态文明建设示范区。

海洋生态文明的法治保障取得新突破。持续进行海洋工程、海洋环境监管，实现海洋工程环保"三同时制度"，加强海岛巡查和海洋生态保护巡查。实施浙江渔场修复振兴暨"一打三整治"专项执法行动，已取得了重要的阶段性成果。2016 年，《舟山市国家级海洋特别保护区管理条例》获省人大常委会批准，这是舟山首部在环境保护方面的地方性法规。出台《舟山市海洋环境保护十三五规划》，编制《舟山市美丽黄金海岸线(带)修复建设规划》。

七、以重大开放举措实施国家战略落地，构建外开放新高地

从 2011 年起，舟山迎来海洋开发开放的多重政策叠加，拥有了区域海洋事业发展的倍增器。

在行政上，国务院批准设立浙江舟山群岛新区，探索海洋开发开放新模式。一般意义上，新区是承担国家重大发展和改革开放战略任务的行政管理区。2011 年 7 月成立的浙江舟山群岛新区是首个以海洋经济为主题的国家级新区，其战略任务是在辖区内实行更加开放和优惠的特殊政策，进行海洋开发开放制度改革与创新的探索工作。

在功能上，国务院批复成立舟山江海联运服务中心，发挥舟山江海联运服务和大宗商品储运服务功能。由于舟山处于长江经济带和沿海经济带的连接处，其内引外联服务功能地位突出。由此，国务院 2016 年 4 月批复成立

舟山江海联运服务中心，希望在舟山打造国际一流的江海联运综合枢纽港、航运服务基地和国家大宗商品储运加工交易基地，创建我国港口一体化改革发展示范区。

在产业上，选择波音737完工交付中心和绿色石化基地两大项目，推动舟山海洋产业结构优化升级。舟山利用航空产业和石化产业的上下游带动能力强、产业关联度强、开放性大的高技术经济特点，立足于“海”，发挥海运、海港、海岛优势，形成具有鲜明海洋特色的重工业产业集群，培育海洋经济的新增长点。

在对外开放上，2017年4月党中央、国务院决定新设中国（浙江）自由贸易试验区，探索扩大对外开放的创新模式。实验区战略定位是以制度创新为核心，以可复制可推广为基本要求，将自贸试验区建设成为东部地区重要海上开放门户示范区、国际大宗商品贸易自由化先导区和具有国际影响力的资源配置基地。同时，探索新模式、打造大平台、培育增长极，为国家深化改革、扩大开放提供可复制可推广的经验。特别是突出油品全产业链特色，推进大宗商品投资便利化和贸易自由化，打造石油化工产业基地、油品储运基地、保税燃料油加注基地和国际油品交易中心，提升大宗商品全球配置能力。

在对内开放与内引外联方面，通过建设义甬舟开放大通道，打造舟山对外、对内开放枢纽。2016年，浙江省委做出加快建设义甬舟开放大通道决定，舟山作为打造内联外畅大通道体系的桥头堡，建设国际商贸物流重要枢纽城市，正在以甬舟铁路建设为支撑，推进高能级开放平台建设，构建开放发展大协作机制。

第二节　舟山海洋事业发展的基本经验

在40多年的改革开放过程中，舟山区域发展迎来了快速发展时期，也积累了体现海岛区域特色海洋事业发展的基本经验。

一、在发展理念上，跳出舟山看舟山，将发展潜力变成现实能力

“跳出舟山看舟山”是舟山海洋事业发展的一大战略思维，也是习近平海洋战略思想的独特视角。“跳出来”思维就是从战略全局的观点来审视自己的地位、定位及发展阶段，从而从一个更宏观、更全面的视野来发现自己的全貌，包括优缺点、优势与劣势，并用全新的视角谋划未来发展。舟山是一个孤悬海外的海岛区域，一方面虽然拥有得天独厚、无可替代的区位优势、资源优势，具有实施国家海洋发展战略的巨大潜力；另一方面，近代以来，舟山又多次错过发展良机，原因在于舟山区域的发展格局狭窄、存在浓厚的岛民意识，犯了“资源诅咒”，靠渔业资源密集型初级产品行业来保持经济增长，缺乏产业创新的动力，在面临产业发展危机时无所作为，无法将发展潜力变成发展能力。

21 世纪初，舟山海洋事业发展进入快车道。尤其是在贯彻习近平海洋战略思想的过程中，用“跳出舟山看舟山”的思维来谋划舟山海洋事业发展全局。一方面，贯彻和实践国家战略，进行制度创新，先行先试，以更大的责任担当，发挥好舟山作为海洋强国战略排头兵的应有作用。另一方面，以项目引进为先导，大力招商引资。以综合交通建设为抓手，大力推动招商引资的硬环境建设，以基础设施建设带动有效需求。以城乡环境综合整治和五水共治为突破点，来营造招商引资的软环境。

二、在发展道路上，以海洋装备制造业为中心，发挥“港”“景”“渔”“岛”优势，全力推进工业化

工业化是舟山区域发展的基础动力。改革开放以来，尤其是 21 世纪初，无论从经济总量、海洋总产出，产业结构向更高阶段迈进，还是海洋基础设施改善、海洋开发软实力的增强，这些变化都展现舟山经济社会发展达到了一个新阶段。这些成绩的背后揭示了一个道理：工业化是一个区域发展必须要完成的历史阶段，它具有不可逾越的客观性，它是一个经济社会发展的基础动力。在绩效上，工业化是一个区域发展的基础，没有充分的工业化就没有

GDP 总量、税收、就业和收入的增长，就没有舟山人民的获得感。

舟山区域工业化发展凸显海洋特色。舟山区域的工业化有其共性与个性。共性就是舟山区域工业化发展是符合一般海洋经济发展客观规律，符合沿海地区海洋产业结构的变迁规律。个性就是舟山的区域发展具有“渔”“景”“港”“油”交替主导差序发展的海洋特色，有要素禀赋的开发方式资料→资源→资产→资本路径，有海洋产业由分散→集中→分散的空间分布路径。同时，舟山区域工业化聚焦海洋装备制造业，抓住海洋工程与船舶修造核心产业，以港口物流业和海洋旅游业为两大侧翼，使舟山市成为全国海洋经济比重最高的区域，2016 年达到 70.2%。

三、在发展空间上，以陆海统筹交通建设为纽带，串联差异化岛群生产力布局，形成港城一体化组团差序格局

改善陆海统筹的交通基础。陆海统筹的交通建设是舟山发展的短板之一。21 世纪开始，舟山开始谋划大交通、建设大项目，2009 年舟山跨海大桥通车。随后开始实施岱山—本岛跨海大桥、朱家尖大桥扩建、本岛北向疏港公路、定马复线、普陀山机场改造、本岛南部滨海大道、329 国道舟山段改建等项目，这些项目初步搭建了舟山海洋事业发展的陆海统筹的基础，尤其是舟山跨海大桥的开通打造了舟山登陆实现陆海统筹的初步框架，使舟山更方便地联通大陆，实现浙东北区域的产业互补，由海岛变成了半岛，获得了广阔的大陆腹地和初步改善的交通基础设施红利。

以舟山跨海大桥—329 国道一线为中轴的进行差异化岛群生产力布局。基于人口、资源、交通三位一体的发展动能约束，由于舟山跨海大桥的开通，舟山的生产力布局产生了以舟山跨海大桥—329 国道为轴线的生产力布局，优化舟山本岛、六横、金塘、岱山、大衢、嵊泗（渔业旅游业）“一体一圈五岛群”生产力布局，形成港贸物流、绿色石化、海洋旅游、海工装备四大千亿集群及现代航空、海洋电子信息、水产品精深加工、远洋渔业四大百亿产业集群。

“以港兴市”促进港城一体化组团差序格局。近代以来，新兴城市与港口发展存在如下规律：港口与工业联动发展，发展成商业化一体的自由港。这

就是十九大报告中强调"赋予自由贸易试验区更大改革自主权,探索建设自由贸易港"的宗旨所在。舟山发挥港口优势、发展临港产业的过程中,把握港口、临港工业与城市发展的规律,大力发展临港工业,以港兴市,以市兴港,港城联动,进行四海建设。贯彻"差序带状组团"理念,以舟山本岛为城市发展核心,推进本岛城乡一体化建设,有序开展旧城有机更新,基本形成本岛"南生活、中生态、北生产"的空间格局。以舟山本岛为城市发展核心,推进本岛城乡一体化,加强岱山岛、六横岛、大衢岛、嵊泗岛等中心的集聚城镇化,形成山、海、城、绿相互融合的组团式、开放式、紧凑型"一城三带多组团"城市格局。

四、在要素保障上,"量力而行、适度超前",创造条件保障要素有效供给

舟山的海洋开发具有鲜明"五通"制约型特征,由此需要相对完备的土地、资本、基础设施等要素条件。舟山海洋事业发展之所以取得以上成果,也在于市委、市政府不断努力,从供给侧供给层面不断完善保障要素供给的能力和水平。

保证土地资源、电力、水资源等基础"硬要素供给"。海洋开发"土地"为先,采取向海洋要发展空间的思路,实施了钓梁围垦工程二期、金塘北部、小郭巨二期、岱山本岛北部、小洋山北侧、大小鱼山、朱家尖西南涂围垦工程,保障了项目建设所需的土地空间资源。完成大陆电力联网工程、舟山电厂二期工程、浙能六横电厂、500 千伏联网输变电工程,舟山电网总投资预计达 130.5 亿元左右。围绕"大平台、大产业、大项目、大企业"等重大战略,大力推进水资源保障工程和节水型社会建设,基本建成以当地水库水、大陆引水、海水淡化为主体的"三位一体"城乡水资源配置格局,有力保障了经济社会发展的用水需求。

打造"软环境供给",进行城市环境整治。城市环境是一个城市品质的基础,是提升城市竞争力重要支点,也是一个城市发展的软实力。2007 年伊始,在"四海建设"及舟山市发展三大定位的指引下,舟山加快美丽海岛建设步伐,在全域新型城镇化以及城市有机更新理念指导下,以城市环境整治为突

破口，以海上花园城市建设为目标，进行环境整治大会战及十大攻坚行动，提升城市管理水平，打造最干净城市，为舟山海洋开发开放创造良好软环境。

在制度供给方面，进行海洋综合管理体制机制改革。舟山在全省、全国率先开展了海洋综合行政执法体制改革创新实践，整合有关涉海行政执法单位职能，组建海洋行政执法联合支队，建立了与部省属在舟涉海管理单位的协同执法机制，加强了对海上执法活动的综合协调。根据海岛城市特点和海洋开发管理实际，积极探索海岛行政管理体制改革和政府机构改革。加强海洋、海岛综合管理体制改革创新，积极形成适合海岛和沿海市县的海洋经济发展、海洋管理、对外开放的"先试先行"创新改革新体制。

五、在发展重点选择上，围绕海洋经济为发展主线，建设海洋经济强市

舟山牢记习近平总书记发展海洋经济的重托，不断推进宁波舟山港一体化进程，加快海岛基础设施建设，推动海洋产业结构调整和升级。

顺应时代发展海洋经济的潮流。21 世纪是海洋世界，从《联合国海洋法公约》生效后，人类就进入了大规模和平利用海洋的新时代。在海洋强国战略指引下，在贯彻"八八战略"的过程中，舟山发展迎来了大发展的历史契机。舟山以建设海洋经济强市、建设海上城市花园为"两海"核心目标，制定海洋经济发展规划，抓重大海洋产业项目，推进宁波舟山港口一体化，加快海洋基础设施建设，重视海洋科技创新，保护海洋生态环境，使舟山探索出一条适合舟山资源优势、区位优势的跨越式发展道路。

扬长避短，聚焦海洋优势产业，发展重大产业集群。海洋经济是高技术经济、资本密集型经济、资源制约型经济。虽然舟山发展海洋经济的资源和条件是得天独厚的，但是舟山海洋经济发展秉持"有所为有所不为的理念"，把握日韩海洋装备制造产业转移的大好时机，基于陆域面积小、是纯海岛地区的客观实际，把脉项目，选择船舶修造、石化、海洋旅游、水产品精深加工、大宗商品物流业作为产业发展重点，形成了具有舟山特色和舟山优势的重大产业集群。

第三节 舟山发展海洋事业的经验与启示

舟山发展是国家海洋大战略需求和区域经济社会内在发展逻辑的耦合发展，是国家海洋强国战略指导实践的结果。需要在准确、完整把握的基础上，总结出舟山贯彻与发展国家海洋强国战略的精神实质，由经验提升为理论，形成具有舟山特色、舟山风格、舟山气派的海洋区域开发理论，进而丰富、发展乃至升华国家海洋强国战略。

一、摆正位置，勇于担当国家海洋强国建设的排头兵

舟山要摆正自己的位置，贯彻国家海洋强国战略。海洋强国战略是习近平总书记站在时代高度、历史高度提出的重大战略思想。习近平同志在浙江工作期间，就对舟山的战略地位和资源优势十分重视。他指出，最重要的还是要把舟山放在国际上、放在全中国、放在浙江省这样的位置上去考虑。越这么考虑，舟山的地位越不可限量。

勇于担当国家海洋强国建设的排头兵。要始终坚持“八八战略”，以“跳出舟山看舟山发展”区域接轨世界的大开发思想为指引，把舟山放在全球经济的坐标系里、放在国家战略的布局中去考虑，找准自己的位置，要在服务好浙江、服务好长三角、服务好国家战略中，去寻找舟山未来的出路。

二、主动融入国家发展战略，创新出一条跨越式发展的道路

增强融入国家发展战略的主动性。海洋强国战略是新时代中国特色社会主义思想的重要组成部分，它是舟山海洋事业发展的引领思想。国家在海洋强国建设中，赋予舟山重要的海洋战略地位，如浙江舟山群岛新区建设、舟山江海联运中心建设、中国(浙江)自由贸易试验区建设，国家重大战略储备物资储运中转基地建设，这需要舟山为推进海洋强国建设打头阵、唱主角作用，发挥建设海洋强国的主动性，发挥习近平总书记期待的战略作用。

提升融入国家发展战略的能力。发挥主动性是态度问题，而提升能力则更为重要。这需要舟山从站在国家发展的大局出发，按照习近平海洋战略思想指引的方向，充分利用舟山资源、区位比较优势，聚焦重大项目、重大政策、重大改革，着力解决影响和制约海岛区域发展的突出问题，加快构建有利于海洋开发开放的体制机制，针对本地实际，细化思路，统筹推进改革发展的问题。

探索总结适合舟山市情、具体实际的具有舟山特色海洋事业跨越式发展道路。在实现海岛区域工业化、现代化重大问题，坚持“三位一体”发展舟山海洋产业，重新审视舟山海洋事业优势、注重海洋区域发展总体顶层设计、加强海洋开发的机制体制创新、海洋基础设施和海洋科技先行等。

三、继续解放思想，用双向开放整体思维发展舟山海洋事业

开放是一种虚心学习的态度，是“三人行必有我师”的谦卑态度。邓小平说过解放思想才能“解决过去遗留的问题，解决新出现的一系列问题”。舟山的发展滞后源于思想解放不够，没有承认不足的思想意识就没有发挥主动性的行动，小富即安，安于现状，不思进取。舟山需要继续解放思想，排除无须开放、无法开放、无从开放的思想迷思，振奋精神，承认不足，勇于承担国家赋予的国家海洋开发开放战略任务。

开放发展是国家发展理念之一。习近平总书记在主政浙江时提出“八八战略”之一的“提高对内对外开放水平”，强调内源发展与对外开放、外向拓展相结合的重要意义。在十九大报告中指出，“开放带来进步，封闭必然落后”“坚持引进来和走出去并重”“加强创新能力开放合作，形成陆海内外联动、东西双向互济的开放格局”“赋予自由贸易试验区更大改革自主权，探索建设自由贸易港”“中国坚持对外开放的基本国策，坚持打开国门搞建设”等。

开放发展是海洋开发的必由之路，舟山多重政策、建设平台叠加的核心意涵是开放精神。习近平总书记在总结中华民族开放史时指出：向海则兴，背海则衰。而“一带一路”倡导就是海上开放之路，是习近平开放海洋思想的重要举措。浙江舟山群岛新区定位是东部地区重要的海上开放门户，是国家

海洋经济发展的重要战略区域，而海洋经济就是陆海一体化的开放型经济。国内各类自贸区是开放发展的展现、载体，位于舟山的中国（浙江）自由贸易试验区是海上自贸区，需要建成国内顶级开放区，其长远发展目标是建立高水平、开放层次更高、力度更大的对外开放自由贸易港。

四、毫不动摇地坚持工业化与交通设施建设“双轮驱动”

舟山作为长三角区域的发展洼地，需要完成其他区域已经完成的工业化进程，这个进程具有客观性和不可跨越性。同时，交通是一个地方发展程度的标志，交通是舟山发展的根基，交通也是舟山发展的短板。基于以上的分析，舟山区域发展需要毫不动摇地坚持工业化与交通设施建设“双轮驱动”的发展战略。

辩证看待海洋结构优化规律，聚焦实现完全工业化。从一般产业结构理论看，舟山海洋产业结构变成所谓的高级结构、优化结构，而实际上舟山作为一个工业化没有充分长成的海岛地区，需要有一段很长的时间去实现工业化，舟山的海洋产业的发展和演变首先从第一产业到第三产业，然后从第三产业到第二产业，再从第二产业到第三产业为主导的演化过程。同时，海洋产业发展和一般陆地产业结构发展演变具有差异性，尤其是海洋第二产业是资本密集型和技术密集型产业，在海洋资源约束条件下，基于资本的特性及产业抑制的影响下，我们对舟山的海洋产业结构的演进应该保持谨慎乐观的态度。1993 年，舟山产业结构演变成“三、二、一”，从 2008 年开始变成“二、三、一”，2013 年变成“三、二、一”。2008－2013 年只有区区的 6 年时间，是不可能完成发育充分的工业化历史任务。所以，舟山今后的工业化任务仍然任重道远，需要遵循海洋产业发展的演变规律，聚焦实现完全工业化。

要以大项目为抓手，全力促进动舟山工业化加快发展。从舟山产业结构的发展水平看，正处在第二次工业化阶段的后半段，即重工业阶段，这个阶段的工业化属于资本密集型阶段。它通常带动基础建设高潮，即能源—电力—通讯—高速公路—网络建设的繁荣期。舟山需要在“工业化＋生产过程智能化”这个大趋势面前，充分发挥智能化、智慧化的生产力倍增器作用，以波音

737完工和交付中心、鱼山绿色石化基地为样板,加速发展石油重化工业、海洋装备制造业、传统水产品加工、能源电力发展,实现舟山工业化发展的弯道超车。

五、坚持陆海统筹,实现舟山区域协调发展

海洋强国战略思想的精髓是统筹,其中陆海统筹是重点。党的十九大报告指出:“实施区域协调发展战略。坚持陆海统筹,加快建设海洋强国”。对于一个孤悬海上的海岛地区来讲,陆海统筹就是舟山区域协调发展。无论从可持续发展,还是陆海内外联动、东西双向互济的开放格局构建,它都关系到海岛地区发展的生死存亡、优势发挥。

对于舟山海岛区域的协调发展而言,舟山的陆海统筹实现是与大陆的硬件统筹,即“水、路、电”统筹,就是把舟山交通设施、水资源、电力资源和浙江大陆的交通设施、水资源、电网统筹起来,作为一个系统整体来看待。习近平总书记在浙江工作期间提出了“八八战略”高度重视舟山的交通建设,支持舟山跨海大桥建设。俞东来书记在全市交通大会战动员大会上强调:改变交通就是改变舟山的发展格局、发展时空、发展趋势,就是扩大舟山的有效需求。所以,从陆海统筹的角度看,改善舟山的交通设施建设无论怎么强调都不为过。在舟山进行交通设施建设,就是抓住了舟山开发开放的牛鼻子,抓住主要矛盾和矛盾的主要方面。

要没有条件就创造条件改善交通,将交通改善的“杠杆”作用极化。2009年舟山跨海大桥通车后,直到2016年,从交通建设层面看舟山发展是不及格的,没有及时谋划战略交通项目,导致发展的基础不牢、后劲不足,人民没有获得感。舟山的短板就是交通不便,要没有条件就创造条件改善交通,大约每10年内上马建成一个大交通项目。国家铁路局的调研报告表明一个残酷现实:与没有高铁的城市相比,通高铁的城市GDP增长量高出了72%,可持续发展能力提高了55%。而且在理论上,一个区域通过大规模投资,特别是基础设施投资,可以提升工业化水平,带动经济增长和区域发展。所以在不通高铁就是落后被边缘化的今天,舟山上马铁路进岛工程就是高瞻远瞩、勇

于担当、开拓创新的壮举。在未来20年里，舟山交通建设可以分“两步走”：第一步，用5年左右时间建成甬舟高速铁路，重构舟山区域大交通格局；第二步，再用15年时间，谋划建成沪舟高速铁路，连接浦东高铁站，实现舟山高铁南北联通，将舟山纳入全国的沿海高铁运输网，将舟山从交通末梢变成交通节点。

同时，舟山的陆海统筹也需要跨区域的大统筹。舟山要在全国特别是长三角、杭州湾大湾区的高度来思考自己的定位、潜力与优势，努力将长三角比较富裕的资本优势、技术优势、人才优势，通过机制创新、革命，对接服务长三角及长江经济带，集聚更多的资源要素，尤其在交通设施、公共服务、人才、资本、技术方面等连接上海、杭州、宁波等重点区域，借力使力，借助杭州湾大湾区优势，充分发挥接近上海的地缘优势，出台更加优惠的人才政策、创新引进模式、完善人才服务体系、优化人才使用生态，探索人才统筹的一体化设计，吸引和留住人才，以人才吸纳资本和技术，为舟山的跨越式发展提供更多动能、势能。

参考文献

[1] 王建友."三渔"问题与渔民市民化研究[M].武汉:武汉大学出版社,2014.

[2] 邓小平.邓小平文选[M].北京:人民出版社,1994.

[3] 徐质斌,张莉.广东省海洋经济重大问题研究[M].北京:海洋出版社.2006.

[4] 徐质斌.海洋经济学[M].北京:海洋出版社,2004.

[5] 崔旺来.政府海洋管理研究[M].北京:海洋出版社,2009.

[6] 周柯.住宅立法研究[M].北京:法律出版社,2008.

[7] 安徽省法学会.新型城镇化建设的法治保障研究[M].合肥:安徽人民出版社,2014.

[8] 唐国建.海洋渔村的终结——海洋开发、资源再配置与渔村的变迁[M].北京:海洋出版社,2012.

[9] 王国红.南海经略中的渔民政策:激励与保障[M].北京:人民出版社,2018.

[10] 金经元.明日的田园城市[M].北京:商务印书馆,2000.

[11] 操建华.中国渔业公共管理的比较研究[M].北京:中国社会科学出版社,2016.

[12] 徐质斌.海洋国土论[M].北京:人民出版社,2008.

[13] 孙冰,李颖.海洋经济学[M].哈尔滨:哈尔滨工程大学出版社,2005.

[14] 徐贵相.通向大国之路的中国模式[M].北京:人民出版社,2009.

[15] 费孝通.中国城镇化道路[M].呼和浩特:内蒙古人民出版社,2010.

[16] 史晋川,金祥荣,赵伟,等.制度变迁与经济发展:温州模式研究[M].杭州:浙江大学出版社,2004.

[17] 习近平.干在实处,走在前列——推进浙江新发展的思考与实践[M].北京:中共中央党校出版社,2006.

[18] 陈素萍.浙江补上中国沿海发展缺失的"门牙"[N].青年时报,2011-04-02.

[19] 张伟奇,王文洪.构筑浙江舟山群岛新区的精神坐标[N].舟山日报,2011-03-24.

[20] 于康震.落实渔船双控和总量管理制度责任保护海洋渔业资源[N].农民日报,2017-03-29.

[21] 庄列毅,汪超群.补齐海上花园城市建设短板让老城区蜕变美丽海岛升级[N].舟山日报,2017-04-10.

[22] 徐祝君."舟山模式"再次引起省内外关注[N].舟山日报,2011-04-08.

[23] 郝日虹.中国社会学的"空间转向"值得期待[N].中国社会科学报,2015-05-15.

[24] 强乃社.空间转向与城市难题的解决[N].光明日报,2011-04-26.

[25] 王晓萍,徐冰.宁波—舟山港合理定位探讨[J].中国水运,2008(1).

[26] 黄建钢.论新时期"继续解放思想"的内涵[J].马克思主义与现实,2009(1).

[27] 刘晓亮.巧实力:思想政治教育的新视角[J].党政干部论坛,2010(1).

[28] 许维安.论海洋文化及其与海洋经济的关系[J].湛江海洋大学学报,2002(5).

[29] 刘堃.海洋经济与海洋文化关系探讨——兼论我国海洋文化产业发展[J].中国海洋大学学报(社会科学版),2011(6).

[30] 王殿昌.统筹规划 合理布局 促进区域海洋经济协调发展[J].海洋经济,2011(2).

[31] 郁建兴,吴玉霞.社会管理体制创新与服务性政府建设——基于浙江省宁波市海曙区的研究[J].当代中国政治研究报告,2009(7).

[32] 青连斌.以体制机制创新推进社会管理[J].理论视野,2011(3).

[33] 周光辉.如何实现社会管理创新[J].理论视野,2011(3).

[34] 王夷.我国新型社区管理模式研究[J].财经界,2008(3).

[35] 孟阿荣.群众网格化管理,干部组团式服务[J].今日浙江,2008(22).

[36] 陈光庭.城市一体化概念的历史渊源和界定[J].北京城乡一体化发展研究,2004(4).

[37] 党国英.在高度城镇化基础上实现城乡一体化[J].农村工作通讯,2013(2).

[38] 强乃社.空间转向及其意义[J].学习与探索,2011(3).

[39] 崔继新.如何理解"空间转向"概念?——以阿尔都塞理论为视角[J].黑龙江社会科学,2014(4).

[40] 胡国跃.当前舟山市渔区外来"渔工"持续增多现象的思考——以普陀区朱家尖镇莲花社区月岙为例[J].舟山社会科学,2015(1).

[41] 江明方.关于加强舟山市捕捞外来劳动力管理工作的调查与思考[J].舟山渔业,2014(6).

[42] 强乃社.空间转向及其意义[J].学习与探索,2011(3).

[43] 王建友,周一新.对小岛移民政策的分析与思考——以舟山"小岛迁,大岛建"政策为例[J].浙江海洋学院学报(人文科学版),2015(5).

[44] 王绍增.关于花园式城市的若干理论问题[J].广东园林,1992(4).

[45] 任登峰,郑林.关于和谐花园城市建设的理论探讨[J].国土与自然资源研究,2005(4).

[46] 杜赫.基于花园城市和城市化理论的英国新城公共服务设施规划探讨[J].建筑与文化,2016(8).

[47] 王君,刘宏.从"花园城市"到"花园中的城市"——新加坡环境政策的理念与实践及其对中国的启示[J].城市观察,2015(2).

[48] 吴安格,林广思.新加坡园林绿化政策法规及经验借鉴[J].中国园林,2017(2).

[49] 浙江省海洋与渔业局.堵疏结合积极推进捕捞渔民转产转业[J].中国渔业经济,2002(6).

[50] 卢昌彩,赵景辉.东海伏季休渔制度回顾与展望[J].渔业信息与战

略,2015(3).

[51] 黄志平.在全省海洋与渔业工作会议上的发言[J].浙江海洋与渔业,2017(3).

[52] 舟山群岛新区决策咨询委员会课题组.关于舟山沿岸渔场创建现代化海洋牧场的构想[J].决策咨询,2017(5).

[53] 王文静,任伟海.我国海岛经济价值分析及其开发保护策略[J].浙江海洋学院学报,2010(4).

[54] 赵奎裹.我国海岛水资源现状及开发途径[J].海岛开发,1993(2).

[55] 王琪,许文燕.中国无居民海岛开发的历史进程与趋势研究[J].海洋经济,2011(5).

[56] 习近平.发挥海洋资源优势建设海洋经济强省[J].浙江经济,2003(16).

[57] 王建友.论城乡差序格局下农村公共产品的县域供给[J].湖北社会科学,2011(3).

[58] 王建友.渔民市民化与“三渔”问题探析[J].农业经济问题,2011(3).

[59] 王建友.完善农户农村土地承包经营权的退出机制[J].农业经济与管理,2011(3).

[60] 王建友.论新农村建设中企业供给公共产品的价值——以“联众模式”为例[J].西北农林科技大学学报,2011(5).

[61] 王建友.舟山海洋开发的路径演进、路径依赖及战略展望[J].海洋开发与管理,2010(5).

索　引

T

W

X

Y

Z